园林工程专业人员入门必读

园林工程
施工技术

刘海明　主编

中国电力出版社
CHINA ELECTRIC POWER PRESS

内 容 提 要

本书内容共八章，包括园林土方工程，园林给水排水工程，园林水景工程，园路、园桥工程，园林假山工程，园林绿化工程，园林供电工程，园林施工机械。

本书是根据国家现行的园林工程相关标准精心编写而成的，内容翔实，系统性强，将新知识、新观念、新方法与职业性、实用性和开放性融合，培养读者园林工程施工技术方面的实践能力和管理经验，力求做到技术先进、实用，文字通俗易懂。

本书适用于从事园林工程施工和管理等相关工作的技术人员以及在校师生使用。

图书在版编目（CIP）数据

园林工程施工技术/刘海明主编．—北京：中国电力出版社，2022.3
（园林工程专业人员入门必读）
ISBN 978-7-5198-5343-3

Ⅰ.①园…　Ⅱ.①刘…　Ⅲ.①园林—工程施工　Ⅳ.①TU986.3

中国版本图书馆 CIP 数据核字（2021）第 022877 号

出版发行：中国电力出版社
地　　址：北京市东城区北京站西街 19 号（邮政编码 100005）
网　　址：http://www.cepp.sgcc.com.cn
责任编辑：未翠霞（010-63412611）
责任校对：黄　蓓　常燕昆
装帧设计：王红柳
责任印制：杨晓东

印　　刷：三河市航远印刷有限公司
版　　次：2022 年 3 月第一版
印　　次：2022 年 3 月北京第一次印刷
开　　本：787 毫米×1092 毫米　16 开本
印　　张：14.75
字　　数：365 千字
定　　价：58.00 元

前　　言

按照现代人的理解，园林不只是作为游憩之用，而且具有保护和改善环境的功能。人们游憩在景色优美和安全清静的园林中，有助于消除长时间工作带来的紧张和疲乏，使脑力、体力得到恢复。依托园林景观开展的文化、游乐、健身、科普教育等活动，更可以丰富知识和充实精神生活。园林景观建设作为反映社会现代化水平与城市化水平的重要标志，是现代城市进步的重要象征，也是建设社会主义精神文明的重要窗口。

随着我国经济的快速发展，城市建设规模不断扩大，作为城市建设重要组成部分的园林工程也随之快速发展。人们的生活水平提高，越来越重视生态环境，园林工程对改善环境有重大影响。

园林工程主要是来研究园林建设的工程技术，包括地形改造的土方工程，掇山、置石工程，园林理水工程和园林驳岸工程，喷泉工程，园路与广场工程，种植工程等。园林工程的特点是以工程技术为手段，塑造园林艺术的形象。在园林工程中运用新材料、新设备、新技术是当前的重大课题。园林工程的中心内容是如何在综合发挥园林的生态效益、社会效益和经济效益功能的前提下，处理园林中的工程设施与风景园林景观之间的矛盾。

园林工程施工人员是完成园林施工任务的最基层的技术和组织管理人员，是施工现场生产一线的组织者和管理者。随着人们对园林工程越来越重视，园林施工工艺越来越复杂，导致对施工人员的要求不断提高。因此需要大量熟悉和掌握了园林施工技术的人才，来满足日益扩大的园林工程。为此，我们特别编写了本书。

本书是编者根据国家现行的园林工程相关标准与设计规范等精心编写而成的，内容翔实，系统性强。在结构体系上重点突出，详略得当，注意知识的融会贯通，突出了综合性的编写原则。其中涵盖了现代新材料、新技术、新工艺等方面的知识，将新知识、新观念、新方法与职业性、实用性和开放性融合，培养读者园林工程施工技术方面的实践能力和管理经验，力求做到技术先进、实用，文字通俗易懂。

本书适用于从事园林施工和管理等相关工作的技术人员，也可以作为相关专业在校师生的参考用书。

在本书的编写过程中，参考了一些书籍、文献和网络资料，力求做到内容充实与全面。在此谨向给予指导和支持的专家、学者以及参考书、网站资料的作者致以衷心的感谢。

我们特意建了 QQ 群，以方便广大读者学习交流，并上传了有关园林方面的资料。QQ群号：581823045。

由于园林工程涉及面广，内容繁多，且科技发展日新月异，本书很难全面反映，加之编者的学识、经验以及时间有限，书中若有疏漏或不妥之处，恳请广大读者批评指正。

编者

目　　录

第一章 园 林 土 方 工 程

第一节 土 壤 基 础 知 识

一、土壤的分类

土壤的分类按研究方法和适用目的不同有不同的划分方法，在土方工程和预算中，按开挖难易程度，可将土壤分为松土、半坚土、坚土三大类，具体见表1-1。

表 1-1
土壤的工程分类

土类	级别	编号	土壤的名称	天然含水量状态下土壤的平均密度/（kg/m³）	开挖方法及工具
松土	I	1	砂	1500	用锹挖掘
		2	植物性土壤	1200	
		3	壤土	1600	
半坚土	II	1	黄土类黏土	1600	用锹、镐挖掘，局部采用撬棍开挖
		2	15mm 以内的中小砾石	1700	
		3	砂质黏土	1650	
		4	混有碎石与卵石的腐殖土	1750	
	III	1	稀软黏土	1800	
		2	15～50mm 的碎石及卵石	1750	
		3	干黄土	1800	
坚土	IV	1	重质黏土	1950	用锹、镐、撬棍、凿子、铁锤等开挖，或用爆破方法开挖
		2	含有 50kg 以下石块的黏土块石所有占体积小于 10%	2000	
		3	含有 10kg 以下石块的粗卵石	1950	
	V	1	密实黄土	1800	
		2	软泥灰岩	1900	
		3	各种不坚实的页岩	2000	
		4	石膏	2200	
	VI	—	均为岩石类，省略	2000～2900	爆破
	VII				

二、土壤的工程性质

土壤的工程性质对土方工程的稳定性、施工方法、工程量及工程投资有很大关系，也涉及工程设计、施工技术和施工组织的安排。因此，对土壤的这些性质要进行研究并掌握。

1. 土壤表观密度

土壤表观密度是指单位体积内,天然状态下的土壤质量(单位:kg/m³)。土壤表观密度的大小直接影响施工难易程度和开挖方式,密度越大,越难挖掘。

2. 土壤相对密度

在填方工程中,土壤的相对密实度是检查土壤施工中密实程度的标准。可以采用人力夯实或机械压实,使土壤达到设计要求的密实度。一般采用机械压实,其密实度可达95%,人力夯实在87%左右。大面积填方如堆山等,通常不加夯压,而是借土壤的自重慢慢沉落,久而久之也可达到一定的密实度。

3. 土壤含水量

土壤含水量是指土壤孔隙中的水重和土壤颗粒重的比值。土壤含水量在5%以内称为干土,在30%以内称为潮土,大于30%称为湿土。土壤含水量的多少对土方施工的难易也有直接的影响。土壤含水量过小,土质过于坚实,不易挖掘;土壤含水量过大,易出现泥泞,也不利于施工。

4. 土壤渗透性

土壤渗透性是指土壤允许水透过的性能,土的渗透性与土壤的密实程度紧密相关。土壤中的空隙大,渗透系数就高。土壤渗透系数应按下式计算:

$$K = \frac{V}{i}$$

式中　V——渗透水流的速度,m/d;

　　　K——渗透系数,m/d;

　　　i——水的边坡度。

当$i=1$时,$K=V$,即渗透水流速度与渗透系数相等。

5. 土壤可松性

土壤可松性是指土壤经挖掘后,其原有紧密结构遭到破坏,土体松散而使体积增加的性质。这一性质与土方工程的挖土量和填土量的计算及运输有很大关系。土壤种类不同,可松性系数也不同。常见土壤的可松性系数见表1-2。

表1-2　　　　　　　　　　　　　　常见土壤的可松性系数

土壤种类	K_1	K_2
砂土、轻粉质黏土、种植土、淤泥土	1.08~1.17	1.01~1.03
粉质黏土、潮湿黄土、砂土混碎(卵)石	1.14~1.28	1.02~1.05
建筑土; 重粉质黏土、干黄土、含碎(卵)石的粉质黏土	1.24~1.30	1.04~1.07
重黏土、含碎(卵)石的黏土; 粗卵石、密实黄土	1.25~1.32	1.06~1.09
中等密实的页岩、泥炭岩; 白垩土、软石灰岩	1.30~1.45	1.10~1.20

三、土壤的自然倾斜面与坡度

土壤自然堆积，经沉落稳定后的表面与地平面所形成的夹角就是土壤的自然倾斜角，也叫安息角，以 α 表示，如图1-1所示。在工程设计时，为了使工程稳定，其边坡坡度数值应参考相应土壤的自然倾斜角的数值，土壤自然倾斜角还受到其含水量的影响，土壤的安息角见表1-3。

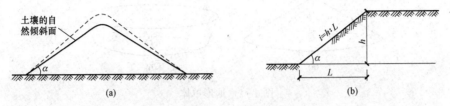

图1-1　土壤的自然倾斜面与坡度

(a) 土壤的自然倾斜面与安息角；(b) 坡度图示

表1-3　　　　　　　　　　　　　　土壤的安息角

土壤名称	安息角			颗粒尺寸/mm	备注
	干	潮	湿		
砾石	40°	40°	35°	2~20	这样的砾石多用来做散置砾石路面
卵石	35°	45°	25°	20~200	园林景观常用机制鹅卵石、河卵石、雨花石铺装镶嵌地面，或是散置在驳岸边做人工滩涂
粗砂	30°	32°	27°	1~2	粗砂中粒径大于0.5mm的颗粒含量超过50%
中砂	28°	35°	25°	0.5~1	中砂中粒径大于0.25mm的颗粒质量超过总质量的50%。墙面的抹灰掺拌中砂，最好是天然河砂或是水洗砂
细砂	25°	30°	20°	0.05~0.5	细砂中粒径大于0.075mm的颗粒质量超过总质量的85%。景墙中清水墙体的勾缝用细砂，水泥比例高，流动性好
黏土	45°	35°	15°	0.001~0.005	黏土是含砂粒很少、有黏性的土壤，具有良好的保水性。保水通气，可做软池底的防水层
壤土	50°	40°	30°	—	壤土种植植被的最佳环境，通气透水。植物所需的营养较为丰富
腐殖土	40°	35°	25°	—	腐殖土是枯枝残叶经过长时期腐烂发酵形成的，其色黑、利水保湿保肥，可用来改良土壤，与砂土掺拌可提高土壤的营养度

第二节　园林土方工程计算方法

土方量的计算方法有估算法、断面法、方格网法等。

一、估算法

估算法就是把设计的地形近似地假定为锥体、棱台等几何形体的地形单体，如图1-2所示，这些地形单体可用相近的几何体体积公式来计算（表1-4），也称体积公式估算法。该方法简便、快捷，但精度不够。边坡土方量的计算一般都是用体积公式估算法来计算。

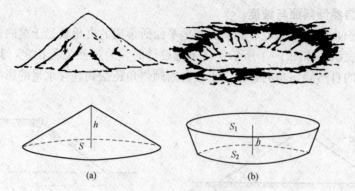

图 1 - 2　地形单体

S—底面积；S_1、S_2—分别为上底面积和下底面积；h—高

表 1 - 4　　　　　　　　　　　相似体积套用公式估算示意

几何体名称	几何体形状	体积
圆锥		$V=\dfrac{1}{3}\pi r^2 h$
圆台		$V=\dfrac{1}{3}\pi h\ (r_1^2+r_2^2+r_1 r_2)$
棱锥		$V=\dfrac{1}{3}S\cdot h$
棱台		$V=\dfrac{1}{3}h\ (S_1+S_2+\sqrt{S_1 S_2})$
球缺		$V=\dfrac{\pi h}{6}\ (h^2+3r^2)$

　注　V 为体积；r 为半径；S 为底面积；h 为高；r_1、r_2 分别为上底半径和下底半径；S_1、S_2 分别为上底面积和下底面积。

二、断面法

　　断面法是以一组相互平行截面将拟计算的地块、地形单体（如高山、溪涧、水池、小岛等）和土方工程（如堤、沟渠、路堑、路槽等）分截成"段"，分别计算这些"段"的体积，即土方量，再将各段土方量累加，以求得该计算对象的总土方量。这一方法主要使用于地形起伏变化较大、自然地面复杂的地区，或者挖填深度较大、截面又不规则的地区。断面法计算方法简便，但精度较低。

断面法根据其取截面的方向不同可分为垂直断面法、等高面法（或水平断面法）及与水平面成一角度的成角断面法。精度取决于截取的断面的数量，多则较精确，少则较粗略。下面主要介绍前两种方法。

（1）垂直断面法。

垂直断面法多用于园林地形纵横坡度有规律变化地段的土方工程量计算，计算较为方便。其计算方法如下：

1）用一组相互平行的垂直截面将要计算的地形截成多"段"，相邻两截面间距一般为10m 或 20m，平坦地区可大些，但不得大于 100m，如图 1-3 所示。

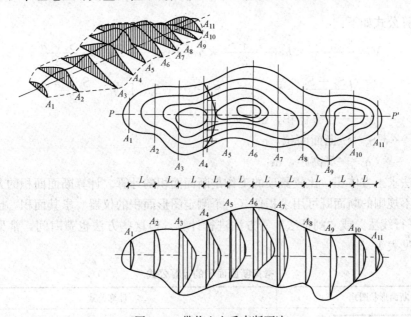

图 1-3 带状土山垂直断面法

2）分别计算每个"段"的体积，把各"段"的体积相加，即得总土方量。第 n 段土方量公式为：

$$V_n = \frac{A_n + A_{n+1}}{2} L$$

式中 V_n——相邻两横断面的土方量，m^3；

A_n，A_{n+1}——相邻两横断面的挖（或填）方断面积，m^2；

L——相邻两横断面的间距，m。

（2）等高面法。

等高面法又叫水平断面法，是沿等高线取截面，等高距即为两相邻截面的高差，计算方法类同断面法。等高面法最适用于大面积的自然山水地形的土方计算。由于园林设计图纸上的原地形和设计地形均用等高线表示，因而采用等高面法进行计算最为便当，如图 1-4 所示。

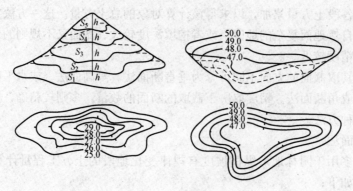

图1-4   等高面法图示

S_1、S_2、S_3、S_4、S_5—断面面积；h—等高距

体积计算公式如下：

$$V=\frac{S_1+S_2}{2}\times h+\frac{S_2+S_3}{2}\times h+\cdots+\frac{S_{n-1}+S_n}{2}+\frac{S_n\times h}{3}$$

$$=\left(\frac{S_1+S_n}{2}+S_2+S_3+S_4+\cdots+S_{n-1}\right)\times h+\frac{S_n\times h}{3}$$

式中　　　　　V——土方体积，m^3；

S_1、S_2、S_3，$\cdots$，S_n——断面面积，m^2；

h——等高距，m。

　　用断面法求土方体积，比较繁琐的工作是断面面积的计算。计算断面面积的方法多种多样，对形状不规则的断面既可用求积仪（一个测定图形面积的仪器）求其面积，也可用"方格纸法""平行线法"或"割补法"等方法进行计算，但这些方法也费时间，常见断面面积的计算公式见表1-5。

表1-5　　　　　　　　　　　　　常见断面面积的计算公式

断面形状图式	计算公式
	$S=h\left[b+\dfrac{h\ (m+n)}{2}\right]$
	$S=b\dfrac{h_1+h_2}{2}+\dfrac{(m+n)\ h_1h_2}{2}$
	$S=\dfrac{1}{2}a_1h_1+\dfrac{1}{2}\ (h_1+h_2)\ a_2+\dfrac{1}{2}\ (h_2+h_3)\ a_3$ $+\dfrac{1}{2}\ (h_3+h_4)\ a_4+\dfrac{1}{2}\ (h_4+h_5)\ a_5+\dfrac{1}{2}h_5a_6$
	$S=\dfrac{1}{2}\ (h_0+2h+h_6)\ a$ $h=h_1+h_2+h_3+h_4+h_5$

三、方格网法

方格网法是把平整场地的设计工作与土方量计算工作结合在一起进行的，是在附有等高线的施工现场地形图上做方格网控制施工场地，依据设计意图，如地面形状、坡向、坡度值等，确定各角点的设计标高、施工标高，划分填方、挖方区，计算土方量，绘制出土方调配图及场地设计等高线图。方格网法较为复杂，但作为平整场地的土方量计算，精度较高。这一方法适用于地形较平缓或台阶宽度较大的地段。

（1）划分方格网。

根据已有地形图将场地划分成若干个方格网，尽量与测量的纵、横坐标网对应，将相应设计标高和自然地面标高分别标注在方格点的右上角和右下角。将自然地面标高与设计地面标高的差值，即各角点的施工高度（挖或填）填在方格网的左上角，挖方为（＋），填方为（－），用插入法求得原地形标高。

插入法求高程通常会遇到以下三种情况（图 1 - 5）：

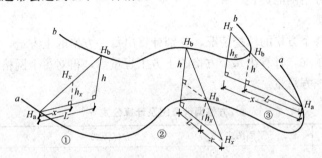

图 1 - 5　插入法求任意点的高程（单位：m）

a、b—等高线；H_x—角点原地形标高；h_a—低边等高线的高程；H_b—高边等高线的高程；x—角点至低边等高线的距离；h—等高差；h_x—角点至低等高线的垂直距离；L—相邻两等高线间最短距离

1）当待求角点原地形标高 H_x 在两等高线之间时：

$$h_x : h = x : L$$

即

$$h_x = \frac{xh}{L}$$

则

$$H_x = H_a + \frac{xh}{L}$$

2）当待求角点原地形标高 H_x 在低边等高线 H_a 的下方时：

$$h_x : h = x : (L + x)$$

即

$$h_x = \frac{xh}{L + x}$$

则

$$H_x = H_a - \frac{xh}{L + x}$$

3）当待求点标高 H_x 在高边等高线 H_b 的上方时：

$$h_x : h = x : L$$

即

$$h_x = \frac{xh}{L}$$

则

$$H_x = H_a + \frac{xh}{L}$$

（2）计算零点位置。

零点即不挖不填的点。在一个方格网内同时有挖方或填方时，一定有零点线，应计算出方格网边上的零点的位置，并在方格网上标注出来，连接零点即得填方区与挖方区的分界线，即零点线。零点的位置按下式计算：

$$x_1 = \frac{h_1}{h_1 + h_2} \times a$$

$$x_2 = \frac{h_2}{h_1 + h_2} \times a$$

式中　　x_1，x_2——角点至零点的距离，m；

　　　　h_1，h_2——相邻两角点的施工高度（均用绝对值），m；

　　　　　　a——方格网的边长，m。

（3）土方量计算。

根据方格网中各个方格的填挖情况，分别计算出每一方格的土方量，几种相应的计算图和计算公式，见表1-6。计算出每个方格的土方工程量后，再对每个网格的挖方、填方量进行合计，算出填、挖方总量。

表 1-6　　　　　　　　　　　　方格网计算图及计算公式

挖填情况	平面图式	立体图式	计算公式
四点全为填方（或挖方）			$\pm V = \dfrac{a^2 \times \sum h}{4}$
两点填方，两点挖方			$\pm V = \dfrac{a(b+c) \times \sum h}{8}$
三点填方（或挖方），一点挖方（或填方）			$\pm V = \dfrac{(b+c) \times \sum h}{6}$ $\pm V = \dfrac{(2a^2 - b \times c) \times \sum h}{10}$
相对两点为填方（或挖方），另两点为挖方（或填方）			$\pm V = \dfrac{b \times c \times \sum h}{6}$ $\pm V = \dfrac{d \times e \times \sum h}{6}$ $\pm V = \dfrac{(2a^2 - b \times c - d \times e) \times \sum h}{12}$

注　计算公式中的"+"表示挖方，"-"表示填方。

第三节 土方的平衡与分配

一、土方的平衡与调配原则

进行土方平衡调配时，必须考虑工程和现场情况、工程的进度要求和土方施工方法，以及分期分批施工工程的土方堆放和调运问题。经过全面研究，确定平衡调配的原则之后，才能着手进行土方的平衡与调配工作，土方的平衡与调配的原则如下：

（1）与填方基本达到平衡，减少重复倒运。

（2）挖（填）方量与运距的乘积之和尽可能为最小，即总土方运输量或运输费用最小。

（3）分区调配与全场调配相协调，避免只顾局部平衡，而破坏全局平衡。

（4）好土用在回填密度较高的地区，避免出现质量问题。

（5）土方调配应与地下构筑物的施工相结合，有地下设施的填土应留土后填。

（6）选择恰当的调配方向、运输路线、施工顺序，避免土方运输出现对流和乱流现象，同时便于机具调配和机械化施工。

（7）取土或去土应尽量不占用园林绿地。

二、土方的平衡与调配方法

土方工程，其特点是施工面较宽、工程量大、工期较长，所以施工组织工作很重要。大规模的工程应根据施工能力、工期要求和环境条件决定。工程可全面铺开，也可分期进行。

1. 土方调配

土方调配是依据一定的原则和方法进行，为了清晰明了地表明调配情况，可以根据地形设计图绘制一张土方调配图，土方调配图的编制步骤如下：

（1）划分土方调配区。在场地平面图上先画出挖方区、填方区的分界线即零线，并在挖方区、填方区划出若干调配区。

（2）计算各调配区的土方量，并标明在调配图上。

（3）计算各调配区的平均运距，即挖方调配区土方重心到填方调配区土方重心之间的距离。

（4）绘制土方调配图，在图中标明调配方向、土方数量及平均运输距离。

（5）列出土方量平衡表。

2. 土方调配计算

（1）用方格网法计算各调配区土方量并将其标注在图上。

（2）计算挖方区土方重心至填方区土方重心的距离，取场地或方格网中的纵横两条边为坐标轴，以一角点作坐标原点，按下式求出各挖方或填方调配区重心坐标 X_0 及 Y_0。

$$X_0 = \frac{\sum(x_i V_i)}{\sum V_i}$$

$$Y_0 = \frac{\sum(y_i V_i)}{\sum V_i}$$

式中　x_i、y_i——第 i 块方格的重心坐标；

V_i——第 i 块方格的土方体积。

填挖方调配区间的平均运距 L_0 按下式计算：

$$L_0 = (x_{0T} - x_{0W})^2 + (y_{0T} - y_{0W})^2$$

式中　x_{0T}、y_{0T}——填方区的重心坐标；

　　　x_{0W}、y_{0W}——挖方区的重心坐标。

（3）用线性规划中的表上作图法求解最优土方调配方案。

（4）在场地土方地形图上，标出调配方向、土方数量及运距。

第四节　土 方 施 工 准 备

一、土方施工前的准备

1. 研究和审查图纸

（1）检查图纸和资料是否齐全，核对平面尺寸和标高及图纸相互间有无错误和矛盾。

（2）掌握设计内容及各项技术要求，了解工程规模、特点、工程量和质量要求，熟悉土层地质、水文勘察资料。

（3）会审图纸，搞清构筑物与周围地下设施管线的关系，图纸相互间有无错误和冲突。

（4）研究好开挖程序，明确各专业工序间的配合关系、施工工期要求，并向参加施工人员层层进行技术交底。

2. 查勘施工现场

摸清工程场地情况，收集施工需要的各项资料，包括施工场地地形、地貌、水文地质、河流、气象、运输道路、植被、邻近建筑物、地下基础、管线、电缆基坑、防空洞、地面上施工范围内的障碍物和堆积物状况，供水、供电、通信情况、防洪排水系统等，以便为施工规划和准备提供可靠的资料和数据。

3. 编制施工方案

（1）研究制订现场场地整平、土方开挖施工方案。

（2）绘制施工总平面布置图和土方开挖图，确定开挖路线、顺序、范围、底板标高、边坡坡度、排水沟水平位置，以及挖土方的堆放地点。

（3）提出需用的施工机具、劳力、推广新技术计划。

（4）深开挖还应提出支护、边坡保护和降水方案。

4. 平整清理施工场地

按设计或施工要求范围和标高平整场地，将土方堆到规定弃土区。凡在施工区域内，影响工程质量的软弱土层、淤泥、腐殖土、大卵石、孤石、垃圾、树根、草皮，以及不宜作填土和回填土料的稻田湿土，应分情况采取全部挖除或设排水沟疏干、抛填块石和砂砾等方法进行妥善处理。

有一些土方施工工地可能残留了少量待拆除的建筑物或地下构筑物，在施工前要拆除掉。拆除时，应根据其结构特点，并遵循有关规定进行操作。操作时可以用镐、铁锤，也可用推土机、挖土机等设备。

施工现场残留有一些影响施工并经有关部门审查同意砍伐的树木，要进行伐除工作。凡土方开挖深度不大于 50cm，或填方高度较小的土方施工，其施工现场及排水沟中的树木，都必须连根拔除。清理树蔸除用人工挖掘外，直径在50cm以上的大树蔸还可用推土机铲除或用爆破法清除。大树一般不允许伐除，如果现场的大树、古树很有保留价值，则要提请建设单位或设计单位对设计进行修改。因此，大树的伐除要慎而又慎，凡能保留的要尽量设法保留。

二、土方的施工排水

1. 地面排水

在施工之前排除地面积水，根据施工区地形特点在场地周围挖好排水沟（在山地施工为防山洪，在山坡上方应做截洪沟），使场地内排水通畅，而且场外的水也不致流入。在低洼处或挖湖施工时，除挖好排水沟外，必要时还应加筑围堰或设水堤。为了排水通畅，排水沟底纵坡不应小于2%，沟的边坡值1：1.5，沟底宽及沟深不小于50cm。

地面排水设施主要有：排水沟、侧沟、截水沟、天沟、跌水、缓流井和急流槽。

（1）排水沟。

1）平坦地带，横坡不明显，且路堤高度小于2m时，宜在路堤两侧设置排水沟。

2）当路堤高度大于2.0m时，可以只在大面积横坡方向的上方设置排水沟。在路堤高度小于2.0m的平原地带，确认下侧不会有积水和造成地面径流的可能时，也可只在上方设置排水沟。

3）在农田地区，通常把开挖排水沟的弃土置于排水沟的外侧，筑成挡水捻，以阻挡农田灌水流入排水沟。挡水捻顶宽度一般采用0.5m，两侧边坡坡度不大于1：1，靠排水沟一侧的坡脚与排水沟之间应留出适当的距离。

4）紧靠路堤护道外侧的取土坑，如能适当控制其深度，以连接上、下游的排水沟或排水通路，则可利用于地面排水。此时，取土坑底部宜做成由两侧边缘向中间倾斜的2%～4%的横坡，或在取土坑中部设置适当断面的排水沟。

（2）侧沟。

侧沟水不宜流入隧道排水沟内。当出洞方向路堑为上坡时，侧沟要用与线路纵坡相反的坡度，称为反坡排水。只有对长度为300m以下的短隧道，在洞外路堑水量较小，且含砂量小，不易淤积，修建反坡排水将增加大量土石方等困难条件下，才允许将侧沟水引入隧道排水沟内，但应验算隧道水沟断面（不够时应予扩大），并在高端洞口设置泥砂沉淀井。

侧沟水应排出路堑以外，在填挖交界处沿山弯转偏离路基排出，以防冲刷路堤。但对深长路堑和反坡排水的侧沟，可以根据地形条件增建穿越路基的横向盖板水沟，将水引排到路基的外侧，在路堑边坡较低处，开挖马口排走。

（3）截水沟。

截水沟设置于路堑边坡平台上及排水沟、侧沟、天沟所在部位以外的其他地方，用以截排边坡平台以上的坡面水或所在地区的部分地面水。

（4）天沟。

一般情况下，天沟距堑顶的距离不宜小于5m。如果边坡为不易渗漏的岩石和黏性土，或对天沟已采取防渗措施，或路堑不高，即使边坡坍塌也不致影响行车时，天沟距堑顶的距离可以减小到2m。湿陷性黄土地区的天沟距堑顶的距离一般不应小于10m，同时还应加固防渗。如果堑顶上有弃土堆，天沟一般应设在弃土堆以外1.0～5.0m。

（5）跌水、缓流井和急流槽。

跌水、缓流井和急流槽三种排水形式见图1-6。

1）跌水：主槽底部呈台阶状的急流槽，构造可有单级和多级两类，每级高差为 0.2～2.0m，利用台阶跌水消能，一般应作铺砌防护。

2）缓流井：沟底纵坡较陡的水沟，可设计成两段坡度较缓的水沟用缓流井连接起来。两端水沟的落水高差最大可达 15m。

3）急流槽：用片石、混凝土材料筑成的，衔接两段高程较大的排水设施。主槽纵坡大，水流急。出口设有消力池、消能槛等消能装置。沟底纵坡可达 1∶2，急流槽槽身的坡度一般大于 10%。为使通过急流槽的水流能贴着槽底面流下面不致发生飞溅，槽身坡度不可陡于 1∶0.75。

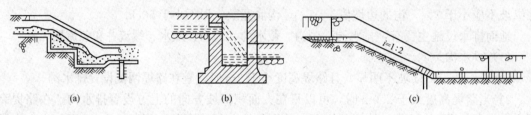

图 1-6　三种排水形式

(a) 跌水；(b) 缓流井；(c) 急流槽

2. 地下水降水

施工中不仅仅会有地面积水，而且在地下水位较高或有地面滞水的地段开挖基坑（槽、沟），常会遇到地下水。由于地下水的存在，不仅土方开挖工效很低，而且边坡易于塌方，因而土方开挖需采取有效的降水或降低地下水位措施，使土方开挖回填达到无水状态。降低地下水的方法有一般明排水、井点降水等。

（1）井点降水的常用方法有大口径井法、轻型井点法、电渗井点法等。

1）大口径井法。

①大口径井法适用于渗透系数较大（4～10m/d）及涌水量大的土壤。

②大口径井应在破土前打井抽水，水面（观测孔水面）降到预计深度时方可挖土。抽水应保持到坑槽回填完。人工挖土时，观测孔的水位已降到总深度的 2/3 处即可挖土。机械挖土时，应降到比槽底深 0.5m 时，方可挖土。

③井筒应选用透水性强的材料，直径不小于 0.3m。

④井间距根据土壤渗透能力决定。

⑤井深与地质条件及井距有关，应经单井抽水试验后确定。

⑥抽水设备，可使用轴流式井用泵、潜水泵等。

⑦凿孔可使用水冲套管法，或用 WZ 类凿井法，不得采用挤压成孔。凿孔要求如下：

a. 孔深要比井筒深 2m，作沉淤用；

b. 孔洞直径不小于井筒直径加 0.2m；

c. 孔洞不塌；

d. 装井筒前，先投砂沉淤；

e. 井筒外用粗砂填充，砂粒径不小于 2mm。

⑧为了随时掌握水位涨落情况，应设一定数量的观测孔。

2）轻型井点法。

①轻型井点法设备简单，见效快，它适用于亚砂黏土类土壤。一般采用一级井点。挖深较大时，可采用多级井点。

②井点主要设备有：

a. 井点管（可用 ϕ50mm 镀锌管和 2m 长滤管组成）；

b. 连接器（可用 ϕ100mm 双法兰钢管）；

c. 胶管（可用 ϕ50mm 胶管）；

d. 真空（可用射流真空泵）。

③井点间距约 1.5m 左右，井点至槽边的距离不得小于 2m。

④井点管长度，视地质情况与基槽深度而定。

⑤井点安装后，在运转过程中，应加强管理。如发现问题，应及时采取措施处理。

⑥确定井点停抽及拆除时，应考虑防止构筑物漂浮及反闭水需要。

⑦每台真空泵可带动井点数量，可根据涌水量与降低深度确定。

⑧降低地下水深度与真空度的关系，可按下式计算：

$$降低地下水深度(m) = 0.013\,5H_g。$$

式中　H_g——井点系统的真空度（用汞柱高度表示），mm。

3）电渗井点法。

①电渗井点法适用于渗透系数小于 0.1m/d 的土壤。

②按设计进行布置，井点管为负极，在井点里侧距 0.8～1.0m 处，再打入 420mm 圆钢一排，其间距仍为 1.5m，并列、交错均可，要比井点管深 0.5m。

③将 ϕ20mm 圆钢与井点管分别用 ϕ10mm 圆钢连成整体，作为通电导线，接通电源工作电压不大于 60V，电流密度为 0.5～1.0A/m^2。

④在正负电极间地面上的金属及导体应清理干净。

⑤电渗井点降低水位过程中，对电压、电流密度、耗电量、水位变化及水量等应做好观察与记录。

（2）各类降低地下水方法的适用范围见表 1-7。

表 1-7　　　　　　　　　　各类降低地下水方法的适用范围

降低地下水方法	土层渗透系数/（m/昼夜）	降低水位深度/m	备注
一般明排水	—	地面水和浅层水	—
大口径井	4～10	0～6	—
一级轻型井点	0.1～4	0～6	—
二级轻型井点	0.1～4	0～9	—
深井点	0.1～4	0～20	需复核地质勘探资料
电渗井点	<0.1	0～6	—
管井井点	20～250	>10	—
喷射井点	0.1～0.2	8～20	—

一般讲，当土质情况良好，土的降水深度不大，可采用单层轻型井点；当降水深度超6m，且土层垂直渗透系数较小时，宜用二级轻型井点或多层轻型井点，或在坑中另布点，以分别降低上层、下层土的水位。当土的渗透系数小于 0.1m/d 时，可在一侧增极，改用电

渗井点降水；如土质较差，降水深度较大，采用多层轻型井点设备增多、量增大，导致经济上不合算时，可采用喷射井点降水较为适宜；如果降水深度不大，土的系数大，涌水量大，降水时间长，可选用管井井点降水；如果降水很深，涌水量大，土层多变，降水时间很长，此时宜选用深井井点降水最为有效和经济。当各种井点降水影响邻近建筑物产生不均匀沉降和使用安全时，应采用回灌井点或在基坑有建筑物一侧旋喷桩加固土壤和防渗，对侧壁和坑底进行加固处理。

三、设置测量控制网

施工前应按照设计单位提供的景观施工图纸进行施工测量，设置坐标桩、水准基桩和测量控制网。

1. 平整场地施工放样

平整场地的工作是将原来高低不平的、比较破碎的地形按设计要求整理成为平坦的或具有一定坡度的场地，如停车场、草坪、休闲广场、露天表演场等。

平整场地常用格网法。用经纬仪将图纸上的方格测设到地面上，并在每个交点处打下木桩，边界上的木桩依图纸要求设置。

木桩的规格及标记方法如图1-7所示。木桩应侧面平滑，下端削尖，以便打入土中，桩上应标示出桩号（施工图上方格网的编号）和施工标高（挖土用"＋"号，填土用"－"号）。

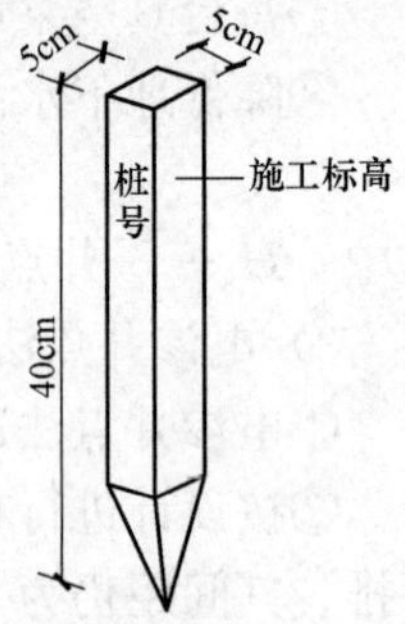

图 1-7　木桩

2. 堆山测设

堆山或微地形等高线平面位置的测定方法与湖泊、水渠的测设方法相同。等高线标高可用竹竿表示。具体做法如图1-8所示，从最低的等高线开始，在等高线的轮廓线上，每隔3～6m插一长竹竿（根据堆山高度灵活选用不同长度的竹竿）。利用已知水准点的高程测出设计等高线的高度，标在竹竿上，作为堆山时掌握堆高的依据，然后进行填土堆山。在第一层的高度上继续又以同法测设第二层的高度，堆放第二层、第三层以至山顶。坡度可用坡度样板来控制。当土山高度小于5m时，可把各层标高一次标在一根长竹竿上，不同层用不同颜色的小旗表示，如图1-9所示。

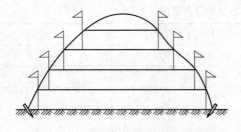

图 1-8　堆山高度较高时的标记

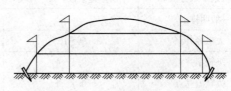

图 1-9　堆山高度较低时的标记

如果用机械（推土机）堆土，只要标出堆山的边界线，参考堆山设计模型就可堆土。等堆到一定高度以后，用水准仪检查标高，不符合设计的地方，人工加以修整，使之达到设计要求。

3. 公园水体测设

（1）用仪器（经纬仪、罗盘仪、大平板仪或小平板仪）测设。

如图1-10所示，根据湖泊、水渠的外形轮廓曲线上的拐点（如1、2、3、4等）与控

制点 A 或 B 的相对关系，用仪器采用极坐标的方法将它们测设到地面上，并钉上木桩，然后用较长的绳索把这些点用圆滑的曲线连接起来，即得湖池的轮廓线，并用白灰撒上标记。

湖中等高线的位置也可用上述方法测设，每隔 3～5m 钉一木桩，并用水准仪按测设设计高程的方法，将要挖深度标在木桩上，作为掌握深度的依据。也可以在湖中适当位置打上几个木桩，标明挖深，便可施工。施工时木桩处暂时留一土墩，以便掌握挖深。待施工完毕，再把土墩去掉。

岸线和岸坡的定点放线应该准确，这不仅因为它是水上部分，影响着园林造景，而且还和水体岸坡的稳定有很大关系。为了精确施工，可以用边坡样板来控制边坡坡度，如图 1-11 所示。

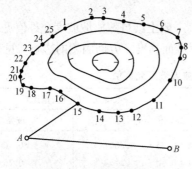

图 1-10 水体测设

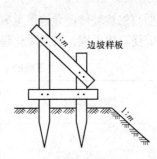

图 1-11 边坡样板

如果用推土机施工，定出湖边线和边坡样板就可动工。开挖快到设计深度时，用水准仪检查挖深，然后继续开挖，直至达到设计深度。

在修渠工程中，首先在地面上确定渠道的中线位置，该工作与确定道路中线的方法类似。然后用皮尺丈量开挖线与中线的距离，以确定开挖线，并沿开挖线撒上白灰。开挖沟槽时，用打桩放线的方法。因为木桩在施工时容易被移动甚至被破坏，从而影响校核工作，所以最好使用龙门板。

（2）方格网法测设。

如图 1-12 所示，在图纸中欲放样的湖面上打方格网。将图上方格网按比例尺放大到实地上，根据图上湖泊（或水渠）外轮廓线各点在格网中的位置（或外轮廓线、等高线与格网的交点），在地面方格网中找出相应的点位，如 1、2、3、4、…曲线转折点，再用长麻绳依图上形状将各相邻连成圆滑的曲线，顺着线撒上白灰，做好标记。若湖面较大，可分成几段或十几段，用长 30～50m 的麻绳来分段连接曲线。

等深线测设方法与上述相同。

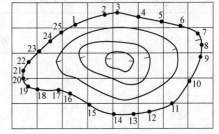

图 1-12 用方格网法作水体测设

4. 狭长地形放线

狭长地形，如园路、土堤、沟渠等，其土方的放线包括下列内容：

（1）打中心桩，定出中心线。

这是第一步工作，可利用水准仪和经纬仪，按照设计要求定出中心桩，桩距 20～50m

不等，视地形的繁简而定。每个桩号应标明桩距和施工标高，桩号可用罗马字母，也可用阿拉伯数字编定。距离用千米、十米来表示。

（2）打边桩，定边线。

一般来说，中心桩定下后，边桩也有了依据，用皮尺就可以拉出，但较困难的是弯道放线。在弯道地段应加密桩距，以使施工尽量精确。

第五节　土方施工技术

一、土石方放坡处理

1. 挖方边坡

不同的土质自然放坡坡度允许值见表1-8。一般土壤自然放坡坡度允许值见表1-9。岩石边坡坡度允许值受石质类别、石质风化程度以及坡面高度三方面因素的影响，见表1-10。

表1-8　　　　　　　　　不同的土质自然放坡坡度允许值

土质类别	密实度或黏性土状态	坡度允许值（高宽比）	
		坡高在5m以内	坡高5～10m
碎石类土	密实	1：0.35～1：0.50	1：0.50～1：0.75
	中密实	1：0.50～1：0.75	1：0.75～1：1.00
	稍密实	1：0.75～1：1.00	1：1.00～1：1.25
老黏性土	坚硬	1：0.35～1：0.50	1：0.50～1：0.75
	硬塑	1：0.50～1：0.75	1：0.75～1：1.00
一般黏性土	坚硬	1：0.75～1：1.00	1：1.00～1：1.25
	硬塑	1：1.00～1：1.25	1：1.25～1：1.50

表1-9　　　　　　　　　一般土壤自然放坡坡度允许值

序号	土壤类别	坡度允许值（高宽比）
1	黏土、粉质黏土、亚砂土、砂土（不包括细砂、粉砂），深度不超过3m	1：1.00～1：1.25
2	土质同上，深度3～12m	1：1.25～1：1.50
3	干燥黄土、类黄土，深度不超过5m	1：1.00～1：1.25

表1-10　　　　　　　　　　岩石边坡坡度允许值

石质类别	风化程度	坡度允许值（高宽比）	
		坡高在8m以内	坡高8～15m
硬质岩石	微风化	1：0.10～1：0.20	1：0.20～1：0.35
	中等风化	1：0.20～1：0.35	1：0.35～1：0.50
	强风化	1：0.35～1：0.50	1：0.50～1：0.75
软质岩石	微风化	1：0.35～1：0.50	1：0.50～1：0.75
	中等风化	1：0.50～1：0.75	1：0.75～1：1.00
	强风化	1：0.75～1：1.00	1：1.00～1：1.25

2. 填方边坡

(1) 填方的边坡坡度应根据填方高度、土的种类和重要性在设计中加以规定。当设计没有规定时，其边坡的坡度限值可按表 1-11 采用。用黄土或类黄土填筑重要的填方时，其边坡的坡度限值可按表 1-12 采用。

表 1-11　　永久性填方边坡的坡度限值

序号	土的种类	填方高度/m	坡度限值
1	黏土类土、黄土、类黄土	6	1:1.50
2	粉质黏土、泥灰岩土	6～7	1:1.50
3	中砂或粗砂	10	1:1.50
4	砾石和碎石土	10～12	1:1.50
5	易风化的岩土	12	1:1.50
6	轻微风化、尺寸 25cm 以内的石料	6 以内	1:1.33
		6～12	1:1.50
7	轻微风化、尺寸大于 25cm 的石料，边坡用最大石块分排整齐铺砌	12 以内	1:1.50～1:1.75
8	轻微风化、尺寸大于 40cm 的石料，其边坡分排整齐	5 以内	1:0.50
		5～10	1:0.65
		>10	1:1.00

表 1-12　　黄土或类黄土填筑重要填方的边坡的坡度限值

填土高度/m	自地面起高度/m	坡度限值
6～9	0～3	1:1.75
	3～9	1:1.50
9～12	0～3	1:2.00
	3～6	1:1.75
	6～12	1:1.50

注　1. 当填方高度超过本表规定限值时，其边坡可做成折线形，填方下部的边坡坡度应为 1:2.00～1:1.75。
　　2. 凡永久性填方，土的种类未列入本表者，其边坡坡度不得大于 $(\varphi+45°)/2$，φ 为土的自然倾斜角。

(2) 利用填土做地基时，填方的压实系数、边坡坡度应符合表 1-13 的规定。其承载力根据试验确定。当无试验数据时，可按表 1-13 选用。

表 1-13　　填土地基承载力和边坡坡度值允许值

填土类别	压实系数 λ_e	承载力 f_k/kPa	边坡坡度允许值（高宽比）	
			坡度在 8m 以内	坡度 8～15m
碎石、卵石	0.94～0.97	200～300	1:1.50～1:1.25	1:1.75～1:1.50
砂夹石（其中碎石、卵石占全重 30%～50%）	—	200～250	1:1.50～1:1.25	1:1.75～1:1.50
土夹石（其中碎石、卵石占全重 30%～50%）	—	150～200	1:1.50～1:1.25	1:2.00～1:1.50
黏性土（$10<I_p<14$）	—	130～180	1:1.75～1:1.50	1:2.25～1:1.75

注　I_p——塑性指数。

二、土方施工的特殊情况

1. 土方雨期施工

大面积土方工程施工，应尽量在雨期前完成。如要在雨期时施工，则必须掌握当地的气象变化，从施工方法上采取积极措施。

（1）雨期施工前要做好必要的准备工作。雨期施工中特别重要的问题是要保证挖方、填方及弃土区排水系统的完整和通畅，并在雨期前修成，对运输道路要加固路基，提高路拱，路基两侧要修好排水沟，以利泄水；路面要加铺炉渣或其他防滑材料；要有足够的抽水设备。

（2）在施工组织与施工方法上，可采取集中力量、分段突击的施工方法，做到随挖随填，保证填土质量。也可采取晴天做低处、雨天做高处，在挖土到距离设计标高 20～30cm 时，预留垫层或基础施工前临时再挖。

2. 土方冬期施工

冬期土壤冻结后，要进行土方施工是很困难的，因此要尽量避免冬期施工。但为了争取施工时间，加快建设速度，仍有必要采用冬期施工。冬期开挖土方通常采用下面措施：

（1）防止土壤冻结。其方法是在土壤表面覆盖防寒保温层，使其与外界低温隔离，免遭冻结。具体方法又可以分为以下四种：

1）机械开挖。冻土层在 25cm 以内的土壤可用 0.5～1.0m³ 单斗挖土机直接施工，或用大型推土机和铲运机等综合施工。

2）松碎法。可分人工松碎法与机械松碎法两种。人工松碎法适合于冻层较薄的砂质土壤、砂黏土及植物性土壤等。在较松的土壤中采用撬棍，比较坚实的土壤用钢锥。在施工时，松土应与挖运密切配合，当天松破的冻土应当天挖运完毕，以免再度遭受冻结。

3）爆破法。适用于松解冻结厚度在 0.5m 以上的冻土。此法施工简便，工作效率高。

4）解冻法。方法很多，常用的方法有热水法、蒸汽法和电热法等。

（2）冬期施工的运输与填筑。冬期土方运输应尽可能缩短装运与卸车时间，运输道路上的冰雪应加以清除，并按需要在道路上加垫防滑材料，车轮可装设防滑链，在土壤运输时需加覆盖保温材料以免冻结。为了保证冬期回填土不受冻结或少受冻结，可在挖土时将未冻土堆在一处，就地覆盖保湿，或在冬期前预存部分土壤，加以保温，以备回填之用。冬期回填土壤，除应遵守一般土壤填筑规定外，还应特别注意土壤中的冻土含量问题。除房屋内部及管沟顶部以上 0.5m 以内不得用冻土回填外，其他工程允许冻土的含量应视工程情况而定，一般不得超过 15%～30%。在回填土时，填土上的冰雪应加以清除，对大于 15cm 厚的冻土应予以击碎，再分层回填，碾压密实，并预留下沉高度。

3. 滑坡与塌方的处理措施

（1）加强工程地质勘察。对拟建场地（包括边坡）的稳定性进行认真分析和评价；工程和路线一定要选在边坡稳定的地段，对具备滑坡形成条件的或存在古老滑坡的地段一般不选作建筑场地或采取必要的措施加以预防。

（2）做好泄洪系统。在滑坡范围外设置多道环形截水沟，以拦截附近的地表水。在滑坡区，修设或疏通原排水系统，疏导地表、地下水，防止渗入滑体。主排水沟宜与滑坡滑动方向一致，与支排水沟与滑坡方向成 30°～45°角斜交，防止冲刷坡脚。处理好滑坡区域附近的生活及生产用水，防止浸入滑坡地段。如果因地下水活动有可能形成浅层滑坡时，可设置支撑盲沟、渗水沟，排除地下水。盲沟应布置在平行于滑坡坡动方向有地下水露头处，做好植被工程。

（3）保持边坡坡度。保持边坡有足够的坡度，避免随意切割坡脚。土体尽量削成较平缓的坡度，或做成台阶状，使中间有1～2个平台，以增加稳定；土质不同时，视情况削成2～3种坡度。在坡脚处有弃土条件时，将土石方填至坡脚，使其起反压作用。筑挡土堆或修筑台地，避免在滑坡地段切去坡脚或深挖方。如平整场地必须切割坡脚，且不设挡土墙时，应按切割深度将坡脚随原自然坡度由上而下削坡，逐渐挖至所要求的坡脚深度。

（4）避免坡脚取土。尽量避免在坡脚处取土，在坡肩上设置弃土或建筑物。在斜坡地段挖方时，应遵守由上而下分层的开挖程序。在斜坡上填土时，应遵守由下往上分层填压的施工程序，避免在斜坡上集中弃土，同时避免对滑坡坡体的各种震动作用。对可能出现的浅层滑坡，如为滑坡土方时，最好将坡体全部挖除；如土方量较大，不能全部挖除，且表层土破碎含有滑坡夹层时，可对滑坡体采取深翻、推压、打乱滑坡夹层、表层压实等措施，减少滑坡因素。

（5）防滑技术措施。对于滑坡体的主滑地段可采取挖方卸荷，拆除已有建筑物或整平后铺垫强化筛网等减重辅助措施。滑坡面土质松散或具有大量裂缝时，应进行填平、夯填，防止地表水下渗；在滑坡面植树、种草皮、铺浆砌片石等保护坡面。倾斜表层下有裂隙滑动面的，可在基础下设置混凝土锚桩。土层下有倾斜岩层时，将基础设置在基岩上用锚铨锚固或做成阶梯形采用灌注桩基以减轻土体负担。

（6）已滑坡工程处理。对已滑坡工程，稳定后采取设置混凝土锚固桩、挡土墙、抗滑明洞、抗滑锚杆或混凝土墩与挡土墙相结合的方法加固坡脚，并在下段做截水沟、排水沟，陡坝部分采取去土减重，保持适当坡度。

三、挡土墙的施工

1. 挡土墙横断面尺寸的决定

挡土墙横断面的结构尺寸根据墙高来确定墙的顶宽和底宽。压顶石和趾墙还要另行酌定。实际工作中，较高的挡土墙必须经过结构工程师专门计算，以保证稳定。

重力式挡土墙的断面有梯形［图1-13（a）］、平行四边形［图1-13（b）］、仰斜四边形［图1-13（c）］、扩大基础的梯形［图1-13（d）］及衡重式［图1-13（e）］等。

重力式挡土墙的断面尺寸随墙型和墙高而变，但一般来说其墙面胸坡和墙背的背坡选用1∶0.2～1∶0.3。仰斜墙背坡度越缓，土压力越小。为避免施工困难及稳定的要求，墙背坡度不小于1∶0.25。对于垂直墙，如地面较陡时，墙面坡度可采用1∶0.05～1∶0.2。对于中高墙，地势平坦时，墙面坡度可较缓，但不宜缓于1∶0.4。墙顶宽度一般为$H/12$左右，且对于钢筋混凝土挡土墙不小于0.2m，混凝土和石砌体的挡土墙不小0.4m。对于衡重式挡土墙，如图1-13（e）所示，墙面胸坡一般设计为仰斜1∶0.05，墙背上部（衡重台以上部分）的俯斜坡度为1∶0.35～1∶0.45，高度一般设计为$0.4H$（H为挡土墙的高度）；墙背下部的仰斜坡度采用1∶0.2～1∶0.3，高度一般设计为$0.6H$。衡重台的宽度b_1一般取为$(0.15～0.17)H$，且不应小于墙顶宽度b。

2. 挡土墙排水处理技术

挡土墙后土坡的排水处理对于维持挡土墙的正常使用有重大影响，特别是雨量充沛和冻土地区。

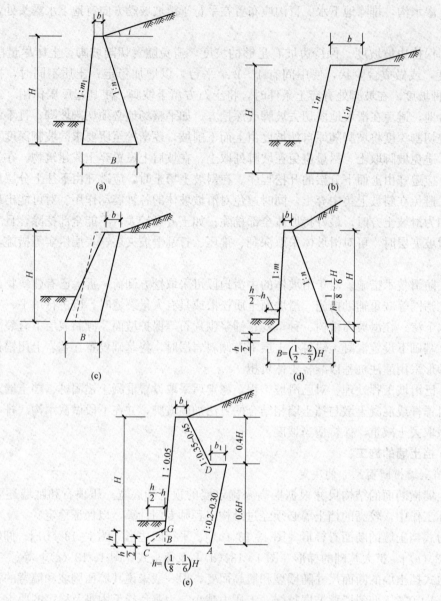

图 1-13　重力式挡土墙

(a) 梯形断面；(b) 平行四边形断面；(c) 仰斜四边形断面；(d) 扩大基础的梯形断面；(e) 衡重式断面

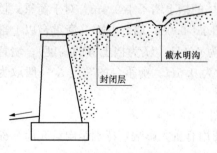

图 1-14　墙后土坡排水

（1）墙后土坡排水、截水明沟、地下排水网。

在大片山林、游人比较稀少的地带，根据不同地形和汇水量，设置一道或数道平行于挡土墙明沟，利用明沟纵坡将降水和土坡地面径流排除，减少墙后地面渗水。必要时还需设纵、横向盲沟，力求尽快排除地面水和地下水。墙后土坡排水如图 1-14 所示。

（2）地面封闭处理。

在墙后地面上根据各种填土及使用情况采用不

同地面封闭处理以减少地面渗水。在土壤渗透性较大而又无特殊使用要求时，可做 20～30cm 厚夯实黏土层或种植草皮封闭，还可采用胶泥、混凝土或浆砌毛石封闭。

（3）泄水孔。

泄水孔墙身水平方向每隔 2～4m 设一孔，竖向每隔 1～2m 设一行。每层泄水孔交错设置。泄水孔尺寸在石砌墙中宽度为 2～4cm，高度为 10～20cm。混凝土墙可留直径为 5～10cm 的圆孔或用毛竹筒排水。干砌石墙可不专设墙身泄水孔。

（4）暗沟。

有的挡土墙基于美观要求不允许设墙面排水时，除在墙背面刷防水砂浆或填一层不小于 50cm 厚黏土隔水层外，还需设毛石盲沟，并设置平行于挡土墙的暗沟，引导墙后积水，包括成股的地下水及盲沟集中之水与暗管相接。园林中室内挡土墙亦可这样处理，或者破壁组成叠泉造水景。墙背排水盲沟和暗沟如图 1-15 所示。

在土壤或已风化的岩层侧面的室外挡土墙时，地面应做散水和明、暗沟管排水，必要时做灰土或混凝土隔水层，以免地面水浸入地基而影响稳定。明沟距墙底水平距离不小于 1m。

利用稳定岩层做护壁处理时，根据岩石情况，应用水泥砂浆或混凝土进行防水处理和保持相互间有较好的衔接。如岩层有裂缝则用水泥砂浆嵌缝封闭。当岩层有

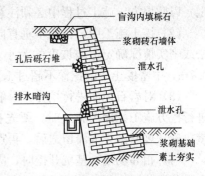

图 1-15　墙背排水盲沟和暗沟

较大渗水外流时应特别注意引流而不宜做封闭处理，此时正是做天然壁泉的好条件。在地下水多、地基软弱的情况下，可用毛石或碎石做过水层地基以加强地基排除积水。

第六节　挖　方　与　运　转

一、一般规定

1. 挖方前

（1）挖方边坡坡度应根据使用时间（临时或永久性）、土的种类、物理力学性质（内摩擦角、黏聚力、密度、湿度）、水文情况等确定。对于永久性场地，挖方边坡坡度应按设计要求放坡。如设计无规定，应根据工程地质和边坡高度，结合当地实践经验确定。

（2）对软土土坡或极易风化的软质岩石边坡，应对坡脚、坡面采取喷浆、抹面、嵌补、砌石等保护措施，并做好坡顶、坡脚排水，避免在影响边坡稳定的范围内积水。

（3）根据挖方深度、边坡高度和土的类别确定挖方上边缘至土堆坡脚的距离。当土质干燥密实时，不得小于 3m；当土质松软时，不得小于 5m。在挖方下侧弃土时，应将弃土堆表面整平至低于挖方场地标高并向外倾斜，或在弃土堆与挖方场地之间设置排水沟，防止雨水排入挖方场地。

（4）施工者应有足够的工作面积，一般人均 4～6m²。

（5）开挖土方附近不得有重物及易塌落物。

（6）开挖前应先进行测量定位，抄平放线，定出开挖宽度，按放线分块（段）分层挖土。根据土质和水文情况，采取在四侧或两侧直立开挖或放坡，以保证施工操作安全。当土

质为天然湿度、构造均匀、水文地质条件良好（即不会发生坍滑、移动、松散或不均匀下沉），无地下水并且挖方深度不大时，开挖亦可不必放坡，采取直立开挖不加支护，基坑宽应稍大于基础宽。如超过一定的深度，但不大于 5m 时，应根据土质和施工具体情况进行放坡，以保证不塌方。放坡后坑槽上口宽度由基础底面宽度及边坡坡度来决定，坑底宽度每边应比基础宽出 15～30cm，以便于施工操作。

2. 土方挖方

（1）在挖土过程中，随时注意观察土质情况，注意留出合理的坡度。若需垂直下挖，松散土挖方深度不得超过 0.7m，中等密度者挖方深度不超过 1.25m，坚硬土挖方深度不超过 2m。超过以上数值的须加支撑板，或保留符合规定的边坡。挖方工人不得在土壁下向里挖土，以防塌方。施工过程中必须注意保护基桩、龙门板及标高桩。

（2）挖土施工中，一般不垂直向下挖得很深，而是要有合理的边坡，并要根据土质的疏松或密实情况确定边坡坡度的大小。必须垂直向下挖土的，应在松软土情况下挖深不超过 0.7m，中密度土质的挖深不超过 1.25m，硬土情况下挖深不超过 2m。

（3）对岩石地面进行挖方，一般要先行爆破，将地表一定厚度的岩石层炸裂为碎块，再进行挖方施工。爆破施工时，要先打好炮眼，装上炸药雷管，待清理施工现场及其周围地带，确认爆破区无人滞留之后，再点火爆破。爆破施工的最紧要处就是要确保人员安全。

（4）相邻场地、基坑开挖时，应遵循先深后浅或同时进行的施工程序。挖土应自上而下水平分段分层进行，每层 0.3m 左右。边挖边检查坑底宽度及坡度，不够时及时修整，每 3m 左右修一次坡，至设计标高后，再统一进行一次修坡清底，检查坑底宽和标高，坑底凹凸不应超过 1.5cm。在已有建筑物侧挖基坑（槽）应间隔分段进行，每段不超过 2m，相邻段开挖应待已挖好的槽段基础完成并回填夯实后进行。

（5）基坑开挖应尽量防止对地基土的扰动。当用人工挖土，基坑挖好后不能立即进行下道工序时，应预留 15～30cm 上层土不挖，待下道工序开始再挖至设计标高。采用机械开挖基坑时，为避免破坏基底土，应在基底标高以上预留一层人工清理。使用铲运机、推土机或多斗挖土机时，保留土层厚度为 20cm；使用正铲、反铲或拉铲挖土时为 30cm。

（6）在地下水位以下挖土，应在基坑（槽）四侧或两侧挖好临时排水沟和集水井，将水位降低至坑槽底以下 500mm，以利挖方进行。降水工作应持续到施工完成（包括地下水位下回填土）。

3. 人工开挖注意事项

（1）人工开挖时，两人操作间距应大于 2.5m。多台机械开挖，挖土机间距应大于 10m。在挖土机工作范围内，不许进行其他作业。挖土应由上而下，逐层进行，严禁先挖坡脚或逆坡挖土。

（2）挖土方不得在危岩、孤石的下边或贴近未加固的危险建筑物的下面进行。

（3）开挖应严格按要求放坡。操作时应随时注意土壁的变动情况，如发现有裂纹或部分坍塌现象，应及时进行支撑或放坡，并注意支撑的稳固和土壁的变化。当采取不放坡开挖时，应设置临时支护，各种支护应根据土质及深度经计算确定。

（4）机械多台次同时开挖，应验算边坡的稳定，挖土机离边坡应有一定的安全距离，以防坍方，造成翻机事故。

（5）深基坑上下应先挖好阶梯或支撑靠梯，或开斜坡道，并采取防滑措施，禁止踩踏支撑上下，坑四周应设安全栏杆。

（6）人工吊运土方时，应检查起吊工具及绳索是否牢靠；吊斗下面不得站人，卸土堆应离开坑边一定距离，以防造成坑壁塌方。

二、挖方的方式

1. 机械挖方

（1）在机械作业之前，技术人员应向机械操作员进行技术交底，使其了解施工场地的情况和施工技术要求，并对施工场地中的定点放线情况进行深入了解，熟悉桩位和施工标高等。对土方施工做到心中有数。

（2）施工现场布置的桩点和施工放线要明显。应适当加高桩木的高度，在桩木上做出醒目的标志或将桩木漆成显眼的颜色。在施工期间，施工技术人员应和推土机手密切配合，随时随地用测量仪器检查桩点和放线情况，以免挖错位置。

（3）在挖湖工程中，施工坐标桩和标高桩一定要保护好。挖湖的土方工程因湖水深度变化比较一致，而且放水后水面以下部分不会暴露，所以在湖底部分的挖土作业可以比较粗放，只要挖到设计标高处，并将湖底地面推平即可。但对湖岸线和岸坡坡度要求很准确的地方，为保证施工精度，可以用边坡样板来控制边坡坡度的施工。

（4）挖土工程中对原地面表土层要注意保护。因表土层的土质疏松肥沃，适于种植园林植物，所以对地面50cm厚的表土层（耕作层）进行挖方时，要先用推土机将施工地段的这一层表面熟土推到施工场地外围，待地形整理停当，再把表土推回铺好。

2. 人工挖方

人工挖方一般适用于中小型规模的土方工程，施工点分散，或场地条件恶劣，机械无法进入，这时可以采用人工挖方。

人工挖方的特点是比较灵活、机动，但功效较低，安全性差。在挖掘过程中一定注意安全，随时检查排水隐患。方法：保证施工人员的工作面积在 $4 \sim 6m^2$；在1.5m深度以上的深度作业时，要用木板、铁管架等对土壁加以支撑。施工工具主要有铁锹、手锤、手推车、撬棍、钢直尺、坡度尺和钢钎等，人力施工不但要组织好劳动力而且要注意安全和保证工程质量。

三、土方的运转

1. 人工运土

人工转运土方一般为短途的小搬运。搬运方式有用人力车拉、用手推车推或由人力肩挑背扛等。这种土方转运方式在有些园林局部或小型工程施工中常采用。

2. 机械运土

机械转运土方通常为长距离运土或工程量很大的运土，运输工具主要是装载机和汽车。根据工程施工特点和工程量大小的不同，还可采用半机械化和人工相结合的方式转运土方。

此外，在土方转运过程中，应充分考虑运输路线的安排、组织，尽量使路线最短，以节省运力。土方的装卸应有专人指挥，要做到卸土位置准确，运土路线顺畅，能够避免混乱和窝工。汽车长距离转运土方需要经过城市街道时，车厢不能装得太满，在驶出工地之前应当将车轮粘上的泥土全扫掉，不得在街道上撒落泥土和污染环境。

第七节　填方工程施工

一、一般规定

1. 土料要求

填方土料应符合设计要求，保证填方的强度和稳定性。如设计无要求，则应符合下列规定：

(1) 碎石类土、砂土和爆破石渣可用作表层以下的填料，碎石类土和爆破石渣作填料时，其最大粒径不得超过每层铺填厚度的 2/3。

(2) 含水量符合压实要求的黏性土，可作各层填料。

(3) 碎块草皮和有机质含量大于 8% 的土，不可用作填料。

(4) 淤泥和淤泥质土，一般不能用作填料，但在软土或沼泽地区，经过处理后含水量符合压实要求的，可用于填方中的次要部位。

(5) 含盐量符合规定（硫酸盐含量小于 5%）的盐渍土，一般可用作填料，但土中不得含有盐晶、盐块或含盐植物根茎。

2. 基底处理

(1) 场地回填应先清除基底上草皮、树根、坑穴中积水、淤泥和杂物，并应采取措施防止地表滞水流入填方区，浸泡地基，造成基土下陷。

(2) 当填方基底为耕植土或松土时，应将基底充分夯实或碾压密实。

(3) 当填方位于水田、沟渠、池塘或含水量很大的松软土地段，应根据具体情况采取排水疏干，或将淤泥全部挖出换土、抛填片石、填砂砾石、翻松掺石灰等措施进行处理。

(4) 当填土场地地面陡于 1/5 时，应先将斜坡挖成阶梯形，阶高 0.2～0.3m，阶宽大于 1m，然后分层填土，以利于接合和防止滑动。

3. 填土含水量

(1) 填土含水量的大小，直接影响到夯实（碾压）质量，在夯实（碾压）前应先试验，以得到符合密实度要求条件下的最优含水量和最少夯实（或碾压）遍数。

(2) 遇到黏性土或排水不良的砂土时，其最优含水量与相应的最大干密度应用击实试验测定。

(3) 土料含水量一般以手握成团、落地开花为宜。当含水量过大，应采取翻松、晾干、风干、换土回填、掺入干土或其他吸水性材料等措施；如土料过干，则应预先洒水润湿，亦可采取增加压实遍数或使用大功能压实机械等措施。

(4) 在气候干燥时，须采取加速挖土、运土、平土和碾压过程，以减少土的水分散失。

4. 填筑要点

(1) 一般的土石方填埋，都应采取分层填筑方式，一层一层地填（图 1-16），不要为图方便而采取沿着斜坡向外逐渐倾倒的方式。分层填筑时，在要求质量较高的填方中，每层的厚度应为 30cm 以下，在一般的填方中，每层的厚度可为 30～60cm。填土过程中，最好能够填一层就筑实一层，层层压实。

(2) 在自然斜坡上填土时，要注意防止新填土方沿着坡面滑落。为了增加新填土方与斜坡的咬合性，可先把斜坡挖成阶梯状，然后再填入土方（图 1-17）。这样，只要在填方过程中做到了层层筑实，便可保证新填土方的稳定。

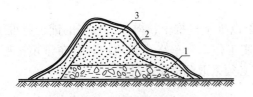

图 1-16　土方分层填实

1—先填土石、渣块；2—再填原底层土；3—最后填表层土

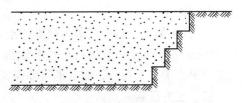

图 1-17　斜坡填土法

二、填埋顺序与填埋方法

1. 填筑顺序

（1）先填石方，后填土方。土、石混合填方时，或施工现场有需要处理的建筑渣土而填方区又比较深时，应先将石块、渣土或粗粒废土填在底层，并紧紧地筑实，然后再将壤土或细土在上层填实。

（2）先填底土，后填表层土。在挖方中挖出的原地面表层土，应暂时堆在一旁，待将挖出的底土先填入到填方区底层填好后，再将肥沃表层土回填到填方区作面层。

（3）先填近处，后填远处。近处的填方区应先填，待近处填好后再逐渐填向远处。每填一处，要分层填实。

2. 填筑的方法

（1）机械填筑法。

1）用手推车送土，用铁锹、耙、锄等工具进行人工回填土。

2）从场地最低部分开始，由一端向另一端自下而上分层铺填。

每层虚铺厚度：用人工木夯夯实时，砂质土不大于 30cm，黏性土为 20cm；用打夯机械夯实时，不大于 30cm。

3）深浅坑相连时，应先填深坑，与浅坑相平后全面分层夯填。如采取分段填筑，交接处应填成阶梯形。墙基及管道回填为防止墙基及管道中心线移位，应在两侧用细土同时均匀回填夯实。

4）人工夯填土时，用 60～80kg 的木夯或铁夯、石夯，由 4～8 人拉绳，2 人扶夯，举高不小于 0.5m，一夯压半夯，按次序进行。

5）较大面积人工回填用打夯机夯实时，两机平行间距不得小于 3m，在同一夯打路线上的前后间距不得小于 10m。

（2）土方的机械填筑方法。

1）推土机填土。填土应由下而上分层铺填，每层虚铺厚度不宜大于 30cm。大坡度堆填土不得居高临下，不分层次，一次堆填。为减少运土漏失量，推土机运土回填可采取分堆集中、一次运送的方法，分段距离为 10～15m，土方推至填方部位时，应提起一次铲刀，成堆卸土，并向前行驶 0.5～1.0m，利用推土机后退时将土刮平。用推土机来回行驶进行碾压，履带应重叠一半。填土程序宜采用纵向铺填顺序，从挖土区段至填土区段，以 40～60m 距离为宜。

2）铲运机填土。铲运机铺土时，铺填土区段长度不宜小于 20m，宽度不宜小于 8m。铺土应分层进行，每次铺土厚度不大于 30～50cm（视所用压实机械的要求而定），每层铺土后，利用空车返回时将地表面刮平。为利于行驶时初步压实，填土程序一般尽量采取横向或纵向分层卸土。

3）汽车填土。自卸汽车为成堆卸土，应配以推土机推土、摊平。每层的铺土厚度不大于 30～50cm。填土可利用汽车行驶做部分压实工作，行车路线必须均匀分布于填土层上。汽车不得在虚土上行驶，卸土推平和压实工作必须采取分段交叉进行。

三、土方压实

1. 一般要求

（1）土方的压实工作应先从边缘开始，逐渐向中间推进。这样碾压，可以避免边缘土被向外挤压而引起坍落现象。

（2）填方时必须分层堆填、分层碾压夯实。不要一次性地填到设计土面高度后才进行碾压打夯。如果是这样，就会使填方地面上紧下松，造成沉降和塌陷严重的后果。

（3）碾压、打夯要注意均匀，要使填方区各处土壤密度一致，避免以后出现不均匀沉降。

（4）在夯实松土时，打夯动作应先轻后重。先轻打一遍，使土中细粉受震落下，填满下层土粒间的空隙，然后再加重打压，夯实土壤。

2. 压实方法

（1）人工夯实方法。

1）人力打夯前应将填土初步整平，打夯要按一定方向进行，一夯压半夯，夯夯相接，行行相连，两遍纵横交叉，分层打夯。夯实基槽及地坪时，行夯路线应由四边开始，然后再夯向中间。

2）用蛙式打夯机等小型机具夯实时，一般填土厚度不宜大于 25cm，打夯之前对填土应初步平整，打夯机依次夯打，均匀分布，不留间隙。

3）基坑（槽）回填应在相对的两侧或四周同时进行回填与夯实。

4）回填管沟时，应用人工先在管道周围填土夯实，并应从管道两边同时进行，直至管顶 0.5m 以上。在不损坏管道的情况下，方可采用机械填土回填夯实。

（2）机械压实方法。

1）为提高碾压效率，保证填土压实的均匀性及密实度，避免碾轮下陷，在碾压机械碾压之前，宜先用轻型推土机、拖拉机推平，低速预压 4～5 遍，使表面平实；采用振动平碾压实爆破石渣或碎石类土，应先静压，而后振压。

2）碾压机械压实填方时，应控制行驶速度，平碾、振动碾时机械开行的速度不超过 2km/h，羊足碾时机械开行的速度不超过 3km/h，并要控制压实遍数。碾压机械与基础或管道应保持一定的距离，以防止将基础或管道压坏或使之发生位移。

3）用压路机进行填方压实，应采用"薄填、慢驶、多次"的方法，填土厚度不应超过 25～30cm；碾压方向应从两边逐渐压向中间，碾轮每次重叠宽度约 15～25cm，避免漏压。运行中碾轮边距填方边缘应大于 500mm，以防发生溜坡倾倒。边角、边坡、边缘压实不到之处，应辅以人力夯或小型夯实机具夯实。压实密实度，除另有规定外，应压至轮子下沉量不超过 1～2cm 为度。

4）平碾碾压一层完后，应用人工或推土机将表面拉毛以利于接合。土层表面太干时，应洒水湿润后，继续回填，以保证上、下层接合良好。

5）用羊足碾碾压时，填土厚度不宜大于 50cm，碾压方向应从填土区的两侧逐渐压向中心。每次碾压应有 10～20cm 重叠，同时随时清除黏着于羊足之间的土料。为提高上部土层密实度，羊足碾压过后，宜辅以拖式平碾或压路机补充压平压实。

6）用铲运机及运土工具进行压实，铲运机及运土工具的移动须均匀分布于填筑层的全面，逐次卸土碾压。

3. 铺土厚度和压实遍数

填土每层铺土厚度和压实遍数视土的性质、设计要求的压实系数和使用的压（夯）实机具性能而定，一般应进行现场碾（夯）压试验确定。压实机械和工具每层铺土厚度与所需的碾压（夯实）遍数的参考数值参见表 1-14。利用运土工具的行驶来压实时，每层铺土厚度不得超过表 1-15 规定的数值。

表 1-14　　　　　　　　　　填方每层铺土厚度和每层压实遍数

压实机具	每层铺土厚度/mm	每层压实遍数/遍
平碾	200～300	6～8
羊足碾	200～350	8～16
蛙式打夯机	200～250	3～4
振动碾	60～130	6～8
振动压路机	120～150	10
推土机	200～300	6～8
拖拉机	200～300	8～16
人工打夯	≤200	3～4

注　人工打夯时土块粒径不应大于 5cm。

表 1-15　　　　　　　　利用工具压实填方时，每层填土的最大厚度　　　　　　　　（单位：m）

序号	填土方法和采用的运土工具	土的名称		
		粉质黏土和黏土	粉土	砂土
1	拖拉机拖车和其他填土方法并用机械平土	0.7	1.0	1.5
2	汽车和轮式铲运机	0.5	0.8	1.2
3	人推小车和马车运土	0.3	0.6	1.0

注　平整场地和公路的填方，每层填土的厚度，当用火车运土时不得大于 1m，当用汽车和铲运机运土时不得大于 0.7m。

第二章 园林给水排水工程

第一节 园林给水工程基础知识

一、给水工程概述

1. 给水工程组成

从园林给水的工艺流程上分析，给水系统分为以下三个重要组成部分：

（1）取水工程：取至地表面的河、湖和地下的井、泉等天然水源中水的工程。这种取水方式，其水质和水量易受取水区域水文地质变化的影响。

（2）净水工程：通过在水中加入药剂，使被净化水发生混凝、沉淀（澄清）、过滤、消毒等过程的工序，目的是对水起到净化作用，从而达到园林各种用水标准的水质要求。

（3）输配水工程：通过输水管道把经过净化的水输送到各用水处的工程。

2. 用水类型

水是构成园林工程系统各功能正常运作不可缺少的物资，因此，解决用水是一项十分重要的技术与管理工作。园林用水大致可分为以下 5 个用水类型。

（1）生活用水：园林区域的餐厅、食堂、茶馆、小卖部、医务保健所等处的人饮用水。

（2）养护用水：用于植物灌溉、动物笼舍的冲洗和夏季广场道路喷洒用水等。

（3）造景用水：包括溪流、湖池、喷泉、瀑布、跌水等，以及北方冬季营造冰景用水等。

（4）游乐用水：对水质要求较高，用于如"激流探险""划船""游泳池"等。

（5）消防用水：在园林区域内为消防灭火而准备的水源，如消防栓、消防水池等。

3. 给水工程的特点

园林绿地给水与城市居住区、机关单位、工厂企业等的给水有许多不同，在用水情况、给水设施布置等方面都有自己的特点。园林给水工程主要的特点：

（1）用水点较分散；

（2）用水点分布于起伏的地形上，高程变化大；

（3）水质可根据用途的不同分别处理；

（4）用水高峰时间可以错开；

（5）饮用水的水质要求较高，一段以水质好的山泉最佳。

二、给水方式

根据园林给水性质和给水系统组成结构的不同，园林工程给水分为引用式给水、自给式给水、兼用式给水三种方式。

1. 引用式给水

园林给水系统直接连接城市给水管网系统取水，这种给水方式就是引用式给水。采用引用式给水方式，其给水系统构成比较简单，只需在园区内设置管网、水塔、清水蓄水池即可。

2. 自给式给水

对位于远离城市的园林工程区给水，若没有直接引用城市给水系统的条件，应采取就近取用地表水或地下水源。取用地下水源时，因水质一般符合用水标准，可不需净化处理直接使用，其给水工程只需设水井（管井）、泵房、消毒清水池、输配管道等。若采用地表水源，构筑给水工程的流程顺序是：取水口→集水井→一级泵房→加矾间与混凝池→沉淀池及其排泥阀门→滤池→清水池→二级泵房→输水管网→水塔或高位水池等。

3. 兼用式给水

当既有城市给水系统，又存在地下水和地表水可供采用的园林景观区给水条件时，可接上城市给水系统，作为园林生活饮用水或对水质有较高要求的功能项目用水水源；园林区内运营生产用水、造景用水等，则另建一个独立采用地下水或地表水的给水系统，分别用水。

三、给水水源与水质

1. 水源种类

水的来源可以分为地表水和地下水两类，这两类水源都可以为园林所用。

（1）地表水源。指地表面上的江、河、溪、湖泊、水库、塘、沟中汇集和流动的水。世界多数国家把暴露于地球表面的河川径流称为地表水资源。地表水源具有取水方便和水量丰沛的特点，但易受工业、生活污水以及其他人为因素的污染。水中含有各种悬浮物、泥沙和胶态杂质，杂质含量浓度要高于地下水。为此，地表水作为园林水源引用必须应经过严格的混凝沉淀、过滤和消毒三个净化工艺流程，各项水质指标达标后才能使用。

（2）地下水源。指存在于地球岩石圈中不透水层的重力水。它们具有再生特性，主要受地质、地貌的构造影响与控制。地下水温一般为 2~16℃，在盛夏可作为园林降温用水。地下水长期蕴藏于深层地质构造的环境条件下，不易受到污染，因此其水质一般很清洁，只需经过消毒处理后达到用水卫生标准即可直接饮用。地下水分为潜水和承压水两种。

1）潜水。地表面以下第一不透水层上蕴藏的水就叫潜水。由潜水形成的水面叫潜水面。潜水位受到降水和地表径流的补给就会发生水位上升的现象。

2）承压水。存在于两个不透水地质层之间的含水层为承压水。承压水埋藏较深，由于受到压力，当有外力作用穿过不透水层时，地下承压水就会从水口喷出或涌出，泉水就是承压水的外涌出水现象，因此承压水又叫自流水。

2. 水源选择的原则

（1）园林中的生活用水要优先选用城市给水系统提供的水源，其次是地下水。

（2）造景用水、植物栽培用水等应优先选用河流、湖泊中符合地面水环境质量标准的水源。

（3）风景区内如果必须筑坝蓄水作为水源，应尽可能结合水力发电、防洪、林地灌溉及园艺生产等多方面用水的需要，做到通盘考虑，统筹安排，综合利用。

（4）在水资源比较缺乏的地区，可以通过收集园林中使用过后的生活用水，经过初步的净化处理，作为苗圃、林地等灌溉用的二次水源。

（5）各项园林用水水源都要符合相应的水质标准。

（6）在地方性甲状腺肿高发地区及高氟地区，应选用含碘量、含氟量适宜的水源。

3. 给水水质的标准

园林工程区内的生活饮用和运营项目用水，都应在符合一定的水质标准下使用。

（1）地表水质标准。在园林工程区内用水，如湖池、喷泉、瀑布、游泳池、水上游乐区、餐厅、茶馆等项目用水，必须符合国家颁布的《地表水环境质量标准》（GB 3838—2002）所要求的各项指标。根据地表水域发挥的不同功能作用，把水质划分为以下五类：

Ⅰ类：主要适用于源头水、国家自然保护区。

Ⅱ类：主要适用于集中式生活饮用水地表水源地一级保护区、珍稀水生生物栖息地、鱼虾类产卵场、仔稚幼鱼的索饵场等。

Ⅲ类：主要适用于集中式生活饮用水地表水源地二级保护区、鱼虾类越冬场、洄游通道、水产养殖区等渔业水域及游泳区。

Ⅳ类：主要适用于一般工业用水区及人体非直接接触的娱乐用水区。

Ⅴ类：主要适用于农业用水区及一般景观要求水域。

对应地表水上述五类水域功能，将地表水环境质量标准基本项目标准值分为五类，不同功能类别分别执行相应类别的标准值。水域功能类别高的标准值严于水域功能类别低的标准值。同一水域兼有多类使用功能的，执行最高功能类别对应的标准值。

（2）生活饮用水质标准。园林工程区域中生活饮用水必须经过严格的净化消毒，水质应该符合国家颁布的生活饮用水标准，见表 2-1。

表 2-1 生活饮用水水质参考指标及限值

指标	限值
肠球菌/（CFU/100mL）	0
产气荚膜梭状芽孢杆菌/（CFU/100mL）	0
二（2-乙基已基）已二酸脂/（mg/L）	0.4
二溴乙烯/（mg/L）	0.000 05
二噁英（2，3，7，8-TCDD）/（mg/L）	0.000 000 03
土臭素（二四基萘烷醇）/（mg/L）	0.000 01
五氯丙烷/（mg/L）	0.03
双酚 A/（mg/L）	0.01
丙烯腈/（mg/L）	0.1
丙烯酸/（mg/L）	0.5
丙烯醛/（mg/L）	0.1
四乙基铅/（mg/L）	0.000 1
戊二醛/（mg/L）	0.07
甲基异莰醇-2/（mg/L）	0.000 01
石油类（总量）/（mg/L）	0.3
石棉（>10μm）/（万个/L）	700
亚硝酸盐/（mg/L）	1
多环芳烃（总量）/（mg/L）	0.002
多氯联苯（总量）/（mg/L）	0.000 5
邻苯二甲酸二乙酯/（mg/L）	0.3
邻苯二甲酸二丁酯/（mg/L）	0.003

指标	限值
环烷酸/（mg/L）	1.0
苯甲醚/（mg/L）	0.05
总有机碳（TOC）/（mg/L）	5
β-萘酚/（mg/L）	0.4
丁基黄原酸/（mg/L）	0.001
氯化乙基汞/（mg/L）	0.000 1
硝基苯/（mg/L）	0.017

4. 水质处理

园林用水的水质要求，可因其用途不同分别处理。养护用水只要无害于动植物，不污染环境即可。生活用水，特别是饮用水，则必须经过严格净化消毒，水质须符合国家的卫生标准。生活用水的净化基本方法包括混凝沉淀、过滤和消毒三个步骤，具体内容见表 2-2。

表 2-2   **生活用水的净化基本方法**

步骤	内容
混凝沉淀	应结合原水水质及用水对象的特点来考虑混凝剂种类和投加量，如较混浊水质，用硫酸铝作为混凝剂，每吨水中加入粗制硫酸铝 20～50g，经搅拌后，悬浮物即可絮凝沉淀至水底，色度可降低，细菌亦可减少，但杀菌效果不理想，还须另行消毒
过滤	将经过混凝沉淀并澄清的水送入过滤池，通过多层过滤砂，除去杂质，从而进一步使水质达标
消毒	水过滤后，再通过杀菌消毒处理，可使水净化到符合使用要求。通常采用加氯法，这是目前最基本的方法

四、给水土方工程

1. 测设龙门板的方法和钉设龙门板的步骤

（1）测设方法。在园林建筑的施工测量中，为了便于恢复轴线和抄平（即确定某一标高的平面），可在基槽外一定距离钉设龙门板，如图 2-1 所示。

（2）钉设龙门板的步骤。

1）钉龙门桩。在基槽开挖线外 1.0～1.5m 处（应根据土质情况和挖槽深度等确定）钉设龙门桩，龙门桩要钉得竖直、牢固，木桩外侧面与基槽平行。

2）测设±0.000 标高线。根据建筑场地水准点，用水准仪在龙门桩上测设出建筑物±0.000 标高线。若现场条件不允许，也可测设比±0.000 稍高或稍低的某一整分米数的标高线，并标明之。龙门桩标高测设的误差一般应不超过±5mm。

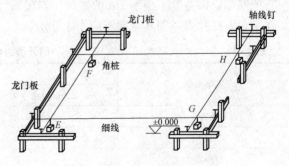

图 2-1 龙门桩与龙门板

3) 钉龙门板。沿龙门桩上±0.000标高线钉龙门板，使龙门板上沿与龙门桩上的±0.000标高对齐。钉完后应对龙门板上沿的标高进行检查，常用的检核方法有仪高法、测设已知高程法等。

4) 设置轴线钉。采用经纬仪定线法或顺小线法，将轴线投测到龙门板上沿，并用小钉标定，该小钉称为轴线钉。投测点的容许误差为±5mm。

5) 检测。用钢尺在龙门板上沿检查轴线钉间的间距。一般要求轴线间距检测值与设计值的相对精度为1/2000~1/5000。

6) 设置施工标志。以轴线钉为准，将墙边线、基础边线与基槽开挖边线等标定于龙门板上沿，然后根据基槽开挖边线拉线，用石灰在地面上撒出开挖边线。

2. 沟槽开挖施工要求

(1) 土方工程作业时，应向有关操作人员作详细技术交底，明确施工要求，做到安全施工。

(2) 两条管道同槽施工时，两条管道同槽施工时，开槽应满足下列技术条件：

1) 两条同槽管道的管底高程差在上层管道的土基稳定时，一般不能大于1m；

2) 两条同槽管道的管外皮净距离必须满足管道接头所需的工作空间；

3) 加强施工排水，确保两管之间的土基稳定。

(3) 在特殊地方作业时的要求如下：

1) 在有行人、车辆通过的地方进行挖土作业时，应设护栏及警示灯等安全措施。

2) 挖掘机和自卸汽车在架空电线下作业时，应遵守安全操作规定。

3) 土方施工时，如发现塌方、滑坡及流砂现象，应立即停工，采取相应措施。

(4) 机械挖土遵循的规定：

1) 挖至槽底时，应留不小于20mm厚土层用人工清底，以免扰动基面；

2) 挖土应与支撑相互配合，应支撑及时；

3) 对地下已建成的各种设施，如影响施工应迁出，如无法移动时，应采取保护措施。

(5) 沟槽边坡确定：

1) 应按下列原则确定沟槽边坡：

①明开槽边坡可参照表2-3；

②支撑槽的槽帮坡度为20∶1；

2) 明开槽槽深超过2.5m时，边坡中部应留宽度不小于1m的平台，混合槽的明开部分与直槽间亦应留宽度不小于1m的平台。如在平台上作截流沟，则平台宽度不应小于1.5m，如在平台上打井点，则其宽度不应小于2m。

表2-3　　　　　　　　明开槽边坡

土壤类别	挖土深度	
	2.5m以内（无两台）	2.5~3.5m（设两台）
砂土	1∶1.5	上：1∶1.5；下：1∶2.0
亚砂土	1∶1.25	上：1∶1.25；下：1∶1.5
粉质黏土	1∶1.0	上：1∶1；下：1∶1.5
黏土	1∶0.75	1∶1.5

3. 沟槽支撑与拆撑的施工要求

（1）支撑结构满足的技术条件。支撑是防止沟槽（基坑）土方坍塌，保证工程顺利进行及人身安全的重要技术措施。支撑结构应满足下列技术条件：

1）牢固可靠，符合强度和稳定性要求；

2）排水沟槽支撑方式应根据土质、槽深、地下水情况、开挖方法、地面荷载和附近建筑物安全等因素确定。重要工程要做支撑结构力学计算。

（2）土方拆撑。

1）土方拆撑时要保证人身及附近建筑物和各种管线设施等的安全。

2）拆撑后应立即回填沟槽并夯实，严禁大挑撑。

（3）支撑。

1）用槽钢或工字钢配背板作钢板桩的方法施工，镶嵌背板应做到严、紧、牢固。

2）支撑的基本方法，可分为横板支撑法、立板支撑法和打桩支撑法，可参照表2-4。

表2-4　　　　　　　　　　　　　　　支撑的基本方法

项目 \ 因素 \ 支撑方式	打桩支撑	横板一般支撑	立板支撑
槽深/m	>4.0	<3.0	3~4
槽宽/m	不限	约4.0	≤4.0
挖土方式	机挖	人工	人工
有较厚流砂层	宜	差	不准使用
排水方法	强制式	明排	两种自选
近旁有高层建筑物	宜	不准使用	不准使用
离河川水域近	宜	不准使用	不准使用

3）撑杠水平距离不得大于2.5m，垂直距离为1.0~1.5m，最后一道杠比基面高出20cm，下管前替撑应比管顶高出20cm。

4）支撑时每块立木必须支两根撑杠，如属临时点撑，立木上端与上步立木应用扒锯钉牢，防止转动脱落。

5）检查井处应四面支撑，转角处撑板应拼接严密，防止坍塌落土淤塞排水沟。

6）槽内如有横跨、斜穿原有上、下水管道，电缆等地下构筑物时，撑板、撑杠应与原管道外壁保持一定距离，以防沉落损坏原有构筑物。

7）人工挖土利用撑杠搭设倒土板时，必须把倒土板连成一体，牢固可靠。

8）金属撑杠脚插入钢管内，长度不得小于20cm。

9）每日上班时，特别是雨后和流砂地段，应首先检查撑杠紧固情况，如发现弯曲、倾斜、松动时，应立即加固。

10）上下沟槽应设梯子，不许攀登撑杠。

11）如采用木质撑杠，支撑时不得用大锤锤击，可用压机或用大号金属撑杠先顶紧，后替入长短适宜（顶紧后再量实际长度）的木撑杠。

12）支撑时如发现因修坡塌方造成的亏坡处，应在贴撑板之前放草袋片一层，待撑杠支牢后，应认真填实，深度大者应加夯或用粗砂代填。

雨期施工，无地下水的槽内也应设排水沟，如处于流砂层，排水沟底应先铺草袋片一层，然后排板支撑。

（4）钢桩槽支撑应按以下规定施工：

1）桩长 L 应通过计算确定。

2）布桩：

①密排桩。有下列情况之一者用密排桩。

a. 流砂严重；

b. 承受水平推力（如顶管后背）；

c. 地形高差很大，土压力过大；

d. 作水中围埝；

e. 保护高大的与重要的建筑物。

②间隔桩。常用形式为间隔 0.8～1.0m，桩与桩之间嵌横向挡土板。

3）桩的型号参照表 2-5。

表 2-5 桩 的 型 号

分类	槽深/m	选用钢桩型号	形式要求
密排	＜5	Ⅰ24	按设计要求
	5～7	Ⅰ32	
	7～10	Ⅰ40	
	10～13	Ⅰ56	
间隔	＜6	Ⅰ25～Ⅰ32	
	7～13	Ⅰ40～Ⅰ56	

4）嵌挡板：按排板与草袋卧板的规定执行，木板厚度为 3～5cm，要求做到板缝严密，板与型钢翼板贴紧，并自下而上及时嵌板。

4. 打钢板桩施工要点

（1）选择打桩机械。选择打桩机械应根据地质情况、打桩量多少、桩的类别与特点、施工工期长短及施工环境条件等因素决定。常用几种桩架情况见表 2-6。

表 2-6 常用几种桩架情况

桩架种类	锤重/t	适合打桩长度/m	桩的种类	说明
简易落锤架	0.3～0.8	9	木桩、Ⅰ32以下	构造操作简便、拼装运输方便
柴油打桩机	0.6～1.8	14	Ⅰ40以下	构造操作简便、拼装运输方便
气动打桩机	3～7	18	Ⅰ56、Ⅰ40	应有专人操作、拼装运输较繁
静力打桩机	自重88	接桩不限	任意	无噪声、效率高

注 一般掌握锤重是桩重的3倍。

（2）打桩常用机具。打桩常用机具应提前做好检修，主要有运桩车、桩帽、锤架、送桩器、调桩机等。

（3）注意事项。

1）为保证桩位正确，应注意以下几点：

①保证桩入土位置正确，可用夹板固定；

②打钢桩时必须保持钢桩垂直，桩架龙口必须对准桩位。

2）打桩的安全工作应严格执行安全操作规程的有关规定。

5. 堆土、运土、回填土的施工要求

（1）堆土。

1）按照施工总平面布置图上所规定的堆土范围内堆土，严禁占用农田和交通要道，保持施工范围的道路畅通。

2）距离槽边 0.8m 范围内不准堆土或放置其他材料。坑槽周围不宜堆土。

3）用吊车下管时，可在一侧堆土，另一侧为吊车行驶路线，不得堆土。

4）在高压线和变压器下堆土时，应严格按照电业部门有关规定执行。

5）不得靠建筑物和围墙堆土，堆土下坡脚与建筑物或围墙距离不得小于 0.5m，并不得堵塞窗户、门口。

6）堆土高度不宜过高，应保证坑槽的稳定。

7）堆土不得压盖测量标志、消火栓、煤气、热力井、上水截门井和收水井、电缆井、邮筒等各种设施。

（2）运土。

1）有下列情况之一者必须采取运土措施：

①施工现场狭窄、交通频繁、现场无法堆土时；

②经钻探已知槽底有河淤或严重流砂段两侧不得堆土；

③因其他原因不得堆土时。

2）运土前，应找好存土点，运土时应随挖随运，并对进出路线、道路、照明、指挥、平土机械、弃土方案、雨季防滑、架空线的改造等预先做好安排。

（3）回填土。

1）排水工程的回填土必须严格遵守质量标准要求，达到设计规定的密实度。

2）沟槽回填土不得带水回填，应分层夯实。严禁用推土机或汽车将土直接倒入沟槽内。

3）回填土必须保持构筑物两侧回填土高度均匀，避免因土压力不均导致构筑物位移。

4）应从距集水井最远处开始回填。

5）遇有构筑物本身抗浮能力不足的，须回填至有足够抗浮条件后，才能停止降水设备运转，防止漂浮。

6）回填土超过管顶 0.5m 以上，方可使用碾压机械。回填土应分层压实。严禁管顶上使用重锤夯实，还土质量必须达到设计规定密实度。

7）回填用土应接近最佳含水量，必要时应改善土壤。

第二节　园林排水工程基础知识

一、排水工程类型

1. 天然降水排水工程

园林排水管网要收集、输送和排除雨水及融化的冰、雪水。这些天然的降水在落到地面前后，会受到空气污染物和地面泥沙等污染，但污染程度不高，一般可以直接向园林水体如湖、池、河流中排放。

排除雨水或雪水应尽可能利用地面坡度，通过谷、涧、山道，就近排入园中或园外的水体，或附近的城市雨水管渠。这项工程一般在竖向设计时应该综合考虑。

除了利用地面坡度外，主要靠明渠排水，埋设管道只是局部的、辅助性的。这样既经济实用，又便于维修。明渠可以结合地形、道路、做成一种浅沟式的排水渠，沟中可任植物生长，既不影响园林景观，又不妨碍雨天排水。在人流较集中的活动场所，明渠应局部加盖以确保安全。

2. 生产废水排水工程

盆栽植物浇水时多浇的水，鱼池、喷泉池、睡莲池等较小的水景池排放的水，都属于园林生产废水。这类废水一般也可直接向河流等流动水体排放。面积较大的水景池，其水体已具有一定的自净能力，因此，可常不换水，当然也就不排出废水。

3. 生活污水排水工程

园林中的生活污水主要来自餐厅、茶室、小卖部、厕所、宿舍等处。这些污水中所含有机污染物较多，一般不能直接向园林水体中排放，而要经过除油池、沉淀池、化粪池等进行处理后才能排放。在排放污水的水体中，最好种植根系发达的漂浮植物及其他水生植物。

粪便污水处理应用化粪池，经沉淀、发酵、沉渣、流体、再发酵澄清后，排入城市污水管，少量的直接排入偏僻的园内水体中，这些水体也应种植水生植物及养鱼，化粪池中的沉渣定期处理，作为肥料。如经物理方法处理的污水无法排入城市污水系统，可将处理后的水再以生化池分解处理后，直接排入附近自然水体。

4. 游乐废水排水工程

游乐设施中的水体一般面积都不大，因此，积水太久会使水质变坏，所以每隔一定时间就要换水。游乐废水中所含污染物不算多，可以酌情向园林湖池中排放。

二、排水工程特点

依据园林工程地形环境和其功能设置的要求，园林排水工程具有以下五个特点：

（1）园林地形高程变化大，适宜利用地形排水。

园林工程区域中既有平地又有坡地、山地。因此，地面高程的起伏度越大，就越有利于组织地表面的排水。充分利用低地进行自行汇集雨水、冰雪融化水于一处，就容易进行净化处理和集中排放。利用自然坡度和部分排水明渠，可使排除出的地面水不进入地下管网而直接排放向园林水体中。从工程建设设计角度来讲，这在很大程度上能够有效地简化园林地下管网系统和节省部分投资。

（2）园林排水管网布设集中。

园林排水系统的管网主要集中布置在游人活动频繁、建筑物密集、综合功能性强的区域中，如餐厅、茶馆、游乐场、游泳池、喷泉景区等地段。在面积规模较大的林地、草坪、假山等园林景观观赏区域则适宜采用明渠排水方式。

（3）排水组成中废水多而污水少。

在园林排水成分比例中，明显呈现出雨雪水等废水多，而污水少的特点。园林工程区内产生的污水，主要是餐厅、茶馆、商店、公共厕所或公寓住宅等处的生活污水，基本上没有其他污水源。污水的排放量只占园林总排水量的很少一部分。占排水总量的大部分是污染程度较轻的雨雪水和各水景水体排放的运营废水,这些地面水一般不需要进行处理即可直接排放,或者仅作简单处理后排放,或者再重新循环利用。

(4)需安置的排雨水管多而排污水管则少。

在园林排水管网系统中,使用雨水管数量居多,而需布设的污水管数量偏少。这是由于园林工程区域内产生污水数量比较少的缘故。

(5)园林排水进行水的循环利用可行性强。

由于园区大部分排水受污染程度轻微,基本上都可以在经过简单的混凝、澄清、除杂后,再用于浇灌植物、补给湖池与水景水体等用水。

三、排水体制

将园林中的生产废水、生活污水、天然降水和游乐废水从产生地点收集、输送和排放的基本方式,称为排水系统的体制,简称排水体制。排水体制有分流制和合流制两大类。

1. 分流制排水

这种排水体制的特点是"雨、污分流"。因为雨雪水、园林生产废水、游乐废水等污染程度低,不需要净化处理就可以直接排放,为此而建立的排水系统,称为雨水排水系统。为生活污水和其他需要除污净化后才能排放的污水,另外建立的一套独立的排水系统,则叫污水排水系统。两套排水管网系统虽然是一同布置,但互不相连,雨水和污水在不同的管网中流动和排除。分流制排水系统如图2-2所示。

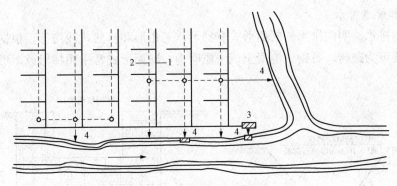

图2-2　分流制排水系统

1—污水管网;2—雨水管网;3—污水处理站;4—出水口

2. 合流制排水

排水特点是"雨、污合流"。排水系统只有一套管网,既可以排雨水又可以排污水。一些园林的水体面积较大,水体的自净能力完全能够消化园内有限的生活污水,为了节约排水管网建设的投资,就可以在近期考虑采用合流制排水系统,待以后污染加重了,再改造成分流制系统。这种排水体制已不适于现代城市环境保护的需要,在一般城市排水系统中已不再采用,但是在污染负荷较轻,没有超过自然水体环境的自净能力时,可以酌情采用。如图2-3所示。

四、排水方式设计

园林排水的方式应采取雨水和污水排放分开的分流制分散式排水。雨水排放主要以地面排水为主,沟渠排水为辅,污水排放主要以管道排水为主。

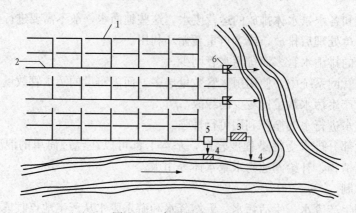

图 2-3　合流制排水系统

1—合流制管网；2—截流管；3—污水处理站；4—出水口；5—排水泵站；6—溢流井

1. 地面排水

即利用地面坡度使雨水汇集，再通过沟、谷、涧、山道等加以组织引导，就近排入附近水体或城市雨水管渠。这是公园中排除雨水的一种主要方法，不仅经济实用、便于维修，而且景观自然。利用地面坡度排除园林场地中雨水的同时，应减少、消除地表径流引起的水土流失。地面排水时可采用拦截、阻挡、蓄水、分流、引导等方式。

2. 沟渠和管道排水

（1）明沟排水。明沟排水的断面形式有梯形、三角形和自然式浅沟等，根据设计要求或现场施工需要可为砌砖、石砌、混凝土或土质明沟，断面形式常采用梯形或矩形，如图 2-4所示。

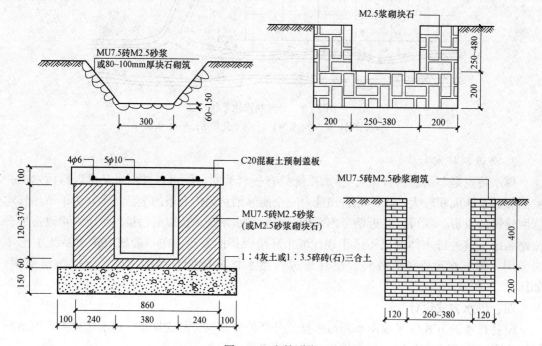

图 2-4　砌筑明沟

注：图中标注的尺寸单位为 mm。

（2）管道排水。在园林中的某些局部，如低洼的绿地、铺装的广场及休息场所等，利用敷设管道的方式进行排水。管道排水优点是不妨碍地面活动、卫生和美观、排水效率高；缺点是造价高，且检修困难。

第三节 园林给水排水测量

一、测量准备

1. 熟悉图纸和现场情况

施工测量人员应熟悉并核对设计文件（管道平面图、断面图、附属构筑物图以及有关资料），推算并校核相关测量数据，发现错误，及时改正，如是重要数据的错误，必须交由设计单位处理；熟悉本工程的技术数据、高程衔接关系，了解精度要求和工程进度安排等，还要深入施工现场，熟悉地形等。

2. 拟定测设方案、校核中线

根据施工进度安排，拟定测设方案；校核管道中线各桩点的位置。若设计阶段地面上标定的中线位置就是施工时所需要的中线位置，且各桩点完好，则仅需校核一次，不重新测设。若有部分桩点丢损或施工的中线位置有所变动，则应根据设计资料重新恢复旧点或按改线资料测设新点。

3. 加密水准点

为了在施工过程中便于引测高程，应根据设计阶段布设的水准点，于沿线附近每隔约150m 增设临时水准点。

二、地下管道中线测量

1. 测设施工控制桩

在施工时，中线上的各桩将被挖掉，应在不受施工干扰、便于引测和保存点位处测设施工控制桩，用以恢复中线；测设地物位置控制桩，用以恢复管道附属构筑物的位置，如图 2-5 所示。中线控制桩的位置，一般是测设在管道起止点及各转点处中心线的延长线上，附属构筑物控制桩则测设在管道中线的垂直线上。

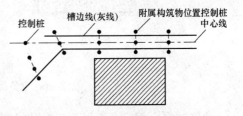

图 2-5 测设施工控制桩

2. 槽口放线

管道中线控制桩定出后，就可根据管径大小、埋设深度以及土质情况，决定开槽宽度，并在地面上钉上边桩，然后沿开挖边线撒出灰线，作为开挖的界限。如图 2-6 所示，若横断面上坡度比较平缓，开挖宽度可用下式计算：

$$B = b + 2mh$$

式中 b——槽底宽度；

H——中线上的挖土深度；

m——管槽放坡系数。

三、地下管道施工测量方法

1. 龙门板法

龙门板由坡度板和高程板组成，如图 2-7 所示。沿中

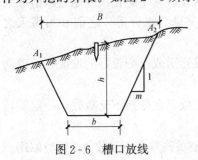

图 2-6 槽口放线

线每隔 10～20m 以及检查井处应设置龙门板。中线测设时，根据中线控制桩，用经纬仪将
管道中线投测到坡度板上，并钉小钉标定其位置，此钉叫中线钉。各龙门板中线钉的连线标
明了管道的中线方向，在连线上挂垂球，可将中线投测到管槽内，以控制管道中线。

为了控制管槽开挖深度，应根据附近的水准点，用水准仪测出各坡度板顶的高程。根据
管道设计坡度，计算出该处管道的设计高程，则坡度板顶与管道设计高程之差，就是从坡度
板顶向下开挖的深度，通称下反数。下反数往往不是一个整数，并且各坡度板的下反数都不
一致，施工、检查都很不方便，因此，如图 2-7 所示，计算公式为：

$$\delta = C - (H_{顶} - H_{底})$$

式中　$H_{顶}$——坡度板顶的高程；

　　　$H_{底}$——龙门板处管底或垫层底高程；

　　　C——坡度钉至管底或垫层底的距离，即下反数；

　　　δ——调整数。

根据上式计算出各龙门板的调整数，进而确定坡度钉在高程板上的位置。若调整数为
负，表示自坡度板顶往下量 δ 值，并在高程板上钉上坡度钉，如图 2-7（a）所示；若调整
数为正，表示自坡度板顶往上量 δ 值，并在高程板上钉上坡度钉，如图 2-7（b）所示。

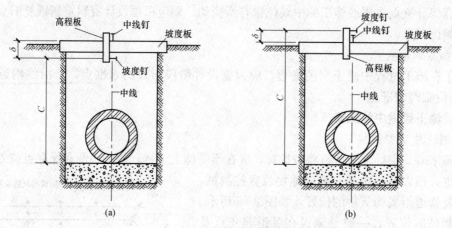

图 2-7　龙门板

(a) 调整数为负；(b) 调整数为正

坡度钉定位之后，根据下反数及时测出开挖深度是否满足设计要求，是检查欠挖或避免
超挖的最简便方法。

测设坡度钉时，应注意以下几点：

（1）坡度钉是施工中掌握高程的基本标志，必须准确可靠。为了防止误差超过限值或发
生差错，应该经常校测。在重要工序施工（如浇筑混凝土基础、稳管等）之前和雨雪天之
后，一定要做好校核工作，保证高程的准确。

（2）在测设坡度钉时，除校核本段外，还应测量已建成管道或已测设好的坡度钉，以防
止因测量误差造成各段无法衔接的事故。

（3）在地面起伏较大的地方，常需分段选取合适的下反数。在变换下反数处，一定要特
别注明，正确引测，避免错误。

（4）为了便于施工中掌握高程，每块龙门板上都应写上有关高程和下反数，供随时取用。

（5）如挖深超过设计高程，绝不允许加填土，只能加厚垫层。

高程板上的坡度钉是控制高程的标志，所以坡度钉钉好后，应重新进行水准测量，检查是否有误。施工中容易碰到龙门板，尤其在雨后，龙门板可能有下沉现象，因此还要定期进行检查。

2. 平行轴腰桩法

当现场条件不便采用龙门板法时，对精度要求较低的管道，可用平行轴腰桩法测设施工控制标志。

开工之前，在管道中线一侧或两侧设置一排平行于管道中线的轴线桩，桩位应落在开挖槽边线以外，如图 2-8 所示。平行轴线离管道中线为 a，各桩间距离以 $10\sim20$m 为宜，各检查井位也相应地在平行轴线上设桩。

为了控制管底高程和中线，在槽沟坡上（距槽底约 1m 左右）打一排与平行轴线桩相对应的桩，这排桩称为腰桩，如图 2-9 所示。在腰桩上钉一小钉，并用水准仪测出各腰桩上小钉的高程，小钉高程与该处管底设计高程之差 h，即为下反数。施工时只需用水准尺量取小钉到槽底的距离，与下反数比较，便可检查是否挖到管底设计高程。

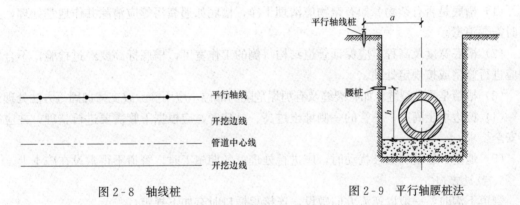

图 2-8 轴线桩　　　　　　　图 2-9 平行轴腰桩法

腰桩法施工和测量都比较麻烦，且各腰桩的下反数不一，容易出错。为此，先选定到管底的下反数为某一整数，并计算出各腰桩的高程，然后再测设出各腰桩，并用小钉标明其位置，此时各桩小钉的连线与设计坡度平行，并且小钉的高程与管底设计高程之差为一常数。

第四节　园林给水排水工程下管施工

一、准备工作

1. 钢管的检查

（1）钢管应有制造厂的合格证书，并证明按国家标准检验的项目和结果。钢管的型号、直径及壁厚等应符合设计规定。

（2）钢管应无明显锈蚀，无裂缝、脱皮等缺陷。

（3）清除管内尘垢及其杂物，并将管口边缘的管壁内外擦抹干净。

（4）检查管内喷砂层厚度及有无裂缝、空鼓等现象。

（5）校正因碰撞而变形的管端，以使连接管口之间相吻合。

（6）对钢制管件，如弯头、异径管、三通、法兰盘等需进行检查，其尺寸偏差应符合标准。

（7）检查石棉橡胶、橡胶、塑料等非金属垫片，均应质地柔软，无老化变质，表面不应有折损、皱纹等缺陷。

（8）应检查绝缘防腐层各层间有无气孔、裂纹和落入杂物。防腐层厚度可用钢针刺入检查，凡不符合质量要求和在检查中损坏的部位，应用相同的防腐材料修补。

2. 铸铁管的检查

（1）检查铸铁管材、管件有无纵向、横向裂纹，严重的重皮脱层、夹砂及穿孔等缺陷。可用小锤轻轻敲打管口、管身，破裂处会发出异常声响，凡有破裂的管材不得使用。

（2）承口内部和插口外部的沥青可用气焊、喷灯烤掉，飞刺和铸砂可用砂轮磨掉或用錾子剔除。

（3）承插口配合的环向间隙应满足接口填料和打口的需要。

（4）防腐层应完好，管内壁水泥砂浆无裂纹和脱落，缺陷处应及时修补。

（5）检查管件、附件所用法兰盘、螺栓、垫片等材料，其规格应符合有关规定。

3. 沟槽检查

（1）槽底是否有杂物。如有杂物应清理干净，槽底如遇粪污等应清除并作地基处理，必要时需要消毒。

（2）槽底宽度及高程。应保证管道结构每侧的工作宽度，槽底标高要经过检验，不合格的应进行修整或按规定处理。

（3）槽帮是否有裂缝。如有裂缝及有坍塌危险的部位，应用摘除或支撑加固等方法处理。

（4）槽边堆土高度。下管的一侧堆土过高、过陡者，应根据下管需要进行整理，并应符合安全要求。

（5）地基、管基。如被扰动时，应进行处理；冬期施工时，管道不得敷设在冻土上。

4. 敷设方向

管道下沟时，一般以逆流方向敷设，连接承插口时有如下规定：

（1）承插口应朝向介质源的来向。

（2）在坡度较大的斜坡区域承插口应朝上，以利于连接。

（3）承插口方向尽量与管道敷设方向一致。

5. 管道运输

（1）管道运输应尽量在沟槽挖成以后进行。对质脆易裂的铸铁管，在运输、吊装与卸载时应严防碰撞，更不能从高空坠落于地面，以防铸铁管发生破裂。钢管在运输时，应根据钢管的不同特点选用不同的运输方式。当预料到气温等于或低于可搬运最低环境温度时，不得运输或搬运。对于煤焦油瓷漆覆盖层较厚的钢管，由于其易被碰伤，因此应使用较宽的尼龙带吊具。

（2）如用卡车运输，管道应放在表面为弧形的宽木支架上，紧固管道的钢丝绳等应衬垫好；运输过程中，应保证管道不能互相碰撞。铁路运输时，所有管道应小心地装在垫好的管托或垫木上，所有的支承表面及装运栅栏应垫好，管节间要隔开，使它们互相不碰撞。塑料管在运输和下管时，要采取必要的措施，以防被划伤。

（3）管道运输完成后，应将管道布置在管沟堆土的另一侧，管沟边缘与管外壁间的安全距离不得小于500mm。布管时，应注意首尾衔接。在街道布管时应尽量靠一侧布管，不要影响交通，避免车辆等损伤管道，并尽量缩短管道在道路上的放置时间。严禁先布管后挖沟，将土、砖、石块等压在管道上，损伤防腐层与管道，使管内进土等。

二、下管的方法

1. 吊车下管

（1）采用吊车下管时，应事先与起重人员或吊车司机一起勘察现场，根据沟槽深度、土质、环境情况等，确定吊车距槽边的距离、管材存放位置以及其他配合事宜。吊车进出路线应事先进行平整，清除障碍。

（2）吊车不得在架空输电线路下工作，在架空线路一侧工作时，起重臂、钢丝绳或管子等与线路的垂直、水平安全距离应符合表 2-7 的规定。

表 2-7　　　　　　　　　　　吊车机械与架空线的安全距离

输电线路电压	与吊车机最高处的垂直安全距离/m ≥	与吊车机最近处的水平安全距离/m ≥
1kV 以下	1.5	1.5
1~20kV	1.5	2.0
20~110kV	2.5	4.0
154kV	2.5	5.0
220kV	2.5	6.0

（3）吊车下管应有专人指挥。指挥人员必须熟悉机械吊装有关安全操作规程及指挥信号。在吊装过程中，指挥人员应精神集中；吊车司机和槽下工作人员必须听从指挥。

（4）指挥信号应统一明确。吊车进行各种动作之前，指挥人员必须检查操作环境情况，确认安全后，方可向司机发出信号。

（5）绑（套）管子应找好重心，以使起吊平稳。管子起吊速度应均匀，回转应平稳，应低速下落、轻放，不得忽快忽慢和突然制动。

2. 人工下管

（1）人工下管一般采用压绳下管法，即在管子两端各套一根大绳，下管时，把管子下面的半段大绳用脚踩住，必要时并用铁钎锚固，上半段大绳用手拉住，必要时并用撬棍拨住，两组大绳用力一致，听从指挥，将管子徐徐下入沟槽。根据情况，下管处的槽边可斜立方木两根。钢管组成的管段，则根据施工方案确定的吊点数增加大绳的根数。

（2）直径大于或等于 900mm 的钢筋混凝土管采用压绳下管法时，应开挖马道，并埋设一根管柱。大绳下半段固定于管柱，上半段绕管柱一圈，用以控制下管。

管柱一般用下管的混凝土管。使用较小的混凝土管时，其最小管径应遵守表 2-8 的规定。

表 2-8　　　　　　　　　　　下混凝土管的管柱最小直径　　　　　　　　　（单位：mm）

所下管子的直径	管柱最小直径
≤1100	600
1250~1350	700
1500~1800	800

管柱一般埋深一半，管柱外周应认真填土夯实。

马道坡度不应陡于 1∶1，宽度一般为管长加 50cm。如环境限制不能开马道时，可用穿心杠下管，并应采取安全措施。

（3）直径 200mm 以内的混凝土管及小型金属管件，可用绳勾从槽边吊下。

（4）吊链下管法的操作程序如下：

1）在下管位置附近先搭好吊链架；

2）在下管处横跨沟槽放两根（钢管组成的管段应增多）圆木（或方木），其截面尺寸根据槽宽和管重确定；

3）将管子推至圆木（或方木）上，两边宜用木楔楔紧，以防管子走动；

4）将吊链架移至管子上方，并支搭牢固；

5）用吊链将管子吊起，撤除圆木（或方木），管子徐徐下至槽底。

（5）下管用的大绳，应质地坚固、不断股、不糟朽、无夹心。其截面直径应参照表 2-9 的规定。

表 2-9　　　　　　　　　　　　下管大绳截面直径　　　　　　　　　　　　（单位：mm）

管子直径			大绳截面直径
铸铁管	预应力混凝土管	混凝土管及钢筋混凝土管	
≤300	≤200	≤400	20
350～500	300	500～700	25
600～800	400～500	800～1000	30
900～1000	600	1100～1250	38
1100～1200	800	1350～1500	44
—	—	1600～1800	50

（6）为便于在槽内转管或套装索具，下管时宜在槽底垫以木板或方木。在有混凝土基础或卵石的槽底下管时，宜垫以草袋或木板，以防磕坏管子。

三、人工下管与机械下管

1. 人工下管

（1）立管溜管法。

立管溜管法是利用大绳及绳钩由管内钩住管端，人拉紧大绳的一端，管子立向顺槽边溜下的下管方法，如图 2-10 所示。直径为 150～200mm 的混凝土管可用绳钩住管端直径顺槽边吊下；直径为 400～600mm 的混凝土管及钢筋混凝土管，可用绳钩住管端，沿靠于槽帮的杉木溜下。为保护管子不受磕碰，应在杉木底部垫麻袋、草袋、砂土等。

（2）贯绳法。

贯绳法适用于管径 300mm 以下的混凝土管、缸瓦管。用一端带钩的绳子钩住管端，绳子另一端由人工徐徐放松，直至将管道放入槽底。

（3）压绳下管法。

压绳下管法是最常用的人工下管方法，适用于管径为 400～800mm 的中小型管道，此法较为灵活且经济实用。

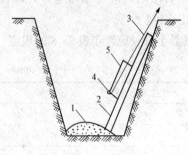

图 2-10　立管溜管法

1—草袋；2—杉木；3—大绳；
4—绳钩；5—管道

下管时，在沟槽旁打入两根撬棍，分别套住一根下管大绳，绳子一端用脚踩牢，用手拉住绳子大的另一端，听从一人号令，徐徐放松绳子，直至将管道放至沟槽底部。当管道自重过大，一根撬棍的摩擦阻力不能克服管道自重时，两边可各多打入一根撬棍，以增加摩擦阻力。

（4）竖管压绳下管法。

当管径较大，如使用管径大于900mm的钢筋混凝土管等时，可采用竖管压绳下管法。

竖管压绳下管法是事先在距沟槽边一定距离处直立埋下半截（深度不小于1.0m）混凝土管作为管柱，管中用土填实，管柱外周认真填土夯实，管柱一般选用所要安装的钢筋混凝土管即可。将大绳一端固定拴在管柱上，另一端绕过管道也拴在管柱上，利用大绳间的摩擦力控制下管速度，同时可在下管处槽帮开挖一下管马道，其坡度不应陡于1:1，宽度一般为管长加50mm。管道沿马道慢慢下入沟槽内。下管时，管前、两侧及槽下均不得有人，槽底及马道处应垫草袋，以减少冲撞，保证操作安全。当管径较大时，也可设置两根混凝土管做管柱使操作更安全、稳妥。

（5）吊链下管法。

吊链下管法如图2-11所示。采用此法时，先在沟槽下管位置搭设吊链架或干管架，通过架设的滑轮吊链下管。用型钢、方木或圆木横跨沟槽上搭设平台，平台必须具有承受管重及下管工作要求的承载能力。下管时，先将管道摊至平台上，用木楔将管道楔紧，严防管道移动，平台下严禁站人。用吊链将管道吊起，随后撤出平台，管道即可徐徐下到槽底。此法也可用长串下管法，其优点是省力、容易操作，但工作效率低，多用于放置较大的闸门及三通等管件。

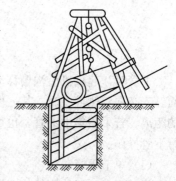

图2-11 吊链下管法

（6）搭架下管法。

采用搭架下管法时，先铺设横跨沟槽的方木，然后将管节滚至方木上，利用搭架上的吊链将管节吊起，再撤去架设的方木，操作葫芦或卷扬机使管节徐徐下至沟槽底。为防止下管过猛，撞坏管节或平基，可在平基上先铺一层草垫，再顺铺两块撑板。该方法适用于较大管径的集中下管。

使用该方法下管时，搭架各承脚应用木板支设牢固、平稳，较高的搭架应配备晃绳。搭架张开角度较大时，搭架底脚应有绊绳。

下管用的大绳应质地坚固、不断股、不糟朽、无夹心，其直径选择可参照表2-10。

表2-10　　　　　　　　　　　　下管用大绳截面直径　　　　　　　　　　（单位：mm）

管道直径			大绳截面直径
铸铁管	预应力钢筋混凝土管	钢筋混凝土管	
≤300	≤200	≤400	20
350～500	300	500～700	25
600～800	400～500	800～1000	30
900～1000	600	1100～1250	38
1100～1200	800	1350～1500	44
—	—	1600～1800	50

2. 机械下管

机械下管一般采用履带式起重机或轮式起重机，如图 2-12 所示。

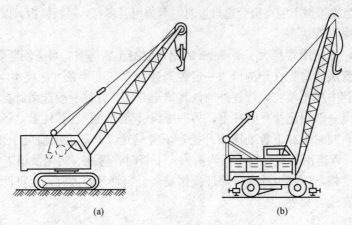

图 2-12　下管用起重机
(a) 履带式起重机；(b) 轮式起重机

下管时，起重机沿沟槽移动，因此土方开挖最好单侧堆土，另一侧作为机械下管的工作面。若必须双侧堆土时，其一侧的土方与沟槽之间应有足够的机械行走和保证沟槽不致坍塌的距离。若采用集中下管，也可以在堆土时每隔一定距离留设豁口，起重机在堆土豁口处进行下管操作。

（1）单节下管法。

机械下管一般使用轮式或履带式起重机械进行下管。下管时，起重机沿沟槽移动。起重机距边沟至少 1.0m，保证槽壁不致坍塌。

起吊或搬运管材、配件时，对于法兰盘面、非金属管材承插口工作面、金属管防腐层等，均应采取保护措施。应找好重心，采用两腿吊，吊绳与管道的夹角不宜小于 45°。起吊过程中应平吊平放，勿使管道倾斜，以免发生危险。如使用轮式起重机，作业前应将支腿撑好，支腿距槽边要有 1m 以上的距离，必要时应在支腿下垫木板。

根据管重和沟槽断面尺寸选择下管所用的起重量和起重杆长度。起重杆外伸长度应能把管道送到沟槽中央，管道在地面的堆放地点最好也在起重机的工作半径范围内。为保证安全，下管前应制定安全技术措施，检查起重索和夹具。

（2）组合下管法。

采用机械下管时，一般情况下是单节下管，在管材和接口具有足够强度的条件下，也可以采用组合下管法（即长串下管法）。

采用组合下管法时，应考虑采取防止由于起吊重量大及下管时管道受力不均匀引起接口裂缝的措施。

组合下管法一般用于下长段钢管，每段管长数十米以上。一个管段吊装所用的起重机不要多于三台，太多不易协作。当吊装铸铁管或钢筋混凝土管时，如为刚性接口则不宜采用组合下管法，因其极易影响接口的水密封性，一般只能采用单节下管法。吊绳接管位置应在管身中间正负力矩相等处。钢管节一般焊接连接成长串管端，用 2～3 台起重机组合下管。

四、稳管施工

1. 稳管的施工方法及步骤

（1）槽内运管。

槽底宽度许可时，管子应滚运；槽底宽度不许可滚运时，可用滚杠或特制的运管车运送。在未打平基的沟槽内用滚杠或运管车运管时，槽底应铺垫木板。

（2）稳管准备工作。

稳管前将管子内外清扫干净。稳管时，根据高程线认真掌握高程，高程以量管内底为宜，当管子椭圆度及管皮厚度误差较小时，可量管顶外皮。调整管子高程时，所垫石子石块必须稳固。

（3）控制管道中心线。

可采用边线法或中线法，采用边线法时，边线的高度应与管子中心高度一致，其位置以距管外皮 10mm 为宜。

（4）稳管。

在垫块上稳管垫块应放置平稳，高程符合质量标准；稳管时管子两侧应立保险杠，防止管子从垫块上滚下伤人。

稳管的对口间隙，管径不小于 700mm 的管子按 10mm 掌握，以便于管内勾缝；管径 600mm 以内者，可不留间隙。

在平基或垫块上稳管时，管子稳好后，应用干净石子或碎石从两边卡牢，防止管子移动。稳管后应及时灌注混凝土管座。

在枕基或土基管道稳管，一般挖弧形槽，并铺垫砂子，使管子与土基接触良好。稳较大的管子宜进入管内检查对口，减少错口现象。

稳较大的管子时，宜进入管内检查对口，以减少错口现象。

2. 质量标准

（1）管内底高程允许偏差 ±10mm；

（2）中心线允许偏差 10mm；

（3）相邻管内底错口不得大于 3mm。

五、管道接口

给水排水管道的密闭性和耐久性，在很大程度上取决于管道接口的连接质量，因此，管道接口应具有足够的强度和不透水性，能抵抗污水和地下水的侵蚀，并有一定的弹性。根据管道接口弹性大小的不同，可以将接口分为柔性接口和刚性接口两大类。

1. 柔性接口

常用的柔性接口有石棉沥青带接口、沥青麻布接口和沥青砂浆灌口三种。

（1）石棉沥青带接口。

石棉沥青带接口是以石棉沥青带为止水材料，以沥青砂浆为胶黏剂的柔性接口，具有一定的抗弯性能、防腐性能和密封性能，适用于无地下水地基上敷设的无压管道，其结构形式如图 2-13 所示。

1）石棉沥青带。石棉沥青带一般是由石棉、沥青和细砂三种材料卷制而成，制作较为简单，先是将沥青熔至 180℃ 左右，直接倒入混合均匀的石棉和细砂，搅拌均匀后再倒入模具冷却成形。其配合比为沥青：石棉：细砂＝7.5：1：1.5。

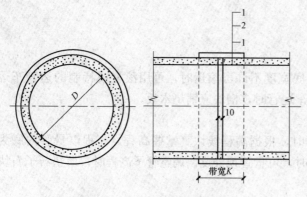

图 2-13　石棉沥青带接口
1—沥青砂浆；2—石棉沥青带

沥青带的宽度应在设计时确定，如无要求时，可根据管道直径确定。管径小于 900mm 时，带宽为 150mm；管径大于 900mm 时，宽带为 200mm。

2）接口制作。石棉沥青带接口的制作较为简单，先把管口清洗干净，涂上冷底子油，涂上一层厚约 3mm 的沥青砂浆，然后将石棉沥青带黏结在管口处，再涂一层厚 3～5mm 的沥青砂浆即可。

（2）沥青麻布接口。

沥青麻布接口是由沥青、汽油和麻布构成的柔性接口，常用于无地下水或地基不均匀沉降不太严重的污水管道。

1）冷底子油。冷底子油为沥青和汽油的混合物，其配比为 30 号沥青：汽油＝3：7。制作时，先将沥青加热至 160～180℃，除去杂质，然后冷却至 70～90℃，加入汽油搅拌均匀即可。

2）麻布。麻布也称玻璃布，在管道接口制作时，应先将麻布浸入冷底子油中一段时间，待其完全浸透后取出晾干，然后截成需要的宽度。麻布宽度一般在设计时已有规定，如无规定，可参考表 2-11。

表 2-11　　　　　　　　　　　　　麻布宽度　　　　　　　　　　　　　（单位：mm）

管道直径	宽度	管道直径	宽度
≤900	第一层 250	>900	一层 300
	第二层 200		二层 250
	第三层 150		三层 200

3）接口制作，先将管口清洗干净，晾干后涂一层冷底子油，然后涂一层热沥青，包一层麻布；再涂一层热沥青，包一层麻布。连续涂四层沥青包三层麻布，最后用钢丝绑牢。

（3）沥青砂浆灌口。

采用沥青砂浆灌口时，对沥青砂浆的要求较高，其配合比常由试验确定，以求出最佳的配合比。在施工中，常用的配合比为沥青：石棉粉：砂＝3：2：5。

管道接口时，先在管口处涂上一层冷底子油，然后用模具定型。模具顶部灌口的宽度和厚度可根据管径的大小确定，管径不大于 900mm 时，灌口宽为 150mm，厚为 20mm；管径大于 900mm 时，则灌口宽为 200mm，厚为 20mm。将熬制好的沥青砂浆自灌口处一侧缓缓注入。为保证沥青砂浆更好地流动，可用细竹片不停地加以搅动插捣。接口应一次性浇筑完成，以免产生接缝。当沥青砂浆已经初凝、不再流动，能维持管道形状时，即可拆模。

如管道接口处出现蜂窝、孔洞等，若在管道上方或侧面，可用喷灯烧熔缺陷周围，再以沥青砂浆填满；若缺陷发生在管道下方，则可在缺陷周围支以半模，烧熔缺陷后重新灌入沥青砂浆。

2. 刚性接口

刚性接口有两种类型，水泥砂浆抹带接口和钢丝网水泥砂浆抹带接口。

（1）水泥砂浆抹带接口。

水泥砂浆抹带接口适用于地基土质较好的雨水管道，其制作方法是先将管口凿毛，除去灰粉，露出粗集料，并用水沤湿；再用砂浆填入管缝并压实，使表面略低于管外壁，接着刷一道水泥素浆，宽8～15cm；然后用抹子抹第一层管箍，只压实、不压光，操作时可掺入少许防水材料，以提高管道的抗渗能力；接着用弧形抹子自下而上抹第二层管箍，形成弧形接口；待初凝后，用抹子赶光压实，直至表面不露砂为止。

如果管径大于600mm，可进入管内操作。当在管内进行勾缝或做内箍时，宜采用三层做法，即刷水泥浆一道，抹水泥浆填管缝，再刷水泥浆一道并压光。如管道与地基接触的部分没有接口材料，应单独处理，称为做底箍，即在安装后的管内将管口底部凿毛，清理干净后填入砂浆压实。管箍抹完后用湿纸覆盖，3～4h后加一层草袋片，设专人浇水养护。

圆弧形水泥砂浆抹带的水泥砂浆配合比为水泥∶砂＝1∶2.5，水灰比为0.4～0.5，宽带120～150mm，带厚约30mm，如图2-14所示。

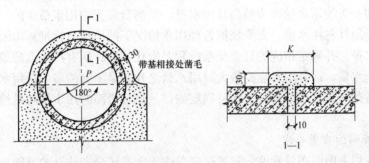

图2-14 圆弧形水泥砂浆抹带接口

（2）钢丝网水泥砂浆抹带接口。

钢丝网水泥砂浆抹带接口也是刚性接口的一种重要形式，常用在排水管道中。其断面常为矩形或梯形，平均宽度为200mm，厚度为25mm。钢丝网常用20号。制作方法与水泥砂浆抹带接口大致相同，也是先将管口外皮表面凿毛，除去渣粉，露出粗集科，并用水裰湿，再用砂浆填满管缝并压实，接着在管口处刷一道宽25cm水泥浆。第一层砂浆应与管外壁粘牢、压实，厚度控制在15mm左右，再将两片钢丝网包拢并尽量挤入砂浆中，两张网片的搭接长度不小于100mm，并需用钢丝绑牢。埋入管座的钢丝长度为：管径不大于600mm时，埋入长度不小于100mm；管径大于600mm时，埋入长度不小于150mm。

待第一层砂浆初凝以后，开始抹第二层砂浆，按照抹带宽度和厚度要求，用抹子赶光压实，钢丝和绑扎钢丝不允许外露。钢丝网水泥砂浆抹带接口完成后也应盖上一层草袋片，并设专人浇水养护。

第五节 园林给水排水工程管道施工

一、水管网的布置

1. 给水管网的审核

在布置园林给水管网之前，首先要到园林现场进行核对与设计有关的技术资料，包括公园平面图、竖向设计图、园内及附近地区的水文地质资料、附近地区城市给排水管网的分布资料、周围地区给水远景规划和建设单位对园林各用水点的具体要求等，尽可能全面地审核与设计相关的现状资料。

园林给水管网审核时，首先应该确定水源及给水方式。确定水源的接入点，一般情况下，中小型公园用水可由城市给水系统的某一点引入；但对较大型的公园或狭长形状的公园用地，由一点引入则不够经济，可根据具体条件采用多点引入。采用独立给水系统的，则不考虑从城市给水管道接入水源。对园林内所有用水点的用水量进行计算，并算出总用水量，确定给水管网的布置形式、主干管道的布置位置和各用水点的管道引入。根据已算出的总用水量，进行管网的水力学计算，按照计算结果选用管径合适的水管，最后布置成完整的管网系统。

2. 园林用水量核算

公园的用水量在任何时间里都不是固定不变的。在一天中游人数量随着公园的开放和关闭在变化着；在一年中又随季节的冷暖而变化。另外不同的生活方式对用水量也有影响。一年中用水最多的一天的用水量称为最高日用水量。最高日那天中用水最多的一小时叫作最高时用水量。核算园林总用水量，先要根据各种用水情况下的用水量标准算出园林最高日用水量和最大时用水量，并确定相应的日变化系数和时变化系数；所有用水点的最高日用水量之和就是园林总用水量，而各用水点的最大时用水量之和则是园林的最大总用水量。给水管网系统的设计，就是按最高日最高时用水量确定的，最高日最高时用水量就是给水管网的设计流量。

3. 园林水管网的布置要求

（1）按照规划平面图布置管网，布置时应考虑给水系统分期建设的可能，并留有充分发展的余地。

（2）管网布置必须保证供水安全可靠，当局部管网发生事故时，断水范围应降低到最小。

（3）管线遍布在整个给水区内，以保证用户有足够的水量和水压。

（4）为降低管网造价和供水能量费用，力求以最短距离敷设管线。

4. 园林水管网的布置形式

给水管网的基本布置形式有树枝式管网和环状管网两种。

（1）树枝式管网。

树枝式管网是以一条或少数几条主干管为骨干，从主管上分出许多配水支管连接各用水点。在一定范围内，采用树枝形管网形式的管道总长度比较短，一般适用于用水点较分散的地区，对分期发展的园林有利。但由于管网中任一段管线损坏时，在该管段以后的所有管线就会断水，因此树枝式管网供水可靠性较差，一旦管网出现问题或需维修时，影响用水面较大。树枝式管网布置如图 2-15（a）所示。

（2）环状管网。

环状网是把供水管网闭合成环，使管网供水能互相调剂。当管网中某一段管线损坏时，可以关闭附近的阀门使损坏管线和其余管线隔开，然后进行检修，水还可从另外管线供应用户，不致影响供水从而供水可靠性增加。这种方式浪费管材，投资较大。环状管网布置如图 2-15（b）所示。

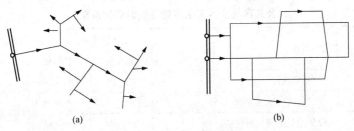

图 2-15　给水管网布置的基本形式
(a) 树枝式管网；(b) 环状管网

二、管网布置的布置技术规定

1. 管道埋深

冰冻地区，管道应埋设于冰冻线以下 40cm 处，不冻或轻冻地区，覆土深度也不应小于 70cm。干管管道不宜埋得过深，否则工程造价高；也不宜过浅，否则管道易损坏。

2. 阀门及消防栓

给水管网的交点叫作节点，在节点上设有阀门等附件。为了检修管理方便，节点处应设阀门井。阀门除安装在支管和平管的连接处外，还应每 500m 直线距离设一个阀门井，以便于检修养护。

配水管上要安装消火栓，按规定其间距通常为 12m，且其位置距建筑物不得少于 5m，为了便于消防车补给水，离车行道不大于 2m。

3. 管道材料的选择

给水管有镀锌钢管、PVC 塑料管等，大型排水渠道有砖砌、石砌及预制混凝土装配式等。

三、给水管网布置计算

1. 园林用水量特点

进行管网布置应求出各点的用水量，管网根据各个用水点的需求量供水。不同的用水点，水的用途也不同，其用水量标准也各异。公园中各用水点的用水量就是根据或参照这些用水量标准计算出来的。所以用水量标准是给水工程设计时的一项基本数据。用水量标准是国家根据各地区城镇的性质、生活水平和习惯、气候、房屋设备及生产性质等不同情况而制定的。我国地域辽阔，因此各地的用水量标准也不尽相同。现将与园林有关的项目列表，见表 2-12、表 2-13。

表 2-12　　　　　　　　　　住宅生活用水定额及小时变化系数

住宅类别	卫生器具设置标准	最高日用水定额 /[L/（人·d）]	平均日用水定额 /[L/（人·d）]	最高日小时变化系数 K_h
普通住宅	有大便器、洗脸盆、洗涤盆、洗衣机、热水器和淋浴设备	130~300	50~200	2.8~2.3
普通住宅	有大便器、洗脸盆、洗涤盆、洗衣机、集中热水供应（或家用热水机组）和沐浴设备	180~320	60~230	2.5~2.0
别墅	有大便器、洗脸盆、洗涤盆、洗衣机、洒水栓、家用热水机组和沐浴设备	200~350	70~250	2.3~1.8

注　1. 当地主管部门对住宅生活用水定额有具体规定时，已经按当地规定执行。

　　2. 别墅生活用水定额用含有庭院绿化用水和汽车抹车用水，不含游泳池补充水。

表 2-13　　　　　　　　　　　公共建筑生活用水定额及小时变化系数

序号	建筑物名称		单位	生活用水定额（L）		使用时数（h）	最高日小时变化系数 K_h
				最高日	平均日		
1	宿舍	居室内设卫生间	每人每日	150~200	130~160	24	3.0~2.5
		设公用盥洗卫生间		100~150	90~120		6.0~3.0
2	招待所、培训中心、普通旅馆	设公用卫生间、盥洗室	每人每日	50~100	40~80	24	3.0~2.5
		设公用卫生间、盥洗室、淋浴室		80~130	70~100		
		设公用卫生间、盥洗室、淋浴室、洗衣室		100~150	90~120		
		设单独卫生间、公用洗衣室		120~200	110~160		
3	酒店式公寓		每人每日	200~300	180~240	24	2.5~2.0
4	宾馆客房	旅客	每床位每日	250~400	220~320	24	2.5~2.0
		员工	每人每日	80~100	70~80	8~10	2.5~2.0

2. 日变化系数和时变化系数

最高日用水量对平均日用水量的比值，叫日变化系数。

$$日变化系数 K_d = \frac{最高日用水量}{平均日用水量}$$

日变化系数 K_d 的值，在城镇一般取 1.2~2.0，在农村由于用水时间很集中，数值偏高，一般取 1.5~3.0。

最高时用水量对平均时用水量的比值称为时变化系数。

$$时变化系数 K_h = \frac{最高时用水量}{平均时用水量}$$

时变化系数 K_h 的值在城镇通常取 1.3~2.5，在农村则取 5~6。

公园中的各种活动、饮食、服务设施及各种养护工作、造景设施的运转基本上集中在白天进行。在没有统一规定之前，建议 K_d 取 2~3、K_h 取 4~6。

将平均时用水量乘以日变化系数 K_d 和时变化系数 K_h，即可求得最高日最高时用水量。设计管网时必须用这个用水量，这样在用水高峰时，才能保证水的正常供应。

3. 沿线流量、节点流量和管段计算流量

进行给水管网的水力计算，要先求得各管段的沿线流量和节点流量，在此基础上进一步求得各管段的计算流量，根据计算流量确定相应的管径。

（1）沿线流量。

在城市给水管网中，干管沿线接出支管（配水管），而支管的沿线又接出许多接户管将水送到各用户去。由于各接户管之间的间距、用水量都不相同，所以配水的实际情况很复杂。沿程既有用水量大的单位如工厂、学校等，也有数量很多、用水量小的零散居民户。对干管来说，大用水户是集中泄流，称之为集中流量 Q_n；零散居民户的用水则称之为沿程流量 q_n，为了便于计算，可以将繁杂的沿程流量简化为均匀的途泄流量，从而计算每米长管线长度所承担的配水流量，称之为长度比流量 q_s。q_s 计算方法如下：

$$q_s = \frac{Q - \Sigma Q_n}{\Sigma L}$$

式中　q_s——长度比流量，L/(s·m)；

　　　Q——管网供水总流量，L/s；

　　　Q_n——大用水户集中流量总和，L/s；

　　　L——配水管网干管总长度，m。

（2）节点流量和管段计算流量。

流量的计算方法是把不均匀的配水情况简化为便于计算的均匀配水流量。但由于管段流量沿程变化是朝水流方向逐渐减少的，所以不便于确定管段的管径和进行水头损失计算，故须进一步简化。将管段的均匀沿线流量简化成两个相等的集中流量，这种集中流量集中在计算管段的始、末端输出，称之为节点流量。

管段总流量包含简化的节点流量和经该管段转输给下一管段的流量。管段计算流量 Q 可用下式表达：

$$Q = Q_t + \frac{1}{2}Q_L$$

式中　Q——管段计算流量，L/s；

　　　Q_t——管段转输流量，L/s；

　　　Q_L——管段沿线流量，L/s。

上式中 Q_L 的计算公式：

$$Q_L = q_s \times L$$

将沿线流量折半作为管段两端的节点流量。任一节点的流量等于与该节点相连各管段的沿线流量总和的一半。

$$Q_j = \frac{1}{2}\Sigma Q_L$$

园林中用水如取自城市给水管网，则园中给水干管将是城市给水管网中的一根支管，在这根"干管"上只有为数不多的一些用水量相对较多的用水点，不像城镇给水管网那样沿线有许多居民用水点。在进行管段流量的计算时，园中备用水点的接水管的流量可视为集中流量，而不须计算干管的比流量。

4. 经济流速

流量是指单位时间内水流流过某管道的量，称为管道流量。其单位一般用 L/s 或 m³/h 表示。其计算公式如下：

$$Q = A \times v$$

式中　Q——流量，L/s 或 m³/h；

　　　A——管道断面积，cm² 或 m²；

　　　v——流速，m/s。

给水管网中连接各用水点的管段的管径是根据流量和流速来决定的。

$$A = \frac{\pi}{4}D^2$$

式中　D——管径，mm。

故

$$D = \sqrt{\frac{4Q}{\pi v}} = 1.13\sqrt{\frac{Q}{v}}$$

以同一流量 Q，查水力计算表，可以查出两个，甚至四五个管径来，这里就存在经济问题：管径大流速小，水头损失小，但管径大投资也大；管径小，管材投资节省了，但流速加大，水头损失也随之增加，有时甚至造成管道远端水压不足。因此，在选择管段管径时，二者要进行权衡以确定一个较适宜的流速。此外，这一流速还受当地敷管单价和动力价格总费用的制约，这个流速既不浪费管材、增大投资，又不致使水头损失过大。这一流速就叫作经济流速。经济流速可按下列经验数值采用：小管径 D_g 为 $100\sim400\mathrm{mm}$ 时，v 取 $0.6\sim1.0\mathrm{m/s}$；大管径 $D_g > 400\mathrm{mm}$ 时，v 取 $1.0\sim1.4\mathrm{m/s}$。

5. 水压力和水头损失

在给水管上任意点接上压力表，都可测得一个读数，这数字便是该点的水压力值。管道内的水压力单位通常以 $\mathrm{kg/cm^2}$ 表示。有时为便于计算管道阻力，并对压力有一个较形象的概念，又常以"水柱的高度"表示，水力学上又将水柱高度称为"水头"。

水在管中流动，水和管壁发生摩擦，克服这些摩擦力而消耗的势能就叫水头损失。水头损失包含沿程水头损失和局部水头损失。

沿程水头损失：

$$h_y = a \cdot l \cdot Q^2$$

式中 h_y——沿程水头损失，$\mathrm{mH_2O}$（$1\mathrm{mH_2O}=9\ 806.65\mathrm{Pa}$）；

    a——阻力系数，$\mathrm{s^2/m^6}$；

    l——管段长度，m；

    Q——流量，$\mathrm{m^3/s}$。

阻力系数由试验求得，它与管道材料、管壁粗糙程度、管径、管内流动物质以及温度等因素有关。由于计算公式复杂，在设计计算时，每米或每千米管道的阻力可由铸铁（或其他材料）管水力计算表上查到。在求得某点计算流量后，便可据此查表以确定该管道的管径。在确定管径时，还可查到与该管径和流量相对应的流速和每单位长度的管道阻力值。

四、给水管道铺设

1. 一般规定

（1）给水管道使用钢管或钢管件时，钢管安装、焊接、除锈、防腐应按设计及有关规定执行。

（2）铺设质量要求。接口严密坚固，经水压试验合格；平面位置和纵断高程准确；地基和管件、闸门等的支墩坚固稳定；保持管内清洁，经冲洗消毒，化验水质合格。

（3）接口工序。给水管道的接口工序是保证工程质量的关键。接口工人必须经过训练，并必须按照规程认真操作。对每个接口应编号记录质量情况，以便检查。

（4）管件、闸门安装。安装管件、闸门等，应位置准确，轴线与管线一致，无倾斜、偏扭现象。管件、闸门等安装完成后，应及时按设计做好支墩及闸门井等。支墩及井不得砌筑在松软土上，侧向支墩应与原土紧密相接。

（5）管道铺设注意事项。在给水管道铺设过程中，应注意保持管子、管件、闸门等内部的清洁，必要时应进行洗刷或消毒。当管道铺设中断时，应将管口堵好，以防杂物进入，并且每日应对管口进行检查。

2. 铸铁管的铺设

（1）铺设的一般要求。

1）铸铁管铺设前应检查外观有无缺陷，并用小锤轻轻敲打，检查有无裂纹，不合格者不得使用。承口内部及插口外部过厚的沥青及飞刺、铸砂等应予铲除。

2）插口装入承口前，应将承口内部和插口外部清刷干净。胶圈接口的，先检查承口内部和插口外部是否光滑，以保证胶圈顺利推进不受损伤，再将胶圈套在管子的插口上，并装上胶圈推入器。插口装入承口后，应根据中线或边线调整管子中心位置。

3）铸铁管稳好后，应随即用稍粗于接口间隙的干净麻绳或草绳将接口塞严，以防泥土及杂物进入。

4）接口前先挖工作坑，工作坑的尺寸可参照表 2-14 的规定。

表 2-14　　　　　　　铺设的一般要求

管径/mm	工作坑尺寸/m			深度/m
	宽度	长度		
		承口前	承口后	
75～200	管径+0.6	0.8	0.2	0.3
250～700	管径+1.2	1.0	0.3	0.4
800～1200	管径+1.2	1.0	0.3	0.5

5）接口成活后，不得受重大碰撞或扭转。为防止稳管时震动接口，接口与下管的距离，麻口不应小于 1 个口；石棉水泥接口不应小于 3 个口；膨胀水泥砂浆接口不应小于 4 个口。

6）为防止铸铁管因夏季暴晒、冬季冷冻而胀缩，以及受外力时移动位置，管身应及时进行胸腔填土。胸腔填土须在接口完成之后进行。

（2）铺设质量标准。

管道中心线允许偏差 20mm；承口和插口的对口间隙，最大不得超过表 2-15 的规定；接口的环形间隙应均匀，其允许偏差不得超过表 2-16 的规定。

表 2-15　　　　　铸铁管承口和插口的对口最大间隙　　　　（单位：mm）

管径	沿直线铺设时最大间隙	沿曲线铺设时最大间隙
75	4	5
100～250	5	7
300～500	6	10
600～700	7	12
800～900	8	15
1000～1200	9	17

表 2 - 16　　　　　　　　　**铸铁管接口环形间隙允许偏差**　　　　　　　　（单位：mm）

管径	标准环形间隙	允许偏差
75～200	10	+3
250～450	11	—2
500～900	12	+4
1000～1200	13	—2

（3）填油麻。

1）油麻使用标准。

油麻应松软而有韧性，清洁而无杂物。自制油麻可用无麻皮的长纤维麻加工成麻辫，在石油沥青溶液（5％的石油沥青，95％的汽油或苯）内浸透，拧干，并经风干而成。

2）填油麻的深度。

填油麻的深度应按表 2 - 17 的规定执行。其中石棉水泥及膨胀水泥砂浆接口的填油麻深度约为承口总深的 1/3；铅接口的填油麻深度以距承口水线（承口内缺刻）里边缘 5mm 为准。

表 2 - 17　　　　　　　　　**承接口铸铁接口填油麻深度**　　　　　　　　（单位：mm）

管径	接口间隙	承口总深	油麻、石棉水泥接口油麻、膨胀水泥砂浆接口		油麻、铅接口	
			麻	灰	麻	铅
75	10	90	33	57	40	50
100	10	95	33	62	45	50
125	10	95	33	62	45	50
150	10	100	33	67	50	50
200	10	100	33	67	50	50
250	11	105	35	70	55	50
300	11	105	35	70	55	50
350	11	110	35	75	60	50
400	11	110	38	72	60	50
450	11	115	38	77	65	50
500	12	115	42	73	55	60
600	12	120	42	78	60	60
700	12	125	42	83	65	60
800	12	130	42	88	70	60
900	12	135	45	90	75	60
1000	13	140	45	95	71	69
1100	13	145	45	100	76	69
1200	13	150	50	100	81	69

3）石棉水泥接口及膨胀水泥砂浆接口的填油麻圈数规定。

a. 管径不大于 400mm 者，用一缕油麻，绕填 2 圈。

b. 管径 450～800mm 者，每圈用一缕油麻，填 2 圈。

c. 管径不小于 900mm 者，每圈用一缕油麻，填 3 圈。

d. 铅接口的填油麻圈数，一般比上述规定增加 1～2 圈。

4) 填油麻施工要求。

填油麻时，应将每缕油麻拧成麻花状，其截面直径约为接口间隙的 1.5 倍，以保证填油麻紧密。每缕油麻的长度在绕管 1～2 圈后，应有 50～100mm 的搭接长度。每缕油麻宜按实际要求的长度和粗度，并参照材料定额，事先截好，分好。

油麻的加工、存放、截分及填打过程中，均应保持洁净，不得随地乱放。

填油麻时，先将承口间隙用铁牙背匀，然后用麻錾将油麻塞入接口。塞油麻时需倒换铁牙。打第 1 圈油麻时，应保留 1～2 个铁牙，以保证接口环形间隙均匀。待第 1 圈油麻打实后，再卸下铁牙，填第 2 圈油麻。

打油麻一般用 1.5kg 的铁锤。移动麻錾时应一錾挨一錾。油麻的填打程序及打法应按表 2-18 的规定。

表 2-18　　　　　　　　　　　油麻的填打程序及打法

圈次	第一圈		第二圈			第三圈		
遍次	第一遍	第二遍	第一遍	第二遍	第三遍	第一遍	第二遍	第三遍
击数	2	1	2	2	1	2	2	1
打法	挑打	挑打	挑打	平打	平打	贴外口	贴里口	平打

套管（揣袖）接口填油麻一般比普通接口多填 1～2 圈麻辫。第 1 圈麻辫宜稍粗，塞填至距插口端约 10mm 为度，同时第 1 圈油麻不用锤打，以防"跳井"（油麻或胶圈掉入对口间隙的现象）；第 2 圈油麻填打时用力亦不宜过大；其他填打方法同普通接口。

填油麻后进行下层填料时，应将油麻口重打一遍，以油麻不动为合格，并将油麻屑刷净。

5) 填油麻质量标准。

按照规定，铅接口填油麻深度允许偏差±5mm，石棉水泥及膨胀水泥砂浆接口的填油麻深度不应小于表 2-17 所列数值。

填打密实，用錾子重打一遍，不再走动。

(4) 填胶圈。

1) 胶圈的质量和规格要求。胶圈的物理性能应符合表 2-19 的要求；外观检查，粗细均匀，质地柔软，无气泡（有气泡时搓捏发软），无裂缝、重皮；胶圈接头宜用热接，接缝应平整牢固，严禁采用耐水性不良的胶水（如 502 胶）黏结；胶圈的内环径一般为插口外径的 0.85～0.87 倍；胶圈截面直径的选压缩率为 35%～40% 为宜。

表 2-19　　　　　　　　　　　胶圈的物理性质

含胶量/%	邵氏硬底	拉应力/MPa	伸长率/%	永久变形/%	老化系数 70℃，72h
≥65	45～55	≥16.0	≥500	<25	0.8

2) 胶圈接口。胶圈接口应尽量采用胶圈推入器，使胶圈在装口时滚入接口内。采用填打方法进行胶圈接口时，应注意：錾子应贴插口填打，使胶圈沿一个方向依次均匀滚入，避

免出现"麻花",填打有困难时,可借助铁牙在填打部位将接口适当撑大;一次不宜滚入太多,以免出现"闷鼻"或"凹兜",一般第一次先打入承口水线,然后分2～3次打至小台,胶圈距承口外缘的距离应均匀;在插口、承口均无小台的情况下,胶圈以打至距插口边缘10～20mm为宜,以防"跳井"。

填打胶圈出现"麻花""闷鼻""凹兜"或"跳井"时,可利用铁牙将接口间隙适当撑大,进行调整处理。必须将以上情况处理完善后,方得进行下层填料。

胶圈接口外层进行灌铅者,填打胶圈后,必须再填油麻1～2圈,以填至距承口水线里边缘5mm为准。

3）填胶圈质量标准。胶圈压缩率符合相关要求;胶圈填至小台,距承口外缘的距离均匀;无"麻花""闷鼻""凹兜"及"跳井"现象。

（5）填石棉水泥。

1）石棉水泥接使用材料应符合设计要求,水泥强度等级不应低于42.5级,石棉宜采用软-4级或软-5级。

2）石棉水泥的配合比（质量比）一般为石棉30％、水泥70％、水10％～20％（占干石棉水泥的总质量）。加水量,一般宜用10％。气温较高或风较大时应适当增加石棉和水泥。

3）石棉和水泥拌制。石棉和水泥可集中拌制,拌好的干石棉水泥,应装入铁桶内,并放在干燥房间内,存放时间不宜过长,避免受潮变质。每次拌制不应超过一天的用量。干石棉水泥应在使用时再加水拌和,拌好后宜用湿布覆盖,运至使用地点。加水拌和的石棉水泥应在1.5h内用完。

4）石棉水泥接口。填打石棉水泥前,宜用清水先将接口缝隙湿润。石棉水泥接口的填打遍数、填灰深度及使用錾号应按表2-20的规定。石棉水泥接口操作应遵守规定:

①填石棉水泥,每一遍均应按规定深度填塞均匀。

②用1、2号錾时,打两遍者,靠承口打一遍,再靠插口打一遍,打三遍者,再靠中间打一遍。每打一遍,每一錾至少击打三下,第二錾应与第一錾有1/2相压;最后一遍找平时,应用力稍轻。

③石棉水泥接口合格后,一般用厚约10cm的湿泥将接口四周糊严,进行养护,并用潮湿的土壤虚埋养护。

表2-20　　　　　　　　　　　　石棉水泥接口填打方法

填灰遍数	直径/mm								
	75～450			500～700			800～1200		
	四填八打			四填十打			五填十六打		
	填灰深度	使用錾号	击打遍数	填灰深度	使用錾号	击打遍数	填灰深度	使用錾号	击打遍数
1	1/2	1	2	1/2	1	3	1/2	1	3
2	剩余的2/3	2	2	剩余的2/3	2	3	剩余的1/2	1	4
3	填平	2	2	填平	2	2	剩余的2/3	2	3
4	找平	3	2	找平	3	2	填平	2	3
5	—	—	—	—	—	—	找平	3	3

5）填石棉水泥质量标准。石棉水泥配比准确，石棉水泥表面呈发黑色，凹进承口 1～2mm，深浅一致，并用錾子用力连打三下使表面不再凹入。

（6）填膨胀水泥砂浆。

1）填膨胀水泥砂浆接口材料要求。膨胀水泥宜用石膏矾土膨胀水泥或硅酸盐膨胀水泥，出厂超过 3 个月者，应经试验，证明其性能良好，方可使用；自行配制膨胀水泥时，必须经技术鉴定合格，方可使用。砂应用洁净的中砂，最大粒径不大于 1.2mm，含泥量不大于 2%。

2）膨胀水泥砂浆的配合比（质量比）。一般采用膨胀水泥：砂：水为 1：1：0.3，当气温较高或风较大时，用水量可酌量增加，但最大水灰比不宜超过 0.35。

3）膨胀水泥砂浆拌和。膨胀水泥砂浆必须拌和十分均匀，外观颜色一致。宜在使用地点附近拌和，随用随拌，一次拌和量不宜过多，应在半小时内用完或按原产品说明书操作。

4）膨胀水泥砂浆水泥接口。应分层填入，分层捣实，以三填三捣为宜。每层均应一錾压一錾地均匀捣实。第一遍填塞接口深度的 1/2，用錾子用力捣实；第二遍填塞至承口边缘，用錾子均匀捣实；第三遍找平成活，捣至表面返浆，比承口边缘凹进 1～2mm 为宜，并刮去多余灰浆，找平表面。接口成活后，应立即用湿草袋（或草帘）覆盖，并经常洒水，使接口保持湿润状态不少于 7d。或用厚约 10cm 的湿泥将接口四周糊严，并用潮湿的土壤虚埋，进行养护。

5）填膨胀水泥砂浆质量标准。膨胀水泥砂浆配合比准确；分层填捣密实，凹进承口 1～2mm，表面平整。

（7）灌铅。

1）一般要求。灌铅工作必须由有经验的工人指导。熔铅需注意：严禁将带水或潮湿的铅块投入已熔化的铅液内，避免发生爆炸，并应防止水滴落入铅锅；掌握熔铅火候，可根据铅熔液液面的颜色判别温度，如呈白色则温度低，呈紫红色则温度恰好，然后用铁棍（严禁潮湿或带水）插入铅熔液中随即快速提出，如铁棍上没有铅熔液附着，则温度适宜，即可使用。铅桶、铅勺等工具应与熔铅同时预热。

2）安装灌铅卡箍。在安装卡箍前，必须将管口内水分擦干，必要时可用喷灯烤干，以免灌铅时发生爆炸；工作坑内有水时，必须掏干。将卡箍贴承口套好，开口位于上方，以便灌铅。用卡子夹紧卡箍，并用铁锤锤击卡箍，使其与管壁和承口都贴紧。卡箍与管壁接缝部分用黏泥抹严，以免漏铅。用黏泥将卡子口围好。

3）运送铅熔液注意事项。运送铅熔液至灌铅地点，跨越沟槽的马道必须事先支搭牢固平稳，道路应平整。取铅熔液前，应用有孔漏勺由熔锅中除去铅熔液的浮游物。每次取运一个接口的用量，应有两人抬运，不得上肩，迅速安全运送。

4）灌铅应遵守的规定。灌铅工人应全身防护，包括戴防护面罩。操作人员站于管顶上部。应使铅罐的口朝外，铅罐口距管顶约 20cm，使铅徐徐流入接口内，以便排气。大管径管道应将铅流放大，以免铅熔液中途凝固。每个铅接口的铅熔液应不间断地一次灌满，但中途发生爆声时，应立即停止灌铅。铅凝固后，即可取下卡箍。

5）打铅操作程序。用剁子将铅口飞刺切去。用 1 号铅錾贴插口击打一遍，每打一錾应有半錾重叠，再用 2 号、3 号、4 号、5 号铅錾重复上法各打一遍至铅口打实。最后用錾子把多余的铅打下（不得使用剁子铲平），再用厚錾找平。

6）灌铅质量标准。一次灌满，无断流。铅面凹进承口 1～2mm，表面平整。

（8）法兰接口。

1）法兰接口前检查。法兰接口前应对法兰盘、螺栓及螺母进行检查。法兰盘面应平整，无裂纹，密封面上不得有斑疤、砂眼及辐射状沟纹。螺孔位置应准确，螺母端部应平整，螺栓螺母螺纹号一致，螺纹不乱。

2）环形橡胶垫圈规格质量要求。质地均匀，厚薄一致，未老化，无皱纹；采用非整体垫片时，应黏结良好，拼缝平整。管径不大于 600mm 者，宜采用 3～4mm，管径不小于 700mm 者宜采用 5～6mm。垫圈内径应等于法兰内径，其允许偏差：管径 150mm 以内者为＋3mm，管径 200mm 及大于 200mm 者为＋5mm。垫圈外径应与法兰密封面外缘相齐。

3）法兰接口。进行法兰接口时，应先将法兰密封面清理干净。橡胶垫圈应放置平正。管径不小于 600mm 的法兰接口，或使用拼粘垫片的法兰接口，应在两法兰密封面上各涂铅油一道，以使接口严密。所有螺栓及螺母应点上润滑油（又称机油），对称地均匀拧紧，不得过力，严禁先拧紧一侧再拧另侧。螺母应在法兰的同一面上。安装闸门或带有法兰的其他管件时，应防止产生拉应力。邻近法兰的一侧或两侧接口应在法兰上所有螺栓拧紧后，方可连接。法兰接口埋入土中者，应对螺栓进行防腐处理。

4）法兰接口质量标准。两法兰盘面应平行，法兰与管中心线应垂直。管件或闸门等不产生拉应力。螺栓应露出螺母外至少 2 螺纹，但其长度最多不应大于螺栓直径的 1/2。

（9）人字柔口安装。

1）施工要求。人字柔口的人字两足和法兰的密封面上不得有斑疤及粗糙现象，安装前，应先配在一起，详细检查各部尺寸。安装人字柔口，应使管缝居中，应不偏移，不倾斜。安装前宜在管缝两侧面上线，以便于安装时进行检查。所有螺栓及螺母应点上润滑油，对称地均匀拧紧，应保证胶圈位置正确，受力均匀。

2）人字柔口安装质量标准。位置适中，不偏移，不倾斜。胶圈位置正确，受力均匀。

3. 预应力混凝土管的铺设

（1）材料质量要求。

1）预应力混凝土管应无露筋、空鼓、蜂窝、裂纹、脱皮、碰伤等缺陷。

2）预应力混凝土管承插口密封工作面应平整光滑。必须逐件测量承口内径、插口外径及其椭圆度。对个别间隙偏大或偏小的接口，可配用截面直径较大或较小的胶圈。

3）预应力混凝土管接口胶圈的物理性能及外观检查，同铸铁管所用胶圈的要求。胶圈内环径一般为插口外径的 0.87～0.93 倍。胶圈截面直径的选择，以胶圈滚入接口缝后截面直径的压缩率为 35%～45% 为宜。

（2）铺设准备。安装前应先挖接口工作坑。工作坑长度一般为承口前 60cm，横向挖成弧形，深度以距管外皮 20cm 为宜。承口后可按管形挖成月牙槽（枕坑），使安装时不致支垫管。接口前应将承口内部和插口外部的泥土脏物清刷干净，在插口端套上胶圈。胶圈应保持平正，无扭曲现象。

（3）接口。

1）初步对口时，管子吊起不得过高，稍离槽底即可，以使插口胶圈准确地对入承口八字内；利用边线调整管身位置，使管子中线符合设计要求；必须认真检查胶圈与承口接触是否均匀紧密。不均匀时，用錾子捣击调整，以便接口时胶圈均匀滚入。

2）安装接口的机械，宜根据具体情况，采用装在特制小车上的顶镐、吊链或卷扬机等。顶、拉设备事先应经过设计和计算。

3）安装接口时，顶、拉速度应缓慢，并应有专人查看胶圈滚入情况。如发现滚入不匀，应停止顶、拉，用錾子将胶圈位置调整均匀后，再继续顶、拉，直至使胶圈达到承插口预定的位置。

4）管子接口完成后，应立即在管底两侧适当塞土，以使管身稳定。为不妨碍继续安装的管段，应及时进行胸腔填土。

5）预应力混凝土管所使用铸铁或钢制的管件及闸门等的安装，按铸铁管铺设的有关规定执行。

（4）铺设质量标准。

管道中心线允许偏差 20mm；插口插入承口的长度允许偏差±5mm；胶圈滚至插口小台。

4. 硬聚氯乙烯（UPVC）管安装要求

（1）材料质量要求。

1）硬聚氯乙烯管子及管件，可用焊接、黏结或法兰连接。

2）硬聚氯乙烯管子的焊接或黏结的表面，应清洁平整，无油垢，并具有毛面。

3）焊接硬聚氯乙烯管子时，必须使用专用的聚氯乙烯焊条。焊条应符合要求：弯曲180°两次不折裂，但在弯曲处允许有发白现象；表面光滑，无凸瘤和气孔，切断面的组织必须紧密均匀，无气孔和夹杂物。

4）焊接硬聚氯乙烯管子的焊条直径应根据焊件厚度，按表2-21选定。

表 2-21　　　　　　　　　　　硬聚氯乙烯焊条直径的选择

焊件厚度/mm	焊条直径/mm
<4	2
4～16	3
>16	4

5）硬聚氯乙烯管的对焊，管壁厚度大于3mm时，其管端部应切成30°～35°的坡口，坡口一般不应有钝边。

6）焊接硬聚氯乙烯管子所用的压缩空气，必须不含水分和油脂，一般可用过滤器处理，压缩空气的压力一般应保持在0.1MPa左右。焊枪喷口热空气的温度为220～250℃，可用调压变压器调整。

（2）焊接要求。

焊接硬聚氯乙烯管子时，环境气温不得低于5℃。焊枪应不断上下摆动，使焊条及焊件均匀受热，并使焊条充分熔融，但不得有分解及烧焦现象。焊条的延伸率应控制在15％以内，以防产生裂纹。焊条应排列紧密，不得有空隙。

（3）承插连接。

采用承插式连接时，承插口的加工，承口可将管端在约140℃的甘油池中加热软化，然后在预热至100℃的钢模中进行扩口，插口端应切成坡口，承插长度可按表2-22的规定，承插接口的环形间隙宜在 0.15～0.30mm 之间。

表 2 - 22　　　　　　　　　　　　硬聚氯乙烯管承插长度　　　　　　　　　　（单位：mm）

管径	25	32	40	50	65	80	100	125	150	200
承插长度 l	40	45	50	60	70	80	100	125	150	200

承插连接的管口应保持干燥、清洁，黏结前宜用丙酮或二氯乙烷将承插接触面擦洗干净，然后涂一层薄而均匀的胶黏剂，插口插入承口应插足。胶黏剂可用过氯乙烯清漆或过氯乙烯/二氯乙烷（20/80）溶液。

（4）管加工。

加工硬聚氯乙烯管弯管，应在 130～110℃ 的温度下进行煨制。管径大于 65mm 者，煨管时必须在管内填实 100～110℃ 的热砂子。弯管的弯曲半径不应小于管径的 3 倍。卷制硬聚氯乙烯管子时，加热温度应保持为 130～140℃。加热时间应按表 2 - 23 的规定。聚硬氯乙烯管子和板材，在机械加工过程中，不得使材料本身湿度超过 50℃。

表 2 - 23　　　　　　　　　卷制硬聚氯乙烯管子的加热时间

板材厚度/mm	加热时间/min
3～5	5～8
6～10	10～15

（5）质量标准。

1）硬聚氯乙烯管子与支架之间，应垫以毛毡、橡胶或其他柔软材料的垫板，金属支架表面不应有尖棱和毛刺。

2）焊接的接口，其表面应光滑，无烧穿、烧焦和宽度、高度不匀等缺陷，焊条与焊件之间应有均匀的接触，焊接边缘处原材料应有轻微膨胀，焊缝的焊条间无孔隙。

3）黏结的接口，连接件之间应严密无孔隙。

4）煨制的弯管不得有裂纹、鼓泡、鱼肚状下坠和管材分解变质等缺陷。

5. 水压试验

（1）试压后背安装。

1）给水管道水压试验的后背安装，应根据试验压力、管径大小、接口种类周密考虑，必须保证操作安全，保证试压时后背支撑及接口不被破坏。

2）水压试验，一般在试压管道的两端各预留一段沟槽不开，作为试压后背。预留后背的长度和支撑宽度应进行安全核算。

3）预留土墙后背应使墙面平整，并与管道轴线垂直。后背墙面支撑面积，根据土质和水压试验压力而定，一般土质可按承压 1.5MPa 考虑。

4）试压后背的支撑，用一根圆木时，应支于管堵中心；方向与管中心线一致；使用两根圆木或顶铁时，前后应各放横向顶铁一根，支撑应与管中心线对称，方向与管中心线平行。

5）后背使用顶镐支撑时，宜在试压前稍加顶力，对后背预加一定压力，但应注意加力不可过大，以防破坏接口试压后背安装。

6）后背土质松软时，必须采取加固措施，以保证试压工作安全进行。

7）刚性接口的给水管道，为避免试压时由于接口破坏而影响试压，管径大于或等于600mm时，管端宜采用一个或两个胶圈柔口。采用柔口时，管道两侧必须与槽帮支牢，以防走动。管径大于或等于1000mm的管道，宜采用伸缩量较大的特制试压柔口盖堵。

8）宜少于30m，并必须填土夯实。纯柔性接口管段不得作为试压后背。

9）水压试验一般应在管件支墩做完，并达到要求强度后进行。对未做支墩的管件应做临时后背。

（2）试压方法及标准。

1）给水管道水压试验的管段长度一般不超过1000m；如因特殊情况，需要超过1000m时，应与设计单位、管理单位共同研究确定。

2）水压试验前应对压力表进行检验校正。

3）水压试验前应做好排水设施，以便于试压后管内存水的排除。

4）管道串水时，应认真进行排气。如排气不良（加压时常出现压力表的表针摆动不稳，且升压较慢），应重新进行排气。一般在管端盖堵上部设置排气孔。在试压管段中，如有不能自由排气的高点，宜设置排气孔。

5）串水后，试压管道内宜保持0.2～0.3MPa水压（但不得超过工作压力），浸泡一段时间（铸铁管浸泡1昼夜以上，预应力混凝土管浸泡2～3昼夜），使接口及管身充分吃水后，再进行水压试验。

6）水压试验一般应在管身胸腔填土后进行，接口部分是否填土，应根据接口质量、施工季节、试验压力、接口种类及管径大小等情况具体确定。

7）进行水压试验应统一指挥，明确分工，对后背、支墩、接口、排气阀等都应规定专人负责检查，并明确规定发现问题时的联络信号。

8）对所有后背、支墩必须进行最后检查，确认安全可靠时，水压试验方可开始进行。

9）开始水压试验时，应逐步升压，每次升压以0.2MPa为宜，每次升压后，检查没有问题，再继续升压。

10）水压试验时，后背、支撑、管端等附近均不得站人，对后背、支撑、管端的检查，应在停止升压时进行。

11）水压试验压力应按表2-24的规定执行。

表2-24　　　　　　　　　　　管道水压试验的试验压力

管材种类	工作压力 P	试验压力
钢管	P	$P+0.5$ 且不应小于 0.9MPa
铸铁及球墨铸铁管	≤0.5MPa	$2P$
	>0.5MPa	$P+0.5$MPa
预应力、自应力混凝土管	≤0.6MPa	$1.5P$
	>0.6MPa	$P+0.3$MPa
现浇钢筋混凝土管渠	≥0.1MPa	$1.5P$

12）水压试验一般以测定渗水量为标准。但直径小于或等于400mm的管道，在试验压力下，如10min内落压不超过0.05MPa时，可不测定渗水量，即为合格。

13）水压试验采取放水法测定渗水量，实测渗水量不得超过表 2-25 规定的允许渗水量。

14）管道内径大于表 2-25 规定时，实测渗水量应不大于按下列公式计算的允许渗水量：

钢管：$\qquad Q=0.05\sqrt{D}$

铸铁管、球墨铸铁管：$\qquad Q=0.1\sqrt{D}$

预应力、自应力混凝土管：$\qquad Q=0.14\sqrt{D}$

现浇钢筋混凝土管渠：$\qquad Q=0.014D$

式中　Q——允许渗水量；

　　　D——管道内径。

表 2-25　　　　　　　　　　　　　压力管道水压试验允许渗水量

管道内径/mm	允许渗水量/[L/（min·km）]		
	钢管	铸铁管、球墨铸铁管	预（自）应力混凝土管
100	0.28	0.70	1.40
125	0.35	0.90	1.56
150	0.42	1.05	1.72
200	0.56	1.40	1.98
250	0.70	1.55	2.22
300	0.85	1.70	2.42
350	0.90	1.80	2.62
400	1.00	1.95	2.80
450	1.05	2.10	2.96
500	1.10	2.20	3.14
600	1.20	2.40	3.44
700	1.30	2.55	3.70
800	1.35	2.70	3.96
900	1.45	2.90	4.20
1000	1.50	3.00	4.42
1100	1.55	3.10	4.60
1200	1.65	3.30	4.70
1300	1.70	—	4.90
1400	1.75	—	5.00

6. 冲洗消毒的施工方法

（1）接通旧管。

1）给水接通旧管，无论接预留闸门、预留三通或切管新装三通，均必须事先与管理单位联系，取得配合。凡需停水者，必须于前一天商定准确停水时间，并严格按照规定执行。

2）接通旧管前，应做好以下准备工作，需要停水者，应在规定停水时间以前完成。

①挖好工作坑，并根据需要做好支撑、栏杆和警示灯，以保证安全；

②需要放出旧管中的存水者，应根据排水量，挖好集水坑，准备好排水机具，清理排水路线，以保证顺利排水；

③检查管件、闸门、接口材料、安装设备、工具等，必须使规格、质量、品种、数量均

符合需要接通旧管；

④如夜间接管，必须装好照明设备，并做好停电准备；

⑤在切管上事先画出锯口位置，切管长度一般为换装管件有效长度（即不包括承口）再加管径的 1/10。

3）接通旧管的工作应紧张而有秩序，明确分工，统一指挥，并与管理单位派至现场的人员密切配合。

4）需要停水关闸时，关闸、开闸的工作均由管理单位的人员负责操作，施工单位派人配合。

5）关闸后，应于停水管段内打开消火栓或用水龙头放水，如仍有水压，应检查原因，采取措施。

6）预留三通、闸门的侧向支墩，应在停水后拆除。如不停水拆除闸门的支墩，必须会同管理单位研究制定防止闸门走动的安全措施。

7）切管或卸盖堵时，旧管中的存水流入集水坑，应随即排除，并调节从旧管中流出的水量，使水面与管底保持相当距离，以免污染通水管道。切管前，必须将所切管截垫好或吊好，防止骤然下落。调节水量时，可将管截上下或左右缓缓移动。卸法兰盖堵或承堵、插堵时，也必须吊好，并将堵端支好，防止骤然把法兰盖堵或承堵、插堵冲开。

8）接通旧管时，新装闸门及闸门与旧管之间的各项管件，除清除污物并冲洗干净外，还必须用 1%～2% 的漂粉溶液洗刷两遍，进行消毒后，方可安装。在安装过程中，也应注意防止再受污染。接口用的油麻应经蒸汽消毒，接口用的胶圈和接口工具也均应用漂粉溶液消毒。

9）接通旧管后，开闸通水时应采取必要的排气措施。

10）开闸通水后，应仔细检查接口是否漏水，直径不小于 400mm 的干管，对接口观察应不小于半小时。

11）切管后新装的管件，应及时按设计标准或管理单位要求做好支墩。

（2）冲洗消毒的施工方法。

1）放水冲洗。

①给水管道放水冲洗前应与管理单位联系，共同商定放水时间、取水样化验时间、用水流量及如何计算用水量等事宜。

②管道冲洗水速一般应为 1～1.5m/s。

③放水前应先检查放水线路是否影响交通及附近建筑物的安全。

④放水口四周应有明显标志或栏杆，夜间应点警示灯，以确保安全。

⑤放水时应先开出水闸门，再开来水闸门，并做好排气工作。

⑥放水时间以排水量大于管道总体积的 3 倍，并使水质外观澄清为度。

⑦放水后，应尽量使来水、出水闸门同时关闭。如做不到，可先关出水闸门，但留一两扣先不关死，待将来水闸门关闭后，再将出水闸门全部关闭。

⑧放水完毕，管内存水达 24h 后，由管理单位取水样化验。

2）水管消毒。

①给水管道经放水冲洗后，水质检验不合格者，应用漂粉溶液消毒。在消毒前两天与管理单位联系，取得配合。

②给水管道消毒所用漂粉溶液浓度，应根据水质不合格的程度确定，一般采用 100～200mg/L，即溶液内含有游离氯 25～50mg/L。

③漂粉在使用前，应进行检验。漂粉纯度以含氯量 25% 为标准。当含氯量高于或低于标准时，应以实际纯度调整用量。

④漂粉保管时，不得受热受潮、日晒和火烤。漂粉桶盖必须密封；取用漂粉后，应随即将桶盖盖好；存放漂粉的室内不得住人。

⑤取用漂粉时应戴口罩和手套，并注意勿使漂粉与皮肤接触。

⑥溶解漂粉时，先将硬块压碎，在小盆中溶解成糊状，直至残渣不能溶化为止，再用水冲入大桶内搅匀。

⑦用泵向管道内压入漂粉溶液时，应根据漂粉的浓度和压入的速度，用闸门调整管内流速，以保证管内的游离氯含量符合要求。

⑧当进行消毒的管段全部充满漂粉溶液后，关闭所有闸门，浸泡 24h 以上，然后放净漂粉溶液，再放入自来水，等 24h 后由管理单位取水样化验。

7. 雨期、冬期施工具体内容

(1) 雨期施工。

1) 雨期施工应严防雨水泡槽，造成漂管事故。除按有关雨期施工的要求，防止雨水进槽外，对已铺设的管道应及时进行胸腔填土。

2) 雨天不宜进行接口。如需要接口时，必须采取防雨措施，确保管口及接口材料不被雨淋。雨天进行灌铅时，防雨措施更应严格要求。

(2) 冬期施工。

1) 冬期施工进行石棉水泥接口时，应采用热水拌和接口材料，水温不应超过 50℃。

2) 冬期施工进行膨胀水泥砂浆接口时，砂浆应用热水拌和，水温不应超过 35℃。

3) 气温低于 −5℃ 时，不宜进行石棉水泥及膨胀水泥砂浆接口；必须进行接口时，应采取防寒保温措施。

4) 石棉水泥接口及膨胀水泥砂浆接口，可用盐水拌和的水泥封口养护，同时覆盖草帘。石棉水泥接口也可立即用不冻土回填夯实。膨胀水泥砂浆接口处，可用不冻土临时填埋，但不得加夯。

5) 在负温度下需要洗刷管子时，宜用盐水。

6) 冬期进行水压试验，应采取以下防冻措施：

①管身进行胸腔填土，并将填土适当加高；

②暴露的接口及管段均用草帘覆盖；

③串水及试压临时管线均用草绳及稻草或草帘缠包；

④各项工作抓紧进行，尽快试压，试压合格后，即将水放出；

⑤当管径较小、气温较低，预计采取以上措施仍不能保证水不结冻时，水中可加食盐防冻，一般情况不应使用食盐。

五、管材设备防腐

1. 管材除锈

(1) 手工除锈。

先用手锤敲击或钢丝刷除去管材表面锈层，再用粗砂布除去浮锈，最后用棉丝擦净。

（2）机械除锈。

先除去管材表面的氧化皮和铸砂，然后将管道放置于除锈机内进行除锈，直至露出管材的金属底色为止，最后用棉丝擦净。

（3）化学除锈。

1）准备两个洗液槽（酸洗槽和中和槽）和50℃左右的温水。

2）配置酸洗液。酸洗液中工业盐酸用量为8%～10%。缓蚀剂按产品说明书配比。将水倒入酸洗槽中，水量以全部淹没管材为宜。然后依次缓慢加入工业盐酸和缓蚀剂，并搅拌均匀。

3）管材在酸洗槽中浸泡10～15min后取出，用清水洗净并放入中和槽。中和处理完毕后，将管材取出，用清水冲洗并晾晒吹干。

2. 钢管防腐

（1）钢管内防腐。

1）水泥砂浆内防腐层。

①施工前的条件：管道内壁的浮锈、氧化皮、焊渣、油污等应彻底清除；焊缝突起高度不得大于防腐层设计厚度的1/3；现场进行内防腐施工的管道，应在管道试验、土方回填验收合格且管道变形基本稳定后进行；内防腐层的材料质量应符合设计要求。（分割线）

②内防腐层施工。水泥砂浆内防腐层可采用机械喷涂、人工抹压、拖筒或离心预制法施工；在运输、安装、回填土过程中，不得损坏水泥砂浆内防腐层；管道端点或施工中断时，应预留接茬；水泥砂浆抗压强度应符合设计要求，且不应低于30MPa；采用人工抹压法施工时，应分层抹压。

水泥砂浆内防腐层成形后，应立即封堵管道，终凝后进行养护，普通硅酸盐水泥砂浆养护时间不应少于7d，矿渣硅酸盐水泥砂浆不应少于14d。通水前应继续封堵管道，保持湿润。

③水泥砂浆内防腐层厚度。水泥砂浆内防腐层厚度应符合表2-26所示的规定。

表 2-26   钢管水泥砂浆内防腐层厚度

管径 D_i/mm	厚度/mm	
	机械喷涂	手工涂抹
500～700	8	—
800～1000	10	—
1100～1500	12	—14
1600～1800	14	16
2000～2200	15	17
2400～2600	16	18
2600 以上	18	20

2）液体环氧涂料内防腐层。

①施工前的条件。宜采用喷（抛）射除锈，除锈等级应不低于《涂覆涂料前钢材表面处理表面清洁度的目视评定 第1部分：未涂覆过的钢材表面和全面清除原有涂层后的钢材表面的锈蚀等级和处理等级》（GB/T 8923.1—2011）中规定的Sa2级；内表面经喷（抛）射处理后，应用清洁、干燥、无油的压缩空气将管道内部的砂粒、尘埃、锈粉等微尘清除干净。管道内表面处理后，应在钢管两端60～100mm范围内涂刷液体环氧涂料，干膜厚度为20～40μm。

②内防腐层施工。应按涂料生产厂家产品说明书的规定配制涂料，不宜加稀释剂；涂料使用前应搅拌均匀；应调整好工艺参数且稳定后，方可正式涂敷；防腐层应平整、光滑，无流挂、划痕等；涂敷过程中应随时监测湿膜厚度；环境相对湿度大于85%时，应对钢管除湿后方可作业；严禁在雨、雪、雾及风沙等气候条件下露天作业。

（2）钢管外防腐层。

1）埋地管道外防腐。埋地管道外防腐层应符合设计要求，其构造应符合表 2-27～表 2-29 的规定。

表 2-27 石油沥青涂料外防腐层构造

材料种类	普通级（三油二布）		加强级（四油三布）		特加强级别（五油四布）	
	构造	厚度/mm	构造	厚度/mm	构造	厚度/mm
石油沥青涂料	(1) 底料一层 (2) 沥青(厚度≥1.5mm) (3) 玻璃布一层 (4) 沥青(厚度1.0～1.5mm) (5) 玻璃布一层 (6) 沥青(厚度1.0～1.5mm) (7) 玻璃布一层 (8) 沥青(厚度1.0～1.5mm) (9) 聚氯乙烯工业薄膜一层	≥4.0	(1) 底料一层 (2) 沥青(厚度≥1.5mm) (3) 玻璃布一层 (4) 沥青(厚度1.0～1.5mm) (5) 玻璃布一层 (6) 沥青(厚度1.0～1.5mm) (7) 玻璃布一层 (8) 沥青(厚度1.0～1.5mm) (9) 聚氯乙烯工业薄膜一层	≥5.5	(1) 底料一层 (2) 沥青(厚度≥1.5mm) (3) 玻璃一层 (4) 沥青(厚度1.0～1.5mm) (5) 玻璃布一层 (6) 沥青(厚度1.0～1.5mm) (7) 玻璃布一层 (8) 沥青(厚度1.0～1.5mm) (9) 玻璃布一层 (10) 沥青(厚度1.0～1.5mm) (11) 聚氯乙烯工业薄膜一层	≥7.0

表 2-28 环氧煤沥青涂料外防腐层构造

材料种类	普通级（三油）		加强级（四油一布）		特加强级（六油二布）	
	构造	厚度/mm	构造	厚度/mm	构造	厚度/mm
环氧煤沥青涂料	(1) 底料 (2) 面料 (3) 面料 (4) 面料	≥0.3	(1) 底料 (2) 面料 (3) 面料 (4) 玻璃布 (5) 面料 (6) 面料	≥0.4	(1) 底料 (2) 面料 (3) 面料 (4) 玻璃布 (5) 面料 (6) 面料 (7) 玻璃布 (8) 面料 (9) 面料	≥0.6

表 2 - 29　　　　　　　　　　　　　　环氧树脂玻璃钢外防腐层构造

材料种类	加强级	
	构造	厚度/mm
环氧树脂玻离钢	(1) 底层树脂 (2) 面层树脂 (3) 玻璃布 (4) 面层树脂 (5) 玻璃布 (6) 面层树脂 (7) 面层树脂	≥3

2）石油沥青涂料外防腐。涂底料前管体表面应清除油垢、灰渣、铁锈；人工清除氧化皮、铁锈时，其质量标准应达 St3 级。喷砂或化学除锈时，其质量标准应达 Sa2.5 级。涂底料时基面应干燥，基面除锈后与涂底料的间隔时间不得超过 8h。涂刷应均匀、饱满，涂层不得有凝块、起泡现象，底料厚度宜为 0.1～0.2mm，管两端 150～250mm 范围内不得涂刷。沥青涂料熬制温度宜在 230℃左右，最高温度不得超过 250℃，熬制时间宜控制在 4～5h，每锅涂料应抽样检查，其性能应符合表 2 - 30 的规定。

表 2 - 30　　　　　　　　　　　　　　石油沥青涂料性能

项目	性能指标
软化点（环球法）	≥125℃
针入度（25℃，100g）	5～20（1/10mm）
延度（25℃）	≥10mm

沥青涂料应涂刷在洁净、干燥的底料上，常温下涂刷沥青涂料时，应在涂刷底料后 24h 之内实施；沥青涂料涂刷温度以 200～230℃为宜。涂刷沥青涂料后应立即缠绕玻璃布，玻璃布的压边宽度应为 20～30mm，接头搭接长度应为 100～150mm，各层搭接接头应相互错开，玻璃布的油浸透率应达到 95％以上，不得出现面积大于 50mm×50mm 的空白；管端或施工中断处应留出长 150～250mm 的缓坡型接茬。包扎聚氯乙烯膜保护层作业时，不得有褶皱、脱壳现象；压边宽度应为 20～30mm，搭接长度应为 100～150mm。沟槽内管道接口处施工应在焊接、试压合格后进行，接茬处应黏结牢固、严密。

3）环氧煤沥青涂料外防腐。管节表面应符合有关规定；表面应光滑无刺，无焊瘤及棱角。应按产品说明书的规定配制涂料。底料应在表面除锈合格后尽快涂刷，空气湿度过大时应立即涂刷，涂刷应均匀，不得漏涂；管两端 100～150mm 范围内不涂刷，或在涂底料之前在该部位涂刷可焊涂料或硅酸锌涂料；干膜厚度不应小于 25μm。环氧煤沥青涂料涂刷和包扎玻璃布应在底料表干后、固化前进行，底料与第一道环氧煤沥青涂料涂刷的间隔时间不得超过 24h。

4）雨期、冬期石油沥青及环氧煤沥青涂料外防腐。环境温度低于 5℃时，不宜采用环氧煤沥青涂料；采用石油沥青涂料时，应采取冬期施工措施；环境温度低于 150℃或相对湿度大于 85％时，未采取措施不得进行施工。已涂刷石油沥青防腐层的管道，炎热天气下不宜直接受阳光照射；冬期气温等于或低于沥青涂料脆化温度时，不得起吊、运输和铺设；脆化温度试验应符合现行国家标准《石油沥青脆点测定法弗拉斯法》（GB/T 4510—2017）的规定。不得在雨、雾、雪或5级以上大风环境露天施工。

5）环氧树脂玻璃钢外防腐。管节表面应符合有关规定；表面应光滑无刺，无焊瘤及棱角。应按产品说明书的规定配制环氧树脂。现场施工可采用手糊法，具体可分为间断法或连续法。采用间断法作业时，每次铺衬间断时应检查玻璃布衬层的质量，合格后再涂上一层。采用连续法作业时，应连续铺衬到设计要求的层数或厚度，并应自然养护24h，然后进行面层树脂的施工。玻璃布除刷涂树脂外，可采用玻璃布的树脂浸揉法。环氧树脂玻璃钢的养护期不应少于7d。

6）外防腐层的厚度、外观、电火花试验、黏结力应符合设计要求，设计无要求时应符合表2-31的规定。

表2-31　　　　　　　　外防腐层的厚度、外观、电火花试验、黏结力的技术要求

材料种类	防腐等级	构造	厚度/mm	外观	电火花试验		黏结力
石油沥青涂料	普通级	三油二布	≥4.0	外观均匀，无褶皱、空泡、凝块	16kV	用电火花检测仪检查无打火花现象	在防腐层上割出夹角为45°～60°、边长为40～50mm的切口，从角尖端撕开防腐层；首层沥青层应100%地粘附在管道的外表面上
	加强级	四油三布	≥5.5		18kV		
	特加强级	五油四布	≥7.0		20kV		
环氧煤沥青料	普通级	三油	≥0.3		2kV		以小刀割开一舌形切口，用力撕开切口处的防腐层，管道表面仍为漆皮所覆盖，不得露出金属表面
	加强级	四油一布	≥0.4		2.5kV		
	特加强级	六油二布	≥0.6		3kV		
环氧树脂玻璃钢	加强版	—	≥3	外观平整光滑、色泽均匀、无脱层、起壳和固化不完全等缺陷	3～3.5kV		以小刀割开一舌形切口，用力撕开切口处的防腐层，管道表面仍为漆皮所覆盖，不得露出金属表面

注　聚氨酯（PU）外防腐层可按《给水排水管道工程施工及验收规范》（GB 50268—2008）附录H选择。

7）防腐管道在下沟槽前应进行试验，检验不合格应修补至合格。沟槽内的管道，其补口防腐层应经检验合格后方可回填。

8）阴极保护施工应与管道施工同步进行。

9）阴极保护系统的阳极种类、性能、数量、分布与连接方式，测试装置和电源设备应符合国家有关标准的规定和设计要求。

10）牺牲阳极保护法。根据工程条件确定阳极施工方式，立式阳极宜采用钻孔法施工，卧式阳极宜采用开槽法施工。牺牲阳极使用之前，应对表面进行处理、清除表面的氧化膜及油污。阳极连接电缆的埋设深度不应小于0.7m，四周应垫有50～100mm厚的细砂，砂的顶部应覆盖水泥护板或砖，敷设电缆要留有一定裕量。阳极电缆可以直接焊接在被保护管道上，也可通过测试桩中的连接片相连。与钢质管道相连接的电缆应采用铝热焊接技术，焊点应重新进行防腐绝缘处理，防腐材料和等级应与原有覆盖层一致。电缆和阳极钢芯宜采用焊接连接，双边焊缝长度不得小于50mm。电缆与阳极钢芯焊接后，应采取防止连接部位断裂的保护措施。阳极端面、电缆连接部位及钢芯均应防腐、绝缘。填料包可在室内或现场包

装，其厚度不应小于 50mm。并应保证阳极四周的填料包厚度一致、密实；预包装的袋子必须采用棉麻织品，不得使用人造纤维织品。填包料应调拌均匀，不得混入石块、泥土、杂草等。阳极埋地后应充分灌水，使阳极达到饱和。阳极埋设位置一般距管道外壁 3～5m，不宜小于 0.3m，埋设深度（阳极顶部距地面）不应小于 1m。

11）外加电流阴极保护法。联合保护的平行管道可同沟敷设；均压线间距和规格应根据管道电压降、管道间距离及管道防腐层质量等因素综合考虑。非联合保护的平行管道间距不宜小于 10m；间距小于 10m 时，后施工的管道及其两端各延伸 10m 的管段做加强级防腐层。被保护管道与其他地下管道交叉时，两者间垂直净距不应小于 0.3m；小于 0.3m 时，应设有坚固的绝缘隔离物，并应在交叉点两侧各延伸 10m 以上的管段上做加强级防腐层。被保护管道与埋地通信电缆平行敷设时，两者间距离不宜小于 10m；小于 10m 时，后施工的管道或电缆按有关规定执行。被保护管道与供电电缆交叉时，两者间垂直净距不应小于 0.5m；同时应在交叉点两侧各延伸 10m 以上的管道和电缆段上做加强级防腐层。

12）阴极保护绝缘处理。绝缘垫片应在干净、干燥的条件下安装，并应配对供应或在现场扩孔。法兰面应清洁、平直、无毛刺并正确定位。在安装绝缘套筒时，应确保法兰准直；除一侧绝缘的法兰外，绝缘套筒长度包括两个垫圈的厚度。连接螺栓在螺母下应设有绝缘垫圈。

第六节　排水工程附属构筑物施工

一、一般规定

排水工程必须按设计文件和施工图纸进行施工。施工所用原材料和半成品、成品、设备及有关配件必须符合设计要求和有关技术标准，并有出厂合格证。必须遵守国家和地方有关交通、安全、劳动保护、防火和环境保护等方面的法规。

进入下水道管内作业（包括新旧管道）都要严格遵守管内作业安全操作规程（规定）。

施工中如发现有文物或古墓等，应妥善保护，并应报请有关部门处理。在施工场地内如有测量用的永久性标桩或地质、地震部门设置的观测设施，应加以保护，对地上地下各种设施及建筑如需要拆迁或加固时，都要按照城市拆迁法规办理。

在工程建设中应积极采用新工艺、新材料，应使用经过试验、鉴定的成果，并应根据工程实际需要，制定相应的操作规程、质量指标，施工过程中应积累技术资料，保存好原始记录，工程竣工后要进行实测反馈技术数据。

排水工程在雨期及冬期施工时应遵守有关规定及施工组织设计（方案）中的有关技术措施。工程在开工前应做好工程前期工作，工程进行中应遵守各项技术规章制度，工程竣工后应按有关规定进行竣工验收。

二、砌筑

1. 一般要求

（1）砌筑用砖（砌块）。

应符合国家现行标准或设计规定。

（2）砌筑前。

1）砌筑前应将砖用水浸透，不得有干心现象。

2）混凝土基础验收合格，抗压强度达到 1.2N/mm²，方可铺浆砌筑。

3）与混凝土基础相接的砌筑面应先清扫，并用水冲刷干净；如为灰土基础，应铲修平整，并洒水湿润。

4）砌砖前应根据中心线放出墙基线，摆砖撂底，确定砌法。

（3）砖砌体。

应上下错缝，内外搭接，一般宜采用一顺一丁或三顺一丁砌法。防水沟墙宜采用五顺一丁砌法，但最下一皮和最上一皮砖，均应用丁砖砌筑。

（4）砌砖时。

1）清水墙的表面应选用边角整齐、颜色均匀、规格一致的砖。

2）砌砖时，砂浆应满铺满挤，灰缝不得有竖向通缝，水平灰缝厚度和竖向灰缝宽度一般以 10mm 为标准，误差不应大于±2mm。弧形砌体灰缝宽度，凹面宜取 5～8mm。

3）砌墙如有抹面，应随砌随将挤出的砂浆刮平。如为清水墙，应随砌随搂缝，其缝深以 1cm 为宜，以便勾缝。

4）半头砖可作填墙心用，但必须先铺砂浆后放砖，然后再用灌缝砂浆将空隙灌平且不得集中使用。

2. 方沟、拱沟和井室的砌筑及砖墙勾缝要求

（1）方沟和拱沟的砌筑。

1）砖墙的转角处和交接处应与墙体同时砌筑。如必须留置的临时间断处，应砌成斜茬。接茬砌筑时，应先将斜茬用水冲洗干净，并注意砂浆饱满。

2）各砌砖小组间，每米高的砖层数应掌握一致，墙高超过 1.2m 的，宜立皮数杆，墙高小于 1.2m 的，应拉通线。

3）砖墙的伸缩缝应与底板伸缩缝对正，缝的间隙尺寸应符合设计要求，并砌筑齐整，缝内挤出的砂浆必须随砌随刮干净。

4）反拱砌筑应遵守下列规定：

①砌砖前按设计要求的弧度制作样板，每隔 10m 放一块；

②根据样板挂线，先砌中心一列砖，找准高程后，再铺砌两侧，灰缝不得凸出砖面，反拱砌完后砂浆强度达到 25％时，方准踩压；

③反拱表面应光滑平顺，高程误差不应大于±10mm。

5）拱环砌筑应遵守下列规定：

①按设计图样制作拱胎，拱胎上的模板应按要求留出伸胀缝，被水浸透后如有凸出部分应刨平，凹下部分应填平，有缝隙应塞严，防止漏浆。

②支搭拱胎必须稳固，高程准确，拆卸简易。

③砌拱前应校对拱胎高程，并检查其稳固性，拱胎应用水充分湿润，冲洗干净后，并在拱胎表面刷脱膜剂。

④根据挂线样板，在拱胎表面上画出砖的行列，拱底灰缝宽度宜为 5～8mm。

⑤砌砖时，自两侧同时向拱顶中心推进，灰缝必须用砂浆填满；注意保证拱心砖的正确及灰缝严密。

⑥砌拱应用退茬法，每块砖退半块留茬，当砌筑间断，接茬再砌时，必须将留茬冲洗干净，并注意砂浆饱满。

⑦不得使用碎砖及半头砖砌拱环，拱环必须当日封顶，环上不得堆置器材。

⑧预留护线管应随砌随安，不得预留孔洞。

⑨砖拱砌筑后，应及时洒水养护，砂浆达到 25％设计强度时，方准在无震动条件下拆除拱胎。

6）方沟和拱沟的质量标准：

①沟的中心线距墙底的宽度，每侧允许偏差±5mm；

②沟底高程允许偏差±10mm；

③墙高度允许偏差±10mm；

④墙面垂直度，每米高允许偏差 5mm，全高 15mm；

⑤墙面平整度（用 2m 靠尺检查）允许偏差，清水墙 5mm；混水墙 8mm；

⑥砌砖砂浆必须饱满；

⑦砖必须浸透（冬期施工除外）。

（2）井室的砌筑。

1）砌筑下水井时，对接入的支管应随砌随安，管口应伸入井内 3cm。预留管宜用低强度等级水泥砂浆砌砖封口抹平。

2）井室内的踏步，应在安装前刷防锈漆，在砌砖时用砂浆埋固，不得事后凿洞补装；砂浆未凝固前不得踩踏。

3）砌圆井时应随时掌握直径尺寸，收口时更应注意。收口每次收进尺寸，四面收口的不应超过 3cm；三面收口的最大可收进 4～5cm。

4）井室砌完后，应及时安装井盖。安装时，砖面应用水冲刷干净，并铺砂浆按设计高程找平。如设计未规定高程时，应符合下列要求：

①在道路面上的井盖面应与路面平齐；

②井室设置在农田内，其井盖面一般可高出附近地面 4～5 层砖。

5）井室砌筑的质量标准：

①方井的长与宽、圆井直径，允许偏差±20mm；

②井室砖墙高度允许偏差±20mm；

③井口高程允许偏差±10mm；

④井底高程允许偏差±10mm。

（3）砖墙勾缝。

1）勾缝前，检查砌体灰缝的搂缝深度，搂缝深度应符合要求，如有瞎缝应凿开，并将墙面上黏结的砂浆、泥土及杂物等清除干净后，洒水湿润墙面。

2）勾缝砂浆塞入灰缝中，应压实拉平，深浅一致，横竖缝交接处应平整。凹缝一般比墙面凹入 3～4mm。

3）勾完一段应及时将墙面清扫干净，灰缝不应有搭茬、毛刺、舌头灰等现象。

3. 浆砌块石和浆砌块石勾缝的施工要求

（1）浆砌块石。

1）浆砌块石应先将石料表面的泥垢和水锈清扫干净，并用水湿润。

2）块石砌体应用铺浆法砌筑。砌筑时，石块宜分层卧砌（大面向下或向上），上下错缝，内外搭砌。必要时，应设置拉结石。不得采用外面侧立石块中间填心的砌筑方法；不得有空缝。

　　3）块石砌体的第一皮及转角处、交叉处和洞口处，应用较大较平整的块石砌筑。在砌筑基础的第一皮块石时，应将大面向下。

　　4）块石砌体的临时间断处，应留阶梯形斜茬。

　　5）砌筑工作中断时，应将已砌好的石层空隙用砂浆填满，以免石块松动。再砌筑时，石层表面应仔细清扫干净，并洒水湿润。

　　6）块石砌体每天砌筑的高度，不宜超过 1.2m。

　　7）浆砌块石的质量标准：

　　①轴线位移允许偏差±10mm；

　　②顶面高程允许偏差，料石±10mm；毛石±15mm；

　　③断面尺寸允许偏差±20mm；

　　④墙面垂直度，每米高允许偏差 10mm，全高 20mm；

　　⑤墙面平整度（用 2m 靠尺检查）允许偏差 20mm；

　　⑥砂浆强度符合设计要求，砂浆饱满。

　　（2）浆砌块石勾缝。

　　1）勾缝前应将墙面黏结的砂浆、泥土及杂物等清扫干净，并洒水湿润墙面。

　　2）块石砌体勾缝的形式及其砂浆强度，应按设计规定；设计无规定时，可勾凸缝或平缝，砂浆强度不得低于 M80。

　　3）勾缝应保持砌筑的自然缝。勾凸缝时，要求灰缝整齐，拐弯圆滑，宽度一致，并压光密实，不出毛刺，不裂不脱。

三、砌井

　　1. 检查井分类

　　检查井分类见表 2-32。

表 2-32　　　　　　　　　　　　　　检查井分类

类别		井室内径/mm	适用管径 D/mm	备注
雨水检查井	圆形	700	$D \leqslant 400$	
		1000	$D=200\sim600$	
		1250	$D=600\sim800$	
		1500	$D=800\sim1000$	
		2000	$D=1000\sim1200$	
		2500	$D=1200\sim1500$	
	矩形	—	$D=800\sim2000$	表中检查井的设计条件为：地下水位在 1m 以下，地震烈度为 9 度以下
污水检查井	圆形	700	$D \leqslant 400$	
		1000	$D=200\sim600$	
		1250	$D=600\sim800$	
		1500	$D=800\sim1000$	
		2000	$D=1000\sim1200$	
		2500	$D=1200\sim1500$	
	矩形		$D=800\sim2000$	

2. 检查井的最大间距

检查井的最大间距见表 2-33。

表 2-33　　　　　　　　检查井的最大间距

管别	管渠或暗渠净高/mm	最大间距/m
污水管道	<500	40
	500～700	50
	800～1500	75
	>1500	100
雨水管渠	<500	50
	500～700	60
合流管渠	800～1500	100
	>1500	120

3. 砌井方法

(1) 砌井前检查。

应检查基础尺寸及高程,是否符合图纸规定。

(2) 砌井施工方法。

1) 用水冲净基础后,先铺一层砂浆,再压砖砌筑,必须做到满铺满挤,砖与砖间灰缝保持 1cm,砂浆拌和均匀,严禁水冲浆。

2) 井身为方形时,采用满丁满条砌法;为圆形时,丁砖砌法;外缝应用砖渣嵌平,平整大面向外。砌完一层后,再灌一次砂浆,使缝隙内砂浆饱满,然后再铺浆砌筑上一层砖,上、下两层砖间竖缝应错开。

3) 砌至井深上部收口时,应按坡度将砖头打成坡茬,以便于井里顺坡抹面。

4) 井内壁砖缝应采用缩口灰,抹面时能抓得牢,井身砌完后,应将表面浮灰残渣扫净。

5) 井壁与混凝土管接触部分,必须坐满砂浆,砖面与管外壁留 1～1.5cm,用砂浆堵严,并在井壁外抹管箍,以防漏水,管外壁抹箍处应提前洗刷干净。

6) 支管或预埋管应按设计高程、位置、坡度随砌井即安好,做法与同 5)。管口与井内壁取齐。预埋管应在还土前用干砖堵抹面,不得漏水。

7) 护底、流槽应与井壁同时砌筑。

8) 井身砌完后,外壁应用砂浆搓缝,使所有外缝严密饱满,然后将灰渣清扫干净。

9) 如井身不能一次砌完,在二次接高时,应将原砖面泥土杂物清除干净,然后用水清洗砖面并浸透。

10) 砌筑方形井时,用靠尺线锤检查平直,圆井用轮杆,铁水平检查直径及水平。如墙面有鼓肚,应拆除重砌,不可砸掉。

11) 井室内有踏步,应在安装前刷防锈漆,在砌砖时用砂浆埋固,不得事后凿洞补装,砂浆未凝固前不得踩踏。

四、抹面与防水

1. 抹面施工要求

(1) 一般操作要求。

1）抹面的基层处理：

①砖砌体表面：

a. 砌体表面黏结的残余砂浆应清除干净；

b. 如已勾缝的砌体应将勾缝的砂浆剔除。

②混凝土表面：

a. 混凝土在模板拆除后，应立即将表面清理干净，并用钢丝刷刷成粗糙面；

b. 混凝土表面如有蜂窝、麻面、孔洞时，应先用凿子打掉松散不牢的石子，将孔洞四周剔成斜坡，用水冲洗干净，然后涂刷水泥浆一层，再用水泥砂浆抹平（深度大于 10mm 时应分层操作），并将表面扫成细纹。

2）抹面前应将混凝土面或砖墙面洒水湿润。

3）构筑物阴阳角均应抹成圆角。一般阴角半径不大于 25mm；阳角半径不大于 10mm。

4）抹面的施工缝应留斜坡阶梯形茬，茬子的层次应清楚，留茬的位置应离开交角处 150mm 以上。接茬时，应先将留茬处均匀地涂刷水泥浆一道，然后按照层次操作顺序层层搭接，接茬应严密。

5）墙面和顶部抹面时，应采取适当措施将落地灰随时拾起使用。

6）抹面在终凝后，应做好养护工作：

①一般在抹面终凝后，白天每隔 4h 洒水一次，保持表面经常湿润，必要时可缩短洒水时间。

②对于潮湿、通风不良的地下构筑物，在抹面表面出现大量冷凝水时，可以不必洒水养护；而对出入口部位有风干现象时，应洒水养护。

③在有阳光照射的地方，应覆盖湿草袋片等浇水养护。

④养护时间，一般两周为宜。

7）抹面质量标准：

①灰浆与基层及各层之间，必须紧密黏结牢固，不得有空鼓及裂纹等现象；

②抹面平整度，用 2m 靠尺量，允许偏差 5mm；

③接茬平整，阴阳角清晰顺直。

（2）水泥砂浆抹面。

1）水泥砂浆抹面，设计无规定时，可用 M15～M20 水泥砂浆。砂浆稠度，砖墙面打底宜用 12cm，其他宜用 7～8cm，地面宜用干硬性砂浆。

2）抹面厚度，设计无规定时，可采用 15mm。

3）在混凝土面上抹水泥砂浆，一般先刷水泥浆一道。

4）水泥砂浆抹面一般分两道抹成。第一道砂浆抹成后，用扛尺刮平，并将表面扫成粗糙面或划出纹道。第二道砂浆应分两遍压实赶光。

5）抹水泥砂浆地面可一次抹成，随抹随用扛尺刮平，压实或拍实后，用木抹搓平，然后用铁抹分两遍压实赶光。

（3）防水抹面。

1）防水抹面（五层做法）的材料配比：

①水泥浆的水灰比：

第一层水泥浆，用于砖墙面者一般采用 0.8～1.0，用于混凝土面者一般采用 0.37～

0.40；第三、五层水泥浆一般采用 0.6。

②水泥砂浆一般采用 M20，水灰比一般采用 0.5。

③根据需要，水泥浆及水泥砂浆均可掺用一定比例的防水剂。

2）砖墙面防水抹面五层做法：

第一层刷水泥浆 1.5～2mm 厚，先将水泥浆甩入砖墙缝内，再用刷子在墙面上，先上下，后左右方向，各刷两遍，应刷密实均匀，表面形成布纹状。

第二层抹水泥砂浆 5～7mm 厚，在第一层水泥浆初干（水泥浆刷完之后，浆表面不显出水光即可），立即抹水泥砂浆，抹时用铁抹子上灰，并用木抹子找面，搓平，厚度均匀，且不得过于用力揉压。

第三层刷水泥浆 1.5～2mm 厚，在第二层水泥砂浆初凝后（不应等得时间过长，以免干皮），即刷水泥浆，刷的次序，先上下，后左右，再上下方向，各刷一遍，应刷密实均匀，表面形成布纹状。

第四层抹水泥砂浆 5～7mm 厚，在第三层水泥浆刚刚干时，立即抹水泥砂浆，用铁抹子上灰，并用木抹子找面，搓平，在凝固过程中用铁抹子轻轻压出水光，不得反复大力揉压，以免空鼓。

第五层刷水泥浆一道，在第四层水泥砂浆初凝前，将水泥浆均匀地涂刷在第四层表面上，随第四层压光。

3）混凝土面防水抹面五层做法：

第一层抹水泥浆 2mm 厚，水泥浆分两次抹成，先抹 1mm 厚，用铁抹子往返刮抹 5～6 遍，刮抹均匀，使水泥浆与基层牢固结合，随即再抹 1mm 厚，找平，在水泥浆初凝前，用排笔蘸水按顺序均匀涂刷一遍；

第二、三、四、五层与上条砖墙面防水抹面操作相同。

（4）冬期施工。

1）冬期抹面素水泥砂浆可掺食盐以降低冰点。掺食盐量可参照表 2-34 的规定，但最大不得超过水重的 8%。

2）抹面应在气温正温度时进行。

3）抹面前宜用热盐水将墙面刷净。

4）外露的抹面应盖草帘养护；有顶盖的内墙抹面，应堵塞风口防寒。

表 2-34　　　　　　　　　　　冬期抹面砂浆掺食盐量

最低温度/℃	0～-3	-4～-6	-7～-8	-8 以下
掺食盐量（按水重%）	2	4	6	8

注　最低温度指一昼夜中最低的大气温度。

2. 沥青卷材防水施工要求

（1）材料。

1）油毡应符合下列外观要求：

①成卷的油毡应卷紧，玻璃布油毡应附硬质卷芯，两端应平整；

②断面应呈黑色或棕黑色，不应有尚未被浸透的原纸浅色夹层或斑点；

③两面涂盖材料均匀密致；

④两面防粘层撒布均匀；

⑤毡面无裂纹、孔眼、破裂、折皱、疙瘩和返油等缺陷，纸胎油毡每卷中允许有 30mm 以下的边缘裂口。

2）麻布或玻璃丝布做沥青卷材防水时，布的质量应符合设计要求。在使用前先用冷底子油浸透，均匀一致，颜色相同。浸后的麻布或玻璃丝布应挂起晾干，不得粘在一起。

3）存放油毡时，一般应直立放在阴凉通风的地方，不得受潮湿，亦不得长期暴晒。

4）铺贴石油沥青卷材，应用石油沥青或石油沥青玛琋脂；铺贴煤沥青卷材，应用煤沥青或煤沥青玛琋脂。

（2）沥青玛琋脂的熬制。

1）石油沥青玛琋脂熬制程序：

①将选定的沥青砸成小块，过秤后，加热熔化；

②如果用两种标号沥青时，则应先将较软的沥青加入锅中熔化脱水后，再分散均匀地加入砸成小块的硬沥青；

③沥青在锅中熔化脱水时，应经常搅拌，防止油料受热不均和锅底局部过热现象，并用铁丝笊篱将沥青中混入的纸片、杂物等捞出；

④当锅中沥青完全熔化至规定温度后，即将干燥的并加热到 105～110℃ 的填充料按规定数量逐渐加入锅中，并应不断地搅拌，混合均匀后，即可使用。

2）煤沥青玛琋脂熬制程序：

①如只用硬煤沥青时，熔化脱水方法与熬制石油沥青玛琋脂相同；

②若与软煤沥青混合使用时，可采用两次配料法，即将软煤沥青与硬煤沥青分别在两个锅中熔化，待脱水完了后，再量取所需用量的熔化沥青，倒入第三个锅中，搅拌均匀；

③掺填充料操作方法与上条石油沥青玛琋脂熬制程序相同。

3）熬制及使用沥青或沥青玛琋脂的温度一般按表 2-35 控制。

表 2-35　　　　　　　　　沥青及沥青玛琋脂熬制和涂抹的温度　　　　　　　　　（单位：℃）

种类	熬制时最高温度		涂抹时最低温度
	常温	冬季	
石油沥青	170～180	180～200	160
煤沥青	140～150	150～160	120
石油沥青玛琋脂	180～200	200～220	160
煤沥青玛琋脂	140～150	150～160	120

4）熬油锅应经常清理锅底，铲除锅底上的结渣。

5）选择熬制沥青锅灶的位置，应注意防火安全。其位置应离建筑物 10m 以外，并应征得现场消防人员的同意。沥青锅应用薄铁板锅盖，同时应准备消防器材。

（3）冷底子油的配制。

1）冷底子油配合比（质量比）一般用沥青 30%～40%，汽油 70%～60%。

2）冷底子油一般应用"冷配"方法配制。先将沥青块表面清刷干净，砸成小碎块，按所需质量放入桶内，再倒入所需质量的汽油浸泡，搅拌溶解均匀，即可使用。如加热配制时，应指定有经验的工人进行操作，并采取必要的安全措施。

3）配制冷底子油，应在距明火和易燃物质远的地方进行，并应准备消防器材，注意防火。

（4）卷材铺贴。

1）地下沥青卷材防水层内贴法如图2-16所示，操作程序如下：

①基础混凝土垫层养护达到允许砌砖强度后，用水泥砂浆砌筑永久性保护墙，上部卷材搭接茬所需长度，可用白灰砂浆砌筑临时性保护墙，或采取其他保护措施，临时性保护墙墙顶高程应低于设计沟墙顶150～200mm为宜。

②在基础垫层面上和永久保护墙面上抹水泥砂浆找平层，在临时保护墙面上抹白灰砂浆找平层，在水泥砂浆找平层上刷冷底子油一道（但临时保护墙的白灰砂浆找平层上不刷），随即铺贴卷材。

③在混凝土底板及沟墙施工完毕，并安装盖板后，拆除临时保护墙，清理及整修沥青卷材搭茬。

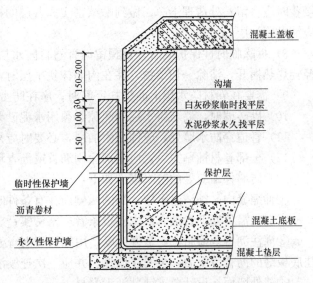

图2-16 地下沥青卷材防水层内贴法

④在沟槽外测及盖板上面抹水泥砂浆找平层，刷冷底子油，铺贴沥青卷材。

⑤砌筑永久保护墙。

2）地下卷材防水层外贴法如图2-17所示，搭接茬留在保护墙底下，施工操作程序如下：

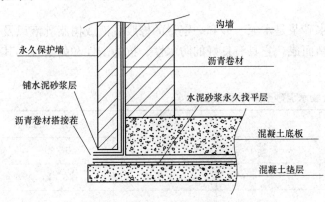

图2-17 地下卷材防水层外贴法

①基础混凝土垫层养护达到允许砌砖强度后，抹水泥砂浆找平层，刷冷底子油，随后铺贴沥青卷材；

②在混凝土底板及沟墙施工完毕，安装盖板后，在沟墙外侧及盖板上面抹水泥砂浆找平层，刷冷底子油，铺贴沥青卷材；

③砌筑永久保护墙。

3）沥青卷材必须铺贴在干燥清洁及平整的表面上。砖墙面，应用不低于50号的水泥砂浆抹找平层，厚度一般10～15mm。找平层应抹平压实，阴阳角一律抹成圆角。

4）潮湿的表面不得涂刷冷底子油，必要时应烤干再涂刷。冷底子油必须刷得薄而均匀，不得有气泡、漏刷等现象。

5）卷材在铺贴前，应将卷材表面清扫干净，并按防水面铺贴的尺寸，先将卷材裁好。

6）铺贴卷材时，应掌握沥青或沥青玛琋脂的温度，浇涂应均匀，卷材应贴紧压实，不得有空鼓、翘起、撕裂或折皱等现象。

7）卷材搭接茬处，长边搭接宽度不应小于 100mm，短边搭接宽度不应小于 150mm。接茬时应将留茬处清理干净，做到贴结密实。各层的搭接缝应互相错开。底板与沟墙相交处应铺贴附加层。

8）拆除临时性保护墙后，对预留沥青卷材防水层搭接茬的处理，可用喷灯将卷材逐层轻轻烤热揭开，清除一切杂物，并在沟墙抹找平层时，采取保护措施，不使损坏。

9）需要在卷材防水层上面绑扎钢筋时，应在防水层上面抹一层水泥砂浆保护。

10）砌砖墙时，墙与防水层的间隙必须用水泥砂浆填严实。

11）管道穿防水墙处，应铺贴附加层，必要时应采取用穿墙法兰压紧，以免漏水。

12）全部卷材铺贴完后，应全部涂刷沥青或沥青玛琋脂一道。

13）砖墙伸缩缝处的防水操作如下：

①伸缩缝内必须清除干净，缝的两侧面在有条件时，应刷冷底子油一道；

②缝内需要塞沥青油麻或木丝板条者应塞密实；

③灌注沥青玛琋脂，应掌握温度，用细长嘴沥青壶徐徐灌入，使缝内空气充分排出，灌注底板缝的沥青冷凝后，再灌注墙缝，并应一次连续灌满灌实；

④缝外墙面按设计要求铺贴沥青卷材。

14）冬期涂刷沥青或沥青玛琋脂，可在无大风的天气进行；当在下雪或挂霜时操作，必须备有防护设备。

15）夏期施工，最高气温宜在 30℃ 以下，并采取措施，防止铺贴好的卷材暴晒起鼓。

16）铺贴沥青卷材质量标准：

①卷材贴紧压实，不得有空鼓、翘起、撕裂或折皱等现象；

②伸缩缝施工应符合设计要求。

3. 聚合物砂浆防水层施工

（1）聚合物防水砂浆。聚合物防水砂浆是水泥、砂和一定量的橡胶乳液或树脂乳液以及稳定剂、消泡剂等助剂经搅拌混合配制而成。它具有良好的防水性、抗冲击性和耐磨性。其配比参见表 2-36。

表 2-36　　　　　　　　　　聚合物水泥砂浆参考配合比

用途	水泥	砂	聚合物	涂层厚度/mm
防水材料	1	2~3	0.3~0.5	5~20
地板材料	1	3	0.3~0.5	10~15
防腐材料	1	2~3	0.4~0.6	10~15
粘结材料	1	0~3	0.2~0.5	—
新旧混凝土接缝材料	1	0~1	0.2以上	
修补裂缝材料	1	0~3	0.2以上	

（2）拌制乳液砂浆。必须加入一定量的稳定剂和适量的消泡剂，稳定剂一般采用表面活性剂。

（3）聚合物防水砂浆类型。

1）有机硅防水砂浆；

2）阳离子氯丁胶乳防水砂浆；

3）丙烯酸酯共聚乳液防水砂浆。

五、收水井安装

1．一般规定

（1）道路收水井是路表水进入雨水支管的构筑物。其作用是排除路面地表水。

（2）收水井井型一般采用单箅式和双箅式及多箅式中型或大型平箅收水井。收水井为砖砌体，所用砖材不得低于 MU10。铸铁收水井井箅。井框必须完整无损，不得翘曲。井身结构尺寸、井箅、井框规格尺寸必须符合设计图纸要求。

（3）收水井口基座外边缘与侧石距离不得大于 5cm，并不得伸进侧石的边线。

2．施工方法

（1）井位放线在顶步灰土（或三合土）完成后，由测量人员按设计图纸放出侧石边线钉好井位桩橛，其井位内侧桩橛沿侧石方向应设 2 个，并要与侧石吻合，防止井子错位，并定出收水井高程。

（2）班组按收水井位置线开槽，井周每边留出 30cm 的余量，控制设计标高。检查槽深槽宽，清平槽底，进行素土夯实。

（3）浇筑厚为 10cm 的 C10 强度等级的水泥混凝土基础底板。若基底土质软，可打一步15cm 厚 8% 石灰土后，再浇混凝土底板，捣实、养护达一定强度后再砌井体。遇有特殊条件带水作业，经设计人员同意后，可码毛砖并灌水泥砂浆，并将面上用砂浆抹平，总厚度13～14cm 以代基础底板。

（4）井墙砌筑：

1）基础底板上铺砂浆一层，然后砌筑井座。缝要挤满砂浆，已砌完的四角高度应在同一个水平面上。

2）收水井砌井前，按墙身位置挂线，先找好四角符合标准图尺寸，并检查边线与侧石边线吻合后再向上砌筑，砌至一定高度时，随砌随将内墙用 1∶2.5 水泥砂浆抹里，要抹两遍，第一遍抹平，第二遍压光，总厚 1.5cm。做到抹面密实光滑平整、不起鼓、不开裂。井外用 1∶4 水泥砂浆搓缝，也应随砌随搓。

3）常温砌墙用砖要洒水，不准用干砖砌筑，砌砖用 1∶4 水泥砂浆。

4）墙身每砌起 30cm 及时用碎砖还槽并灌 1∶4 水泥砂浆，亦可用 C10 水泥混凝土回填，做到回填密实，以免回填不实使井周路面产生局部沉陷。

5）内壁抹面应随砌井随抹面，但最多不准超过三次抹面，接缝处要注意抹好压实。

6）当砌至支管顶时，应将露在井内管头与井壁内口相平，用水泥砂浆将管口与井壁接好。周围抹平抹严。墙身砌至要求标高时，用水泥砂浆卧底安装铸铁井框、井箅，做到井框四角平稳。其收水井标高控制在比路面低 1.5～3.0cm，收水井沿侧石方向每侧接顺长度为2m，垂直道路方向接顺长度为 50cm，便利聚水和泄水。要从路面基层开始就注意接顺，不要只在沥青表面层找齐。

7) 收水井砌完后，应将井内砂浆碎砖等一切杂物清除干净，拆除管堵。

8) 井底用 1：2.5 水泥砂浆抹出坡向雨水管口的泛水坡。

9) 多算式收水井砌筑方法和单算式同。水泥混凝土过梁位置必须要放准确。

六、雨水支管施工

1. 一般规定

(1) 雨水支管是将收水井内的集水流入雨水管道或合流管道检查井内的构筑物。

(2) 雨水支管必须按设计图纸的管径与坡度埋设，管线要顺直，不得有拱背、洼心等现象，接口要严密。

2. 雨水支管施工的施工方法

(1) 挖槽。

1) 测量人员按设计图上的雨水支管位置、管底高程定出中心线桩橛并标记高程。根据开槽宽度，撒开槽灰线，槽底宽一般采用管径外皮之外每边各边宽 3.0cm。

2) 根据道路结构厚度和支管覆土要求，确定在路槽或一步灰土完成后反开槽，开槽原则是能在路槽开槽就不在一步灰土反开槽，以免影响结构层整体强度。

3) 挖至槽底基础表面设计高程后挂中心线，检查宽度和高程是否平顺，修理合格后再按基础宽度与深度要求，立槎挖土直至槽底做成基础土模，清底至合格高程即可打混凝土基础。

(2) 四合一法施工（即基础、铺管、八字混凝土、抹箍同时施工）。

1) 基础：浇筑强度为 C10 级水泥混凝土基础，将混凝土表面作成弧形并进行捣固，混凝土表面要高出弧形槽 1～2cm，靠管口部位应铺适量 1：2 水泥砂浆，以便稳管时挤浆使管口与下一个管口黏结严密，防接口漏水。

2) 铺管。

①在管子外皮一侧挂边线，以控制下管高程顺直度与坡度，要洗刷管子保持湿润。

②将管子稳在混凝土基础表面，轻轻揉动至设计高程，注意保持对口和中心位置的准确。雨水支管必须顺直，不得错口，管子间留缝最大不准超过 1cm，灰浆如挤入管内用弧形刷刮除，如出现基础铺灰过低或揉管时下沉过多，应将管子撬起一头或起出管子，铺垫混凝土及砂浆，且重新揉至设计高程。

③支管接入检查井一端，如果预埋支管位置不准时，按正确位置、高程在检查井上凿好孔洞拆除预埋管，堵密实不合格空洞。支管接入检查井后，支管口应与检查井内壁齐平，不得有探头和缩口现象，用砂浆堵严管周缝隙，并用砂浆将管口与检查井内壁抹严、抹平、压光，检查井外壁与管子周围的衔接处是否用水泥砂浆抹严。

④靠近收水井一端在尚未安装完收水井时，应用干砖暂时将管口塞堵，以免灌进泥土。

3) 八字混凝土：当管子稳好捣固后按要求角度抹出八字。

4) 抹箍：管座八字混凝土灌好后，立即用 1：2 水泥砂浆抹箍。

①抹箍的材料规格，水泥强度等级宜为 32.5 及以上，砂用中砂，含泥量不大于 5%。

②接口工序是保证质量的关键，不能有丝毫马虎。抹箍前先将管口洗刷干净，保持湿润，砂浆应随拌随用。

③抹箍时先用砂浆填管缝压实至略低于管外皮，如砂浆挤入管内用弧形刷随时刷净，然后刷水泥素浆一层宽 8～10cm。再抹管箍压实，并用管箍弧形抹子赶光压实。

④为保证管箍和管基座八字连接一体，在接口管座八字顶部预留小坑，当抹完八字混凝土立即抹箍，管箍灰浆要挤入坑内，使砂浆与管壁黏结牢固，如图 2 - 18 所示。

⑤管箍抹完初凝后，应盖草袋洒水养护，注意勿损坏管箍。

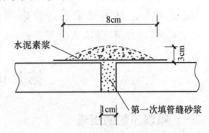

图 2 - 18 水泥砂浆接口

（3）凡支管上覆土不足 40cm，需上大碾碾压者，应做 360°包管加固。在第一天浇筑基础下管，用砂浆填管缝压实略低于管外皮并做好平管箍后，于次日按设计要求打水泥混凝土包管，水泥混凝土必须插捣振实，注意养护期内的养护，完工后支管内要清理干净。

（4）支管沟槽回填。

1）回填应在管座混凝土强度达到 50％以上方可进行。

2）回填应在管子两侧同时进行。

3）雨水支管回填要用 8％灰土预拌回填，管顶 40cm 范围内用人工夯实，压实度要与道路结构层相同。

3．升降检查井施工方法

（1）开槽前用竹竿等物逐个在井位插上明显标记，堆土时要离开检查井 0.6～1.0m 距离，不准推土机正对井筒直推，以免将井筒挤坏。井周土方采取人工挖除，井周填石灰土基层时，要采用火力夯分层夯实。

（2）凡升降检查井取下井圈后，按要求高程升降井筒，如升降量较大，要考虑重新收口，使检查井结构符合设计要求。

（3）井顶高程按测量高程在顺路方向井两侧各 2m，垂直路线方向井每侧各 1m。排十字线稳好井圈、井盖。

（4）检查井升降完毕后，立即将井子内里抹砂浆面，在井内与管头相接部位用 1：2.5 砂浆抹平压光，最后把井内泥土杂物清除干净。

（5）井周除按原路面设计分层夯实外，在基层部位距检查井外墙皮 30cm 范围内，浇筑一圈厚 20～22cm 的 C30 混凝土加固。顶面在路面之下，以便铺筑沥青混凝土面层。在井圈外仍用基层材料回填，注意夯实。

4．雨期、冬期施工要求

（1）雨期施工。

1）雨季挖槽应在槽帮堆叠土埂，严防雨水进入沟槽造成泡槽。

2）如浇筑管基混凝土过程中遇雨，应立即用草袋将浇好的混凝土全部覆盖。

3）雨天不宜进行接口抹箍，如必须作业时，要有必要的防雨措施。

4）砂浆受雨水浸泡，雨停后继续施工时，对未初凝的砂浆可增加水泥，重新拌合使用。

5）沟槽回填前。槽内积水应抽干，淤泥清除干净，方可回填并分层夯实，防止松土淋雨，影响回填质量。

（2）冬期施工。

1）沟槽当天不能挖够高程者，预留松土，一般厚 30cm，并覆盖草袋防冻。

2）挖够高程的沟槽应用草袋覆盖防冻。

3）砌砖可不洒水，遇雪要将雪清除干净，砌砖及抹井室水泥砂浆可掺盐水以降低冰点。

4）抹箍用水泥砂浆应用热水拌和，水温不准超过 60℃。必要时，可把砂子加热，砂温不应超过 40℃。抹箍结束后，立即覆盖草袋保温。

5）沟槽回填不得填入冻块。

第七节　园林喷灌工程

一、喷灌系统的组成

1. 喷头

喷头是灌溉系统中的重要设备，一般有喷头、喷芯、喷嘴、滤网、弹簧和止溢阀等部分组成。它的作用是将压水流破碎成细小的水滴，按照一定的分布规律喷洒在绿地上。

（1）喷头的形式。

喷头是喷泉的一个重要组成部分，其形式有旋转类喷头、漫射类喷头、孔管类喷头等。

1）旋转类喷头。

又称射流式喷头。其管道中的压力水流通过喷头形成一股集中的射流喷射而出，再经自然粉碎形成细小的水滴洒落在地面。在喷洒过程中，喷头绕竖向轴缓缓旋转，使其喷射范围形成一个半径等于其射程的网形或扇形。其喷射水流集中，水滴分布均匀，射程达 30m 以上，喷灌效果比较好，所以得到了广泛的应用。这类喷头中，因其转动机构的构造不一样，又可分为摇臂式、叶轮式、反作用式和手持式等四种形式。还可根据是否装有扇形机构而分为扇形喷灌喷头和全圆周喷灌喷头两种形式。

摇臂式喷头是旋转类喷头中应用最广泛的喷头形式。这种喷头的结构是由导流器、摇臂、摇臂弹簧、摇臂轴等组成的转动机构，和由定位销、拨杆、挡块、扭簧或压簧等构成的扇形机构，以及喷体、空心轴、套轴、垫圈、防砂弹簧、喷管和喷嘴等构件组成的。在转动机构作用下，喷体和空心轴的整体在套轴内转动，从而实现旋转喷水。

2）漫射类喷头。

这种喷头是固定式的，在喷灌过程中所有部件都固定不动，而水流却是呈圆形或扇形向四周分散开。喷灌系统的结构简单，工作可靠，在公园苗圃或一些小块绿地有所应用。其喷头的射程较短，在 5~10m 之间；喷灌强度大，在 15~20mm/h 以上；但喷灌水量不均匀，近处比远处的喷灌强度大得多。

3）孔管类喷头。

喷头实际上是一些水平安装的管子。在水平管子的顶上分布有一些整齐排列的小喷水孔。孔径仅 1~2mm。喷水孔在管子上有排列成单行的，也有排列为两行以上的，可分别叫作单列孔管和多列孔管。

（2）喷头的布置。

喷灌系统喷头的布置形式有矩形、正方形、正三角形和等腰三角形四种。在实际工作中采用什么样的喷头布置形式，主要取决于喷头的性能和拟灌溉的地段情况。表 2 - 37 中所列就主要表示出喷头的不同组合方式与灌溉效果的关系。

表 2 - 37 喷头的布置形式

序号	喷头组合图形	喷洒方式	喷头间距 L、支管 b 与射程 R 的关系	有效控制面积 S	备注
A	正方形	全圆形	$L=b=1.42R$	$S=2R^2$	在风向改变频率的地方效果好
B	正三角形	全圆形	$L=1.73R$ $b=1.5R$	$S=2R^2$	在无风的情况下喷灌的均度最好
C	矩形	扇形	$L=R$ $b=1.73R$	$S=2R^2$	较 A、B 节省管道
D	等腰三角形	扇形	$L=R$ $b=1.87R$	$S=2R^2$	较 A、B 节省管道

注 表所列 R 是喷头的设计射程，应小于喷头的最大射程。根据喷灌系统形式、当地的风速、动力的可靠程度等来确定一个系数，对于移动式喷灌系统一般可采用 0.9；对于固定式系统由于竖管装好后就无法移动，如有空白就无法补救，故可以考虑采用 0.8；对于多风地区可采用 0.7。

2. 管材和管件

管材和管件在绿地喷灌系统中起着纽带的作用，为保证喷灌的水量供给，它将喷头、闸阀、水泵等设备按照特定的方式连接在一起，构成喷灌管网系统。在喷灌行业里，聚氯乙烯（PVC）、聚乙烯（PE）和聚丙烯（PP）等塑料管正在逐渐取代其他材质的管道，成为喷灌系统主要的管材。

（1）聚氯乙烯（PVC）管。

为硬质 PVC 管和软质 PVC 管，公称外径为 20~200mm。绿地喷灌系统主要使用承压能力为 0.63MPa、1.00MPa、1.25MPa 三种规格的硬质 PVC 管。

（2）聚乙烯（PE）管。

管材有高密度聚乙烯（HDPE）和低密度聚乙烯（LDPE）两种。前者性能好但价格昂贵，使用较少；后者力学强度较低但抗冲击性好，适合在较复杂的地形敷设，是绿地喷灌系统中常用的聚乙烯管材。

（3）聚丙烯（PP）管。

PP管耐热性能优良，适用于移动或半移动喷灌系统场合。

3. 控制设备

控制设备构成了绿地喷灌系统的指挥体系，其技术含量和完备程度决定着喷灌系统的自动化程度和技术水平。根据控制设备的功能与作用的不同，可将控制设备分为状态性控制设备、安全性控制设备和指令性控制设备三种。

（1）状态性控制设备。

状态性控制设备指喷灌系统中能够满足设计和使用要求的各类阀门。其作用是控制喷灌管网中水流的方向、速度和压力等状态参数。按照控制方式的不同可将这些阀门分为手控阀、电磁阀与水力阀。

（2）安全性控制设备。

安全性控制设备指各种保证喷灌系统在设计条件下安全运行的各种控制设备，减压阀、调压孔板和自动泄水阀等。

（3）指令性控制设备。

指令性控制设备指在喷灌系统的运行和管理中起指挥作用的各种控制设备，包括各种控制器、遥控器、传感器、气象站和中央控制系统等。指令性控制设备的应用使喷灌系统的运行具有智能化的特征，既可以降低系统的运行和管理费用，又能提高水的利用率。

二、喷灌的技术

1. 喷灌强度

单位时间喷洒在控制面的水深称为喷灌强度。喷灌强度的单位常用"mm/h"。计算喷灌强度应大于平均喷灌强度。这是因为系统喷灌的水不可能没有损失地全部喷洒到地面。喷灌时的蒸发、受风后雨滴的漂移以及作物茎叶的截留都会使实际落到地面的水量减少。

喷灌强度应该小于土壤的入渗（或称渗吸）速度，以避免地面积水或产生径流，造成土壤板结或冲刷。

2. 水滴打击强度

水滴打击强度是指单位受水面积内，水滴对土壤或植物的打击动能。它与喷头喷洒出来的水滴的大小、质量、降落速度和密度（落在单位面积上水滴的数目）有关。水滴打击强度不宜过大，以避免破坏土壤团粒结构造成板结或损害植物。但是，将有压水流充分粉碎与雾化需要更多的能耗，会产生经济上的不合理性。同时，细小的水滴更易受风的影响，使喷灌均匀度降低，漂移和蒸发损失加大。一般常采用水滴直径和雾化指标间接地反映水滴打击强度，为规划设计提供依据。

3. 喷灌均匀度

喷灌均匀度是指在喷灌面积上水量分布的均匀程度。它是衡量喷灌质量好坏的主要指标之一。它与喷头结构、工作压力、喷头组合形式、喷头间距、喷头转速的均匀性、竖管的倾斜度、地面坡度和风速、风向等因素有关。喷灌的水量应均匀地分布在喷洒面，以使植物获得均匀的水量。

三、喷灌的设备选择

1. 设备选择

(1) 喷头。喷头应符合喷灌系统设计要求，灌溉季节风大的地区或树下喷灌的喷灌系统，宜采用低仰角喷头。

(2) 管及管件。管及管件应使其工作压力符合喷灌系统设计工作压力的要求。

(3) 水泵。水泵应满足喷灌系统设计流量和设计水头的要求。水泵应在高效区运行。对于采用多台水泵的恒压喷灌泵站来说，所选各泵的流量扬程曲线，在规定的恒压范围内应能相互搭接。

(4) 喷灌机。喷灌机应根据灌区的地形、土壤、作物等条件进行选择，并满足系统设计要求。

2. 水源工程

喷灌渠道宜作防渗处理。行喷式喷灌系统，其工作渠内水深必须满足水泵吸水要求；定喷式喷灌系统，其工作渠内水深不能满足要求时，应设置工作池。工作地尺寸应满足水泵正常吸水和清淤要求；对于兼起调节水量作用的工作池，其容积应通过水量平衡计算确定。

机行道应根据喷灌机的类型在工作渠旁设置。对于平移式喷灌机，其机行道的路面应平直、无横向坡度；若主机跨渠行进，渠道两旁的机行道，其路面高程应相等。

喷灌系统中的暗渠或暗管在交叉、分支及地形突变处应设置配水井，其尺寸应满足清淤、检修要求，在水泵抽水处应设置工作井，其尺寸应满足清淤、检修及水泵正常吸水要求。

3. 泵站

自河道取水的喷灌泵站，应满足防淤积、防洪水和防冲刷的要求。设置的水泵（及动力机）数宜为 2～4 台。当系统设计流量较小时，可只设置一台水泵（及动力机），但应配备足够数量的易损零件。喷灌泵站不宜设置备用泵（及动力机）。

泵站的前池或进水池内应设置拦污栅，并应具备良好的水流条件。前池水流平面扩散角：对于开敞型前池，应小于 40°；对于分室型前池，各室扩散角应不大于 20°，总扩散角不宜大于 60°。前池底部纵坡不应大于 1/5。进水池容积应按容纳不少于水泵运行 5min 的水量确定。

水泵吸水管直径应不小于水泵口径。当水泵可能处于自灌式充水时，其吸水管道上应设检修阀。水泵的安装高程，应根据减少基础开挖量，防止水泵产生汽蚀，确保机组正常运行的原则，经计算确定。水泵和动力机基础的设计，应按现行《动力机器基础设计规范》（GB 50040—1996）的有关规定执行。

泵房平面布置及设计要求，可按现行《室外给水设计规范》（GB 50013—2006）的有关规定执行。对于半固定管道式或移动管道式喷灌系统，当不设专用仓库时，应在泵房内留出存放移动管道的面积。

出水管的设置，每台水泵宜设置一根，其直径不应小于水泵出口直径。当泵站安装多台水泵且出水管线较长时，出水管宜并联，并联后的根数及直径应合理确定。泵站的出水池，水流应平顺，与输水渠应采用渐变段连接。渐变段长度，应按水流平面收缩角不大于 50°确定。出水池和渐变段应采用混凝土或浆砌石结构，输水渠首应采用砌体加固。出水管口应设在出水池设计水位以下。出水管口或池内宜设置断流设施。

装设柴油机的喷灌泵站，应设置能够储存 10～15d 燃料油的储油设备。喷灌系统的供电设计，可按现行电力建设的有关规范执行。

4. 管网

（1）喷灌管道的布置应符合喷灌工程总体设计的要求，不仅应使管道总长度短，有利于水锤的防护，还要满足各用水单位的需要，管理方便，有利于组织轮灌和迅速分散流量。在垄作田内，应使支管与作物种植方向一致。在丘陵山区，应使支管沿等高线布置。在可能的条件下，支管宜垂直于主风向。管道的纵剖面应力求平顺，减少折点；有起伏时应避免产生负压。

（2）自压喷灌系统的进水口和机压喷灌系统的加压泵吸水管底端，应分别设置拦污栅和滤网。

（3）在各级管道的首端应设进水阀或分水阀，在连接地埋管和地面移动管的出地管上，应设给水栓。当管道过长或压力变化过大时，应在适当位置设置节制阀。在地埋管道的阀门处应建阀门井。

（4）在管道起伏的高处应设排气装置；对自压喷灌系统，在进水阀后的干管上应设通气管，其高度应高出水源水面高程。在管道起伏的低处及管道末端应设泄水装置。

（5）固定管道的末端及变坡、转弯和分叉处宜设镇墩。当温度变化较大时，宜设伸缩装置。固定管道应根据地形、地基、直径、材质等条件来确定其敷设坡度以及对管基的处理。

（6）在管网压力变化较大的部位，应设置测压点。

（7）地埋管道的埋设深度应根据气候条件、地面荷载和机耕要求等确定。

四、喷灌工程施工

1. 一般规定

（1）喷灌工程施工、安装应按已批准的设计进行，修改设计或更换材料设备应经设计部门同意，必要时需经主管部门批准。

（2）工程施工，应符合下列程序和要求：

1）施工放样：施工现场应设置施工测量控制网，并将它保存到施工完毕；应定出建筑物的主轴线或纵横轴线、基坑开挖线与建筑物轮廓线等；应标明建筑物主要部位和基坑开挖的高程。

2）基坑开挖：必须保证基坑边坡稳定。若基坑挖好后不能进行下道工序，应预留 15～30cm 土层不挖，待下道工序开始前再挖至设计标高。

3）基坑排水：应设置明沟或井点排水系统，将基坑积水排走。

4）基础处理：基坑地基承载力小于设计要求时，必须进行基础处理。

5）回填：砌筑完毕，应待砌体砂浆或混凝土凝固达到设计强度后回填；回填土应干湿适宜，分层夯实，与砌体接触密实。

（3）在施工过程中，应做好施工记录。对于隐蔽工程，必须填写隐蔽工程记录，经验收合格后方能进入下道工序施工。全部工程施工完毕后应及时编写竣工报告。

2. 泵站施工

（1）泵站机组的基础施工，应符合下列要求：基础必须浇筑在未经松动的基坑原状土上，当地基土的承载力小于 $0.05\mu Pa$ 时，应进行加固处理；基础的轴线及需要预埋的地脚螺栓或二期混凝土预留孔的位置应正确无误；基础浇筑完毕拆模后，应用水平尺校平，其顶面高程应正确无误。

（2）中心支轴式喷灌机的中心支座采用混凝土基础时，应按设计要求于安装前浇筑好。浇筑混凝土基础时，在平地上，基础顶面应呈水平；在坡地上，基础顶面应与坡面平行。

（3）中心支轴式喷灌机中心支座的基础与水井或水泵的相对位置不得影响喷灌机的拖移。当喷灌机中心支座与水泵相距较近时，水泵出水口与喷灌机中心线应保持一致。

3. 管网施工

（1）管道沟槽开挖，应符合下列要求：

1）应根据施工放样中心线和标明的槽底设计标高进行开挖，不得挖至槽底设计标高以下。如局部超挖则应用相同的土壤填补夯实至接近天然密实度。沟槽底宽应根据管道的直径与材质及施工条件确定。

2）沟槽经过岩石、卵石等容易损坏管道的地方应将槽底至少再挖 15cm，并用砂或细土回填至设计槽底标高。

3）管子接口槽坑应符合设计要求。

（2）沟槽回填应符合下列要求：

1）管及管件安装完毕，应填土定位，经试压合格后尽快回填。

2）回填前应将沟槽内一切杂物清除干净，积水排净。

3）回填必须在管道两侧同时进行，严禁单侧回填，填土应分层夯实。

4）塑料管道应在地面和地下温度接近时回填；管周填土不应有直径大于 2.5cm 的石子及直径大于 5cm 的土块，半软质塑料管道回填时还应将管道充满水，回填土可加水灌筑。

五、设备安装

1. 一般规定

（1）喷灌系统设备安装应具备的下列条件：

1）安装人员已经了解设备性能，熟悉安装要求。

2）安装用的工具、材料已准备齐全，安装用的机具经检查确认安全可靠。

3）与设备安装有关的土建工程已经验收合格。

4）待安装的设备已按设计核对无误，检验合格，内部清理干净，不存杂物。

（2）设备检验应按下列要求进行：

1）按设计要求核对设备数量、规格、材质、型号和连接尺寸，并应进行外观质量检查。

2）对喷头、管及管件进行抽检，抽检数量不少于 3 件，抽检不合格，再取双倍数量的抽查件进行不合格项目的复测。复测结果如仍有一件不合格，则全批作为不合格。

3）检验用的仪器、仪表和量具均应具备计量部门的检验合格证。

4）检验记录应归档。

（3）埋地管道安装应符合下列要求：

1）管道安装不得使用木垫、砖垫或其他垫块，不得安装在冻结的土基上；

2）管道安装宜按从低处向高处，先干管后支管的顺序进行；

3）管道吊运时，不得与沟壁或槽底相碰撞；

4）管道安装时，应排净沟槽积水，管底与管基应紧密接触；

5）脆性管材和塑料管穿越公路或铁路应加套管或筑涵洞保护。

（4）安装带有法兰的阀门和管件时，法兰应保持同轴、平行，保证螺栓自由穿入，不得用强紧螺栓的方法消除歪斜。

（5）管道安装分期进行或因故中断时，应用堵头将敞口封闭。

（6）在设备安装过程中，应随时进行质量检查，不得将杂物遗留在设备内。

2. 机电设备安装

直联机组安装时，水泵与动力机必须同轴，联轴器的端面间隙应符合要求。非直联卧式机组安装时，动力机和水泵轴心线必须平行，皮带轮应在同一平面，且中心距符合设计要求。柴油机的排气管应通向室外，且不宜过长。电动机的外壳应接地，绝缘应符合标准。电气设备应按接线图进行安装，安装后应进行对线检查和试运行。中心支轴式、平移式喷灌机必须按照说明书规定进行安装调试，并自专门技术人员组织实施。

机械设备安装的有关具体质量要求，应符合现行《机械设备安装工程施工及验收通用规范》（GB 50231—2009）的规定。

六、管道与管道附件安装

1. 喷灌管道安装方法

（1）孔洞的预留与套管的安装。

在绿地喷灌及其他设施工程中，地层上安装管道应在钢筋绑扎完毕时进行。工程施工到预留孔部位时，参照模板标高或正在施工的毛石、砖砌体的轴线标高确定孔洞模具的位置，并加以固定。遇到较大的孔洞，模具与多根钢筋相碰时，须经土建技术人员校核，采取技术措施后进行安装固定。临时性模具应便于拆除，永久性模具应进行防腐处理。预留孔洞不能适应工程需要时，要进行机械或人工打孔洞，尺寸一般比管径大两倍左右。钢管套管应在管道安装时及时套入，放入指定位置，调整完毕后固定。铁皮套管在管道安装时套入。

（2）管道穿基础或孔洞、地下室外墙的套管安装。

管道穿基础或孔洞、地下室外墙的套管要预留好，并校验是否符合设计要求。室内装饰的种类确定后，可以进行室内地下管道及室外地下管道的安装。安装前对管材、管件进行质量检查并清除污物，按照各管段排列顺序、长度，将地下管道试安装，然后动工，同时按设计的平面位置与墙面间的距离分出立管接口。

（3）立管的安装。

应在土建主体的基础上完成。沟槽按设计位置和尺寸留好。检验沟槽，然后进行立管安装，栽立管卡，最后封沟槽。

（4）横支管安装。

在立管安装完毕、卫生器具安装就位后可进行横支管安装。

2. 喷灌管架制作安装

（1）放祥：在正式施工或制造之前，制作成所需要的管架模型作为样品。

（2）画线：检查核对材料；在材料上画出切割、刨、钻孔等加工位置；打孔；标出零件编号等。

（3）截料：将材料按设计要求进行切割。钢材截料的方法有氧割、机切、冲模落料和锯切等。

（4）平直：利用矫正机将钢材的弯曲部分调平。

（5）钻孔：将经过面线的材料利用钻机在做有标记的位置制孔。有冲击和旋转两种制孔方式。

（6）拼装：把制备完成的半成品和零件按图纸的规定，装成构件或部件，然后经过焊接或铆接等工序使之成为整体。

（7）焊接：将金属熔融后对接为一个整体构件。

（8）成品矫正：不符合质量要求的成品经过再加工后达到标准，即为成品矫正。一般有冷矫正、热矫正和混合矫正三种。

3. 金属管道安装

（1）一般规定。

1）金属管道安装前应进行外观质量和尺寸偏差检查，并宜进行耐水压试验，其要求应符合《低压流体输送用焊接钢管》（GB/T 3091—2015）、《喷灌用金属薄壁管及管件》（GB/T 24672—2009）等现行标准的规定。

2）镀锌钢管安装应按现行《工业金属管道工程施工规范》（GB 50235—2010）执行。

3）镀锌薄壁钢管、铝管及铝合金管安装，应按安装使用说明书的要求进行。

（2）铸铁管安装。

安装前，应清除承口内部及插口外部的沥青块、飞刺、铸砂和其他杂质；用小锤轻轻敲打管子，检查有无裂缝；如有裂缝，应予更换。

铺设安装时，对口间隙、承插口环形间隙及接口转角，应符合表 2-38 的规定。

表 2-38　　　　　　　　　　对口间隙、承插口环形间隙及接口转角值

名称	对口最小间隙/mm	对口最大间隙/mm		承口标准环形间隙/mm				每个接口允许转角/°
		DN100~DN250	DN300~DN350	DN100~DN200		DN250~DN350		
				标准	允许偏差	标准	允许偏差	
沿直线铺设安装	3	5	6	10	+3 −2	11	+4 −2	—
沿曲线铺设安装	3	7~13	10~14	—	—	—	—	2

注　DN 为管公称内径。

安装后，承插口应填塞，填料可采用膨胀水泥、石棉水泥和油麻等。采用膨胀水泥和石棉水泥时，填塞深度应为接口深度的 1/2~2/3；填塞时应分层捣实，压平，并及时湿养护。采用油麻时，应将麻拧成辫状填入，麻辫中麻段搭接长度应为 0.1~0.15m。麻辫填塞时应仔细打紧。

4. 塑料管道安装

（1）一般规定。

塑料管道安装前应进行外观质量和尺寸偏差的检查，并应符合《建筑排水用硬聚氯乙烯（PVC−U）管材》（GB/T 5836.1—2018）、《喷灌用低密度聚乙烯管材》（QB/T 3803—1999）等现行标准的规定。涂塑软管不应有划伤、破损，不得夹有杂质。

塑料管道安装前宜进行爆破压力试验，并应符合下列规定：

1）试样长度采用管外径的 5 倍，但不应小于 250mm；

2）测量试样的平均外径和最小壁厚。

3）按要求进行装配，并排除管内空气。

4）在 1min 内迅速连续加压至爆破，读取最大压力值。

5）瞬时爆破环向应力按下式计算，其值不得低于表 2-39 的规定。

$$\sigma = P_{max} \cdot \frac{D - e_{min}}{2e_{min}} - K_t(20 - t)$$

式中　σ——塑料管瞬时爆破环向应力，μPa；

　P_{max}——最大表压力，μPa；

　D——管平均外径，m；

　e_{min}——管最小壁厚，m；

　K_t——温度修正系数，$\mu Pa/℃$，硬聚氯乙烯为 0.625，共聚聚丙烯为 0.30，低密度聚乙烯为 0.18；

　t——试验温度，℃，一般为 5～35℃。

表 2-39　　　　　　　　　　塑料管瞬时爆破环向应力 σ 值

名称	硬聚氯乙烯管	聚丙烯管	低密度聚乙烯管
$\sigma/\mu Pa$	45	22	9.6

6）对于涂塑软管，其爆破压力不得低于表 2-40 的规定。

表 2-40　　　　　　　　　　涂塑软管爆破压力值

工作压力/μPa	爆破压力/μPa
0.4	1.3
0.6	1.8

（2）塑料管黏结连接要求。

黏结前：按设计要求，选择合适的胶黏剂；按黏结技术要求，对管或管件进行预加工和预处理；按黏结工艺要求，检查配合间隙，并将接头去污、打毛。

黏结时：管轴线应对准，四周配合间隙应相等；胶黏剂涂抹长度应符合设计规定；胶黏剂涂抹应均匀，间隙应用胶黏剂填满，并有少量挤出。

黏结后：固化前管道不应移位；使用前应进行质量检查。

（3）塑料管翻边连接要求。

连接前：翻边前应将管端锯正、锉平、洗净、擦干；翻边应与管中心线垂直，尺寸应符合设计要求；翻边正反面应平整，并能保证法兰和螺栓或快速接头能自由装卸；翻边根部与管的连接处应熔合完好，无夹渣、穿孔等缺陷；飞边、毛刺应剔除。

连接时：密封圈与管同心；拧紧法兰螺栓时扭力应符合标准，各螺栓受力应均匀。

连接后：法兰应放入接头坑内；管道中心线应平直，管底与沟槽底面应贴合良好。

（4）塑料管套筒连接要求。

连接前：配合间隙应符合设计和安装要求；密封圈应装入套筒的密封槽内，不得有扭曲、偏斜现象。

连接时：管子插入套筒深度应符合设计要求；安装困难时，可用肥皂水或滑石粉作润滑剂；可用紧线器安装，也可隔一木块轻敲打入。

连接后：密封圈不得移位、扭曲、偏斜。

（5）塑料管热熔对接要求。

对接前：热熔对接管子的材质、直径和壁厚应相同；按热熔对接要求对管子进行预加工，清除管端杂质、污物；管端按设计温度加热至充分塑化而不烧焦；加热板应清洁、平整、光滑。

对接时：加热板的抽出及两管合龙应迅速，两管端面应完全对齐；四周挤出的树脂应均匀；冷却时应保持清洁。自然冷却应防止尘埃侵入；水冷却应保持水质清净。

对接后：两管端面应熔接牢固，并按 10％ 进行抽检；若两管对接不齐应切开重新加工对接；完全冷却前管道不应移动。

5. 水泥制品管道安装

（1）一般规定。

水泥制品管道安装前应进行外观质量和尺寸偏差的检查，并应进行耐水压试验，其要求应符合相关规范的规定。

（2）安装时要求。

1）承口应向上；套胶圈前，承插口应刷净，胶圈上不得粘有杂物，套在插口上的胶圈不得扭曲、偏斜；插口应均匀进入承口，回弹就位后，仍应保持对口间隙 10～17mm。

2）在沟槽土壤或地下水对胶圈有腐蚀性的地段，管道覆土前应将接口封闭。

3）水泥制品配用金属管应进行防锈、防腐处理。

6. 螺纹阀门安装方法

（1）螺纹阀门安装。

1）场内搬运：从机器制造厂把机器搬运到施工现场的过程。在搬运中注意人身和设备安全，严格遵守操作规范，防止意外事故发生及机器损坏、缺失。

2）外观检查：外观检查是从外观上观察，看机器设备有无损伤、油漆剥落、裂缝、松动及不固定的地方，并及时更换、检修缺损之处。

（2）螺纹法兰阀门安装。

1）加垫：加垫指在阀门安装时，因为管材和其他方面的原因，在螺纹固定时，需要垫上一定形状或大小的铁或钢垫，这样有利于固定和安装。垫料要按不同情况而定，其形状根据需要而定，确保加垫之后，安装连接处没有缝隙。

2）螺纹法兰：螺纹法兰即螺纹方式连接的法兰。这种法兰与管道不直接焊接在一起，而是以管口翻边为密封接触面，套法兰起紧固作用，多用于铜、铅等有色金属及不锈耐酸管道上。其最大优点是法兰穿螺栓时非常方便；缺点是不能承受较大的压力。也有的是用螺纹与管端连接起来，有高压和低压两种。

（3）焊接法兰阀门安装。

1）螺栓：在拧紧过程中，螺母朝一个方向（一般为顺时针）转动，直到不能再转动为止，有时还需要在螺母与钢材间垫上一垫片，有利于拧紧，防止螺母与钢材磨损及滑丝。

2）阀门安装：阀门是控制水流、调节管道内的水重和水压的重要设备。阀门通常放在分支管处、穿越障碍物和过长的管线上。配水干管上装设阀门的距离一般为 400～1000m，并不应超过 3 条配水支管。阀门一般设在配水支管的下游，以便关阀门时不影响支管的供水。在支管上也设阀门。配水支管上的阀门不应隔断 5 个以上消防栓。阀门的口径一般和水管的直径相同。给水用的阀门包括闸阀和蝶阀。

7. 水表安装及注意事项

(1) 水表的类型。

水表是一种计量建筑或设备用水的仪表。室内给水系统广泛使用的是流速式水表。流速式水表是根据在管径一定时，通过水表的水流速度与流量成正比的原理来测量的。典型的流速式水表有旋翼式水表和螺翼式水表两种。

1) 旋翼式水表。

按计数机件所处的状态又分为干式和湿式两种。干式水表的计数机件和表盘与水隔开，湿式水表的计数机件和表盘浸没在水中，机件较简单，计量较准确，阻力比干式水表小，应用较广泛，但只能用于水中无固体杂质的横管上。湿式旋翼式水表，按材质又分为塑料表与金属表等。

2) 螺翼式水表。

依其转轴方向又分为水平螺翼式和垂直螺翼式两种，前者又分为干式和湿式两类，但后者只有干式一种。

(2) 水表安装时的注意事项。

1) 表外壳上所指示的箭头方向与水流方向一致。

2) 水表前后需装检修门，以便拆换和检修水表时关断水流。

3) 对于不允许断水或设有消防给水系统的，还需在设备旁设水表检查水龙头（带旁通管和不带旁通管的水表）。

4) 水表安装在查看方便、不受暴晒、不致冻结和不受污染的地方。

5) 一般设在室内或室外的专门水表井中，室内水表井及安装在资料上有详细图示说明。

6) 为了保证水表计量准确，螺翼式水表的上游端应有 8～10 倍水表公称直径的直径管段；其他类型水表的前后应有不小于 300mm 的直线管段。

7) 水表直径的选择如下：

对于不均匀的给水系统，以设计流量选定水表的额定流量，来确定水表的直径；用水均匀的给水系统，以设计流量选定水表的额定流量，确定水表的直径；对于生活、生产和消防统一的给水系统，以总设计流量不超过水表的最大流量决定水表的直径。住宅内的单户水表，一般采用公称直径为 15mm 的旋翼式湿式水表。

第八节　园林微灌喷洒工程

一、微灌喷洒工程分类

根据其灌水器出流方式不同分类分为滴灌、微灌和涌泉三种方式，如图 2-19 所示。微灌喷洒供水系统是由水源、枢纽设备、输配管网和灌水器组成，如图 2-20 所示。

二、微灌喷洒工程系统供水方式

微灌喷洒供水系统的水源可取自城市自来水或园林附近的地面水、地下水。

(1) 当水源取自城市自来水时，枢纽设备仅为水泵、贮水池（包括吸水井）及必要的施肥罐等。

(2) 当水源为园林附近的地面水，则根据水质悬浮固体情况除应有贮水池、泵房、水泵、施肥罐外，还应设置过滤设施。

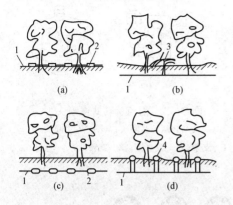

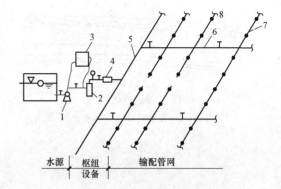

图 2-19 微灌出流方式

（a）滴灌；（b）微喷灌；（c）地下滴灌；（d）涌泉灌

1—分支管；2—滴头；3—微喷头；4—涌泉器

图 2-20 微灌喷洒供水系统示意图

1—水泵；2—过滤装置；3—施肥罐；4—水表；

5—干管；6—支管；7—分支管；8—出流灌水器

三、供水管、出流灌水器布置

1. 供水管布置

微灌喷洒供水系统的输配管网有干管、支管和分支管之分，干、支管可埋于地下，专用于输配水量，而分支管将根据情况或置于地下或置于地上，但出流灌水物宜置于地面上，以避免植物根须堵塞出流孔。

2. 出流灌水器布置

微灌出流灌水器有滴头、微喷头、涌水口和滴灌带等多种类型，其出流可形成滴水、漫射、喷水和涌泉。图 2-21～图 2-25 为几种常见的微灌出流灌水器。

分支管上出流灌水器布置如图 2-26 所示，可布置成单行或双行，也可成环形布置。

微灌喷洒供水系统水力计算内容与固定或喷洒供水系统相同，在布置完成后选出设备和确定管径。

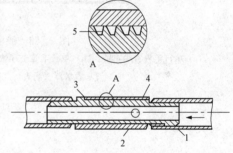

图 2-21 内螺纹管式滴头

1—毛管；2—滴头；3—滴头出水口；

4—滴头进水口；5—螺纹流道槽

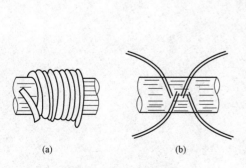

图 2-22 微管灌水器

（a）缠绕式；（b）直线散放式

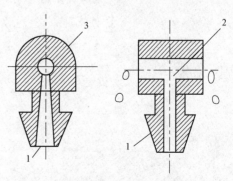

图 2-23 孔口滴头构造示意

1—进口；2—出口；3—横道出水道

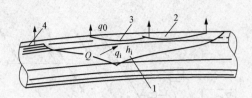

图 2-24　双腔毛管

1—内管腔；2—外管腔；3—出水孔；4—配水孔

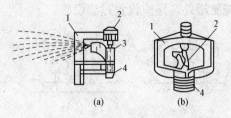

图 2-25　射流旋转式微喷头

（a）LWP 两用微喷头；（b）W_2 型喷头

1—支架；2—散水锥；3—旋转臂；4—接头

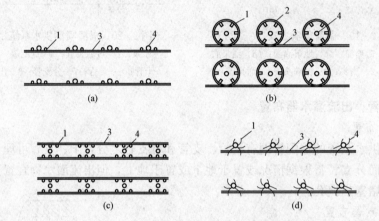

图 2-26　滴灌时毛管与灌水器的布置

（a）单行毛管直线布置；（b）单行毛管带环状布置；（c）双行毛管平行布置；（d）单行毛管带微管布置

1—灌水器（滴头）；2—绕树环状管；3—毛管；4—果树

第三章 园林水景工程

第一节 水景工程的基础知识

一、水景的类型

1. 按水景的形式分类

（1）自然式水景：指利用天然水面略加人工改造，或依地势模仿自然水体"就地凿水"的水景。这类水景有河流、湖泊、池沼、溪泉、瀑布等。

（2）规则式水景：指人工开凿成几何形状的水体，如运河、几何形体的水池、喷泉、壁泉等。

2. 按水景的使用功能分类

（1）观赏的水景：其功能主要是构成园林景色，一般面积较小。如水池，一方面能产生波光倒影，另外又能形成风景的透视线；溪涧、瀑布、喷泉等除观赏水的动态外，还能聆听悦耳的水声。

（2）供开展水上活动的水体：这种水体一般面积较大，水深适当，而且为静止水。其中供游泳的水体，水质一定要清洁，在水底和岸线最好有一层砂土，或人工铺设，岸坡要和缓。当然，这些水体除了满足各种活动的功能要求外，也必须考虑到造型的优美及园林景观的要求。

3. 按水源的状态分类

（1）静态的水景：水面比较平静，能反映波光倒影，给人以明洁、清宁、开朗或幽深的感觉，如湖、池、潭等。

（2）动态的水景：水流是运动着的，如涧溪、跌水、喷泉、瀑布等。它们有的水流湍急，有的涓涓如丝，有的汹涌奔腾，有的变化多端，使人产生欢快清新的感受。

二、水景的作用

1. 美化环境空间

人造水景是建筑空间和环境创作的一个组成部分，主要由各种形态的水流组成。水流的基本形态有镜池、溪流、叠流、瀑布、水幕、喷泉、涌泉、冰塔、水膜、水雾、孔流、珠泉等，若将上述基本形态加以合理组合，又可构成不同姿态的水景。水景配以音乐、灯光形成千姿百态的动态声光立体水流造型，不但能装饰、衬托和加强建筑物、构筑物、艺术雕塑和特定环境的艺术效果和气氛，而且有美化生活环境的作用。

2. 改善小区气候

水景工程可起到类似大海、森林、草原和河湖等净化空气的作用，使景区的空气更加清洁、新鲜、湿润、使游客心情舒畅、精神振奋、消除烦躁，这是由于：

（1）水景工程可增加附近空气的湿度，尤其在炎热干燥的地区，其作用更加明显。

（2）水景工程可增加附近空气中的负离子的浓度，减少悬浮细菌数量，改善空气的卫生条件。

（3）水景工程可大大减少空气中的含尘量，使空气清新洁净。

3. 综合利用资源

进行水景工程的策划时，除充分发挥前述作用外，还应统揽全局、综合考虑、合理布局，尽可能发挥以下作用：

（1）利用各种喷头的喷水降温作用，使水景工程兼作循环冷却池。

（2）利用水池容积较大，水流能起充氧防止水质腐败的作用，使之兼作消防水池或绿化贮水池。

（3）利用水流的充氧作用，使水池兼作养鱼池。

（4）利用水景工程水流的特殊形态和变化，适合儿童好动、好胜、亲水的特点，使水池兼作儿童戏水池。

（5）利用水景工程可以吸引大批游客的特点，为公园、商场、展览馆、游乐场、舞厅、宾馆等招揽顾客进行广告宣传。

（6）水景工程本身也可以成为经营项目，进行各种水景表演。

第二节　驳岸、护坡的分类与施工

一、驳岸的分类与施工

驳岸是一面临水的挡土墙，其岸壁多为直墙，有明显的墙身。

1. 驳岸分类

（1）根据压顶材料的形态特征及应用方式分类。

1）规则式驳岸。岸线平直或呈几何线形，用整形的砖、石料或混凝土块压顶。

2）自然式驳岸。岸线曲折多变，压顶常用自然山石材料或仿生形式，如假山石驳岸、仿树桩驳岸等。

3）混合式驳岸。水体的驳岸方式根据周围环境特征和其他要求分段采用规则式和自然式，就整个水体而言则为混合式驳岸。某些大型水体，周围环境情况多变，如地形的平坦或起伏、建筑布局或风格的变化、空间性质的变化等，因此，不同地段可因地制宜选择相适宜的驳岸形式。

（2）根据结构形式分类。

驳岸根据结构形式分类有重力式驳岸、后倾式驳岸、插板式驳岸、板桩式驳岸、混合式驳岸。常见驳岸如图 3-1 所示。

1）重力式驳岸。主要依靠墙身自重来保证岸壁的稳定，抵抗墙背土体的压力，如图 3-1（a）所示。墙身的主材多用混凝土、块石或砖等。

2）后倾式驳岸。是重力式驳岸的特殊形式，墙身后倾，受力合理，工程量小，经济节省，如图 3-1（b）所示。

3）插板式驳岸。由钢筋混凝土制成的支墩和插板组成，如图 3-1（c）所示。其特点是体积小、施工快、造价低。

4）板桩式驳岸。由板桩垂直打入土中，板边由企口嵌组而成。分自由式和锚着式两种，如图 3-1（d）所示。对于自由式，桩的入土深度一般取水深的 2 倍，锚着式可浅一些。这种形式的驳岸施工时无需排水、挖基槽，工序简单，因此适用于现有水体岸壁的加固处理。

5）混合式驳岸。由两部分组成，下部采用重力式块石小驳岸和板桩，上部采用块石护坡等，如图 3-1（e）所示。

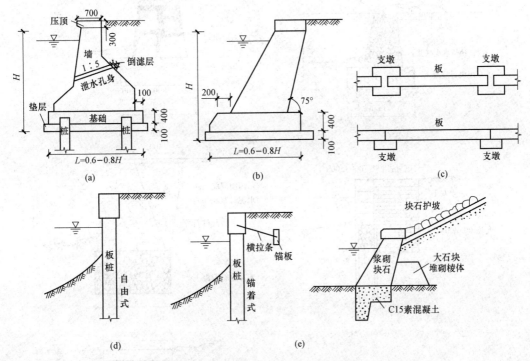

图 3-1　常见驳岸（按结构形式分类）（单位：mm）

（a）重力式驳岸；（b）后倾式驳岸；（c）插板式驳岸；（d）板桩式驳岸；（e）混合式驳岸

若湖底有淤泥层或流砂层，为控制沉陷和防止不均匀沉陷，常采用桩基对驳岸基础进行加固。桩基的材料可以是混凝土、灰土或木材（柏木或杉木）等。

（3）根据驳岸的墙身主材和压顶材料分类。

1）假山石驳岸。墙身常用毛石、砖或混凝土砌筑，一般隐于常水位以下，岸顶布置自然山石，是最具园林特点的驳岸类型，如图 3-2（a）所示。

2）卵石驳岸。常水位以上用大卵石堆砌或将较小的卵石贴于混凝土上，风格朴素自然，如图 3-2（b）所示。

3）条石驳岸。岸墙以及压顶用整形花岗岩条石砌筑，坚固耐用、整洁大方，但造价较高，如图 3-2（c）所示。

4）虎皮墙驳岸。墙身用毛石砌成虎皮墙形式，砂浆缝宽 20～30mm，可用凸缝、平缝或凹缝，压顶多用整形块料，如图 3-2（d）所示。

5）竹桩驳岸。南方地区冬季气温较高，没有冻胀破坏，加上盛产毛竹，因此可用毛竹建造驳岸。竹桩驳岸由竹桩和竹片笆组成，竹桩间距一般为 600mm，竹片笆纵向搭接长度不少于 300mm 且位于竹桩处，如图 3-2（e）所示。

6）混凝土仿树桩驳岸。常水位以上用混凝土塑成仿松皮木桩等形式，别致而富韵味，观赏效果好，如图 3-2（f）所示。

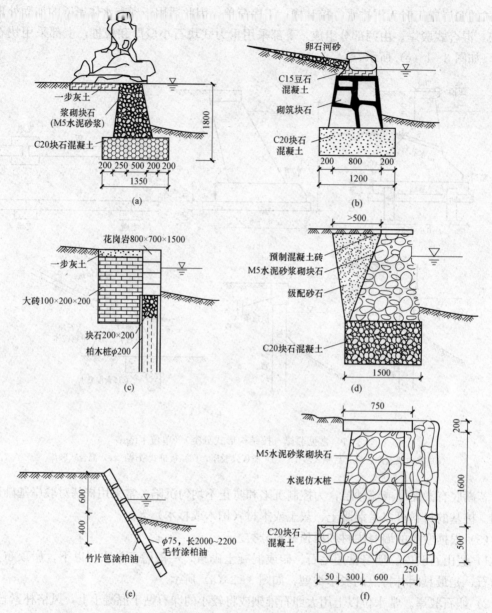

图 3-2　常见驳岸（根据驳岸的墙身主材和压顶材料分类）（单位：mm）

（a）假山石驳岸；（b）卵石驳岸；（c）条石驳岸；（d）虎皮墙驳岸；（e）竹桩驳岸；（f）混凝土仿树桩驳岸

　　除竹桩驳岸外，大多数驳岸的墙身通常采用浆砌块石。对于这类砖、石驳岸，为了适应气温变化造成的热胀冷缩，其结构上应当设置伸缩缝。一般每隔 25～30mm 设置一道，缝宽 20～30mm，可用木板条、沥青、石棉绳、橡胶、止水带或塑料等防水材料填充。

　　2. 驳岸施工

　　（1）驳岸施工注意事项。

　　1）遵守砌体工程的操作规程与施工验收规范。采用灰土基础以在干旱季节为宜，否则会影响灰土的固结。

　　2）岸坡应设伸缩缝（可兼做沉降缝），伸缩缝应做好防水处理。

3）驳岸的背水面为排除地面渗水或地面水在岸墙后的滞留，应设置泄水孔，泄水孔可等距分布，平均水平方向 3～5m、垂直方向 1～2m 处设置一处，在孔后设倒滤层，防止阻塞。也可于墙后填置级配砂石排除积水。

（2）驳岸的做法。

1）砌石类驳岸。

砌石驳岸的常见构造由基础、墙身和压顶三部分组成。基础是驳岸承重部分，通过它将上部重力传给地基。因此，驳岸基础要求坚固，埋入湖底深度 h 不得小于 50cm，基础宽度 B 则视土壤情况而定，砂砾土为（0.35～0.4）h，砂壤土为 0.45h，湿砂土为（0.5～0.6）h。饱和水壤土为 0.75h。墙身处于基础与压顶之间，承受压力最大，包括垂直压力、水的水平压力及墙后土壤侧压力。因此，墙身应具有一定的厚度，墙体高度要以最高水位和水面浪高来确定，岸顶应以贴近水面为好，便于游人亲近水面，并显得蓄水丰盈饱满。压顶为驳岸最上部分宽度 30～50cm，用混凝土或大块石做成。其作用是增强驳岸稳定，美化水岸线阻止墙后土壤流失。图 3-3 是重力式驳岸结构尺寸图，与表 3-1 配合使用。整形式块石驳岸迎水面常采用 1∶10 边坡。

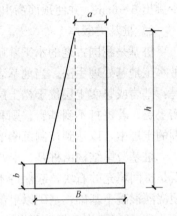

图 3-3 重力式驳岸结构尺寸

表 3-1		常见块石驳岸选用表	（单位：cm）
墙高 h	顶宽 a	墙基宽 B	墙基高 b
100	30	40	30
200	50	80	30
250	60	100	50
300	60	120	50
350	60	140	70
400	60	160	70
500	60	200	70

如果水体水位变化较大，即雨季水位很高，平时水位很低，为了岸线景观起见，则可将岸壁迎水面做成台阶状，以适应水位的升降。

驳岸施工前应进行现场调查，了解岸线地质及有关情况，作为施工时的参考。

施工程序如下：

①放线。布点放线应依据设计图上的常水位线，确定驳岸的平面位置，并在基础两侧各加宽 20cm 放线。

②挖槽。一般由人工开挖，工程量较大时采用机械开挖。为了保证施工安全，对需要放坡的地段，应根据规定进行放坡。

③夯实地基。开槽后应将地基夯实。遇土层软弱时需进行加固处理。

④浇筑基础。一般为块石混凝土，浇筑时应将块石分隔，不得互相靠紧，也不得置于边缘。

⑤砌筑岸墙。浆砌块石岸墙的墙面应平整、美观；砌筑砂浆饱满，勾缝严密。每隔25～30m做伸缩缝，缝宽3cm，可用板条、沥青、石棉绳、橡胶、止水带或塑料等防水材料填充。填充时应略低于砌石墙面，缝用水泥砂浆勾满。如果驳岸有高差变化，则应做沉降缝，确保驳岸稳固。驳岸墙体应于水平方向2～4m，竖直方向1～2m处预留泄水孔，口径为120mm×120mm，便于排除墙后积水，保护墙体。也可于墙后设置暗沟，填置砂石排除积水。

⑥砌筑压顶。可采用预制混凝土板块压顶，也可采用大块方整石压顶。顶石应向水中至少挑出5～6cm，并使顶面高出最高水位50cm为宜。

2）桩基类驳岸。

桩基是我国古老的水工基础做法，在水利建设中得到广泛应用，直至现在仍是常用的一种水工地基处理手法。当地基表面为松土层且下层为坚实土层或基岩时最宜用桩基。其特点是：基岩或坚实土层位于松土层下，桩尖打下去，通过桩尖将上部荷载传给下面的基岩或坚实土层；若桩打不到基岩，则利用摩擦桩，借摩擦桩侧表面与泥土间的摩擦力将荷载传到周围的土层中，以达到控制沉陷的目的。

桩基驳岸结构由桩基、卡挡石、盖桩石、混凝土基础、墙身和压顶等几部分组成。卡挡石是桩间填充的石块，起保持木桩稳定作用。盖桩石为桩顶浆砌的条石，作用是找平桩顶以便浇灌混凝土基础。基础以上部分与砌石类驳岸相同。

3）竹篱驳岸、板墙驳岸。

竹桩、板桩驳岸是另一种类型的桩基驳岸。驳岸打桩后，基础上部临水面墙身由竹篱（片）或板片镶嵌而成，适于临时性驳岸。竹篱驳岸造价低廉、取材容易，施工简单，工期短，能使用一定年限，凡盛产竹子，如毛竹、大头竹、勤竹、撑篱竹的地方都可采用。施工时，竹桩、竹篱要涂上一层柏油，目的是防腐。竹桩顶端由竹节处截断以防雨水积聚，竹片镶嵌直顺紧密牢固。

由于竹篱缝很难做得密实，这种驳岸不耐风浪冲击、淘刷和游船撞击，岸土很容易被风浪淘刷，造成岸篱分开，最终失去护岸功能。因此，此类驳岸适用于风浪小，岸壁要求不高，土壤较黏的临时性护岸地段。

二、护坡的分类与施工

1. 护坡分类

（1）铺石护坡。

当坡岸较陡，风浪较大或因造景需要时，可采用铺石护坡。铺石护坡由于施工容易，抗冲刷力强，经久耐用，护岸效果好，还能因地造景，灵活随意，是园林常见的护坡形式。

护坡石料要求吸水率低（不超过1%）、密度大（大于2t/m³）和较强的抗冻性，如石灰岩、砂岩、花岗石等岩石，以块径18～25cm，长宽比1∶2的长方形石料最佳。

铺石护坡的坡面应根据水位和土壤状况确定，一般常水位以下部分坡面的坡度小于1∶4，常水位以上部分采用1∶1.5～1∶5。

（2）灌木护坡。

灌木护坡较适于大水面平缓的坡岸。由于灌木有韧性，根系盘结，不怕水淹，能削弱风浪冲击力，减少地表冲刷，因而护岸效果较好。护坡灌木要具备速生、根系发达、耐水湿、株矮常绿等特点，可选择沼生植物护坡。施工时可直接播种，可植苗，但要求较大的种植密度。若因景观需要，强化天际线变化，可适量植草和乔木。

（3）草皮护坡。

草皮护坡适于坡度在 1∶5～1∶20 之间的湖岸缓坡。护坡草种要求耐水湿，根系发达，生长快，生存力强，如假俭草、狗牙根等。护坡做法按坡面具体条件而定，如果原坡面有杂草生长，可直接利用杂草护坡，但要求美观。也有直接在坡面上播草种，加盖塑料薄膜，先在正方砖、六角砖上种草，然后用竹签四角固定作护坡。最为常见的是块状或带状种草护坡，铺草时沿坡面自下而上成网状铺草，用木方条分隔固定，稍加压踩。若要增加景观层次，丰富地貌，加强透视感，可在草地散置山石，配以花灌木。

2. 护坡施工

（1）铺石护坡施工。

1）放线挖槽。

按设计放出护坡的上、下边线。若岸坡地面坡度和标高不符合设计要求，则需开挖基槽，经平整后夯实。如果水体土方施工时已整理出设计的坡面，则平整夯实即可。

2）砌坡脚石、铺倒滤层。

先砌坡脚石，其基础可用混凝土或碎石。大石块（或预制混凝土块）坡脚用 M5～M7.5 水泥砂浆砌筑。混凝土也可现浇。无论哪种方式的坡脚，应保证其顶面的标高。铺倒滤层时，要注意摊铺厚度，一般下厚上薄，如从 20cm 逐渐过渡 10cm 等。

3）铺砌块石。

由于坡面上施工，倒滤层碎料容易滑移而造成厚薄不均，因此，施工前应拉绳网控制，以便随时矫正。从坡脚处起，由下而上铺砌块石。块石要呈品字形排列，保持与坡面平行，彼此贴紧。用铁锤随时打掉过于突出的棱角，并挤压上面的碎石使之密实地压入土内。石块间用碎石填满、垫平，不得有虚角。

4）勾缝。

一般而言，块石干砌较为自然，石缝内还可长草。为更好地防止冲刷，提高护坡的稳定性等，也可用 M7.5 水泥砂浆进行勾缝（凸缝或凹缝）。

（2）草皮护坡及灌木护坡施工。

用草皮护坡需注意坡面临水处的处理，有的做成水面直接与草皮坡面接触，有的则要在临水处先埋设大块石或大卵石，再沿坡植草。草皮护坡做法视坡面具体条件而定，具体做法有：

1）直接在坡面上播草种，并加盖塑料薄膜。

2）先在预制好的混凝土种植砖上种草，然后将草砖用竹签固定四角于坡面上。

3）直接在坡面上铺块状或带状植草皮，施工时沿坡面自下而上成网状铺草，并用木条或预制混凝土条分隔固定，稍加踩压。

灌木护坡施工时，可直播或植苗，但要求种植密度较大。为强化层次变化，丰富景观效果，可适量添加种植草或乔木。

第三节　湖、池施工

一、人工湖施工

1. 确定土方量

认真分析设计图纸，并按设计图纸确定土方量。一般地讲，可以按其几何形体来计算，这比较简单。对于自然形体的湖，可以近似地作为台体来计算。其方法是：

$$V = \frac{1}{3}h\sqrt{S + \sqrt{SS'} + S'}$$

式中　　V——土方量；

　　　　h——湖池的深；

　　S、S'——上下底的面积。

湖的蓄水用上面公式同样可以求得，只需将湖池的水深代入 h 值，水面的面积代入 S 值即可。

2. 定点放线

详细勘查现场，按设计线形定点放线。放线可用石灰、黄砂等材料。打桩时，沿湖池外缘15～30cm打一圈木桩，第一根桩为基准桩，其他桩皆以此为准。基准桩即湖体的池缘高度。桩打好后，注意保护好标志桩、基准桩，并预先准备好开挖方向及土方堆积方法。

3. 考察基址渗漏状况

好的湖底全年水量损失占水体体积 5%～10%；一般湖底 10%～20%；较差的湖底 20%～40%。以此制订施工方法及工程措施。

4. 湖体施工时排水

如果水位过高，施工时可用多台水泵排水，也可通过梯级排水沟排水。由于水位过高会使湖底受地下水的挤压而被抬高，因此必须特别注意地下水的排放。同时要注意开挖岸线的稳定，必要时用块石或竹木支撑保护，最好做到护坡或驳岸的同步施工。通常对于基址条件较好的湖底不做特殊处理，适当夯实即可，但渗漏性较严重的必须采取工程手段。

5. 湖底做法按设计图纸确定土方量

按设计线形定点放线。考察基址渗漏状况。好的湖底全年水量损失占水体体积 5%～10%；一般湖底 10%～20%；较差的湖底 20%～40%，以此制定施工方法及工程措施。

湖底做法应因地制宜。大面积湖底适宜于灰土做法，较小的湖底可以用混凝土做法，用塑料薄膜铺适合湖底渗漏中等的情况。常见的湖底做法，如图 3-4 所示。

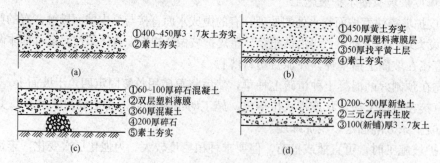

图 3-4　常见的简易湖底做法

（a）灰土层湖底做法；（b）塑料薄膜湖底做法；（c）塑料薄膜防水层小湖底做法；（d）旧水池重新翻底做法

6. 人工湖湖底渗漏处理

由于部分湖的土层渗透性极小，基本不漏水，因此无须进行特别的湖底处理，适当夯实即可。部分基址地下水位较高的人工湖湖体施工时，必须特别注意地下水的排放以防止湖底受地下水挤压而被抬高。施工时，一般用 15cm 厚的碎石层铺设整个湖底，其上再铺 5～

7cm 厚砂子。如果这种方法还无法解决，则必须在湖底开挖环状排水沟，并在排水沟底部铺设带孔 PVC 管，四周用碎石填塞。

二、刚性材料水池做法

刚性材料水池做法如图 3-5～图 3-7 所示。

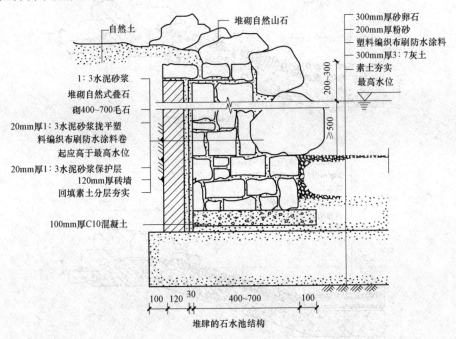

图 3-5　水池做法（1）

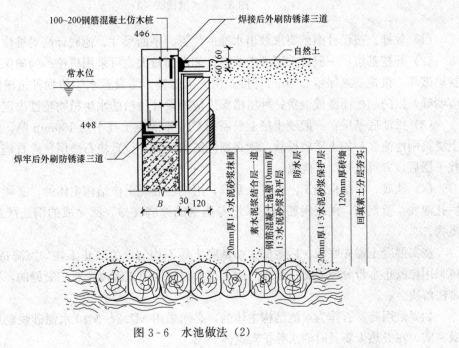

图 3-6　水池做法（2）

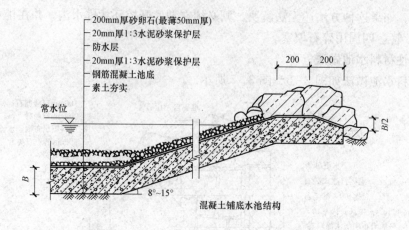

混凝土铺底水池结构

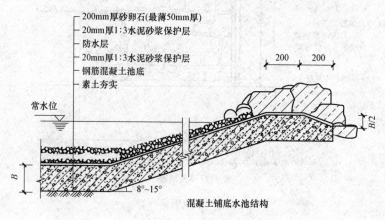

混凝土铺底水池结构

图 3-7　水池做法（3）

（1）放样：按设计图纸要求放出水池的位置、平面尺寸、池底标高对桩位。

（2）开挖基坑：一般可采用人工开挖，如水面较大也可采用机挖；为确保池底基土不受扰动破坏，机挖必须保留 200mm 厚度，由人工修整。需设置水生植物种植槽的，在放样时应明确，以防超挖而造成浪费；种植槽深度应视设计种植的水生植物特性决定。

（3）做池底基层：一般硬土层上只需用 C10 素混凝土找平约 100mm 厚，然后在找平层上浇捣刚性池底；如土质较松软，则必须经结构计算并设置块石垫层、碎石垫层、素混凝土找平层后，方可进行池底浇捣。

（4）池底、壁结构施工：按设计要求，用钢筋混凝土作结构主体的，必须先支模板，然后扎池底、壁钢筋；两层钢筋间需采用专用钢筋撑脚支撑，已完成的钢筋严禁踩踏或堆压重物。

浇捣混凝土需先底板、后池壁；如基底土质不均匀，为防止不均匀沉降造成水池开裂，可采用橡胶止水带分段浇捣；如水池面积过大，可能造成混凝土收缩裂缝的，则可采用后浇带法解决。

如要采用砖、石作为水池结构主体的，必须采用 M7.5～M10 水泥砂浆砌筑底，灌浆饱满密实，在炎热天要及时洒水养护砌筑体。

（5）水池粉刷：为保证水池防水可靠，在进行装饰前，首先应做好蓄水试验，在灌满水

24h 后未有明显水位下降后，即可对池底、壁结构层采用防水砂浆粉刷，粉刷前要将池水放干清洗，不得有积水、污渍，粉刷层应密实牢固，不得出现空鼓现象。

三、柔性材料水池做法

柔性材料水池的结构，如图 3 - 8 ～图 3 - 10 所示。

（1）放样、开挖基坑要求与刚性水池相同。

（2）池底基层施工：在地基土条件极差（如淤泥层很深，难以全部清除）的条件下，才有必要考虑采用刚性水池基层的做法。

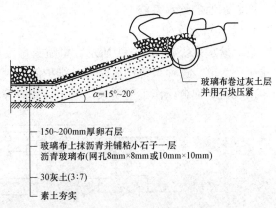

图 3 - 8　玻璃布沥青防水层水池结构

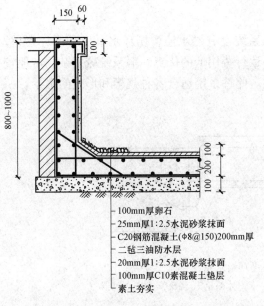

图 3 - 9　油毡防水层水池结构
（单位：mm）

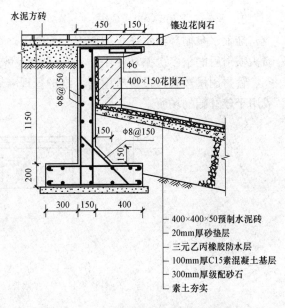

图 3 - 10　三元乙丙橡胶防水层水池结构
（单位：mm）

不做刚性基层时，可将原土夯实整平，然后在原土上回填 300～500mm 的黏性黄土压实，即可在其上铺设柔性防水材料。

（3）水池柔性材料的铺设：铺设时应从最低标高开始向高标高位置铺设；在基层面应先按照卷材宽度及搭接长度要求弹线，然后逐幅分割铺贴，搭接也要用专用胶黏剂满涂后压紧，防止出现毛细缝。卷材底空气必须排出，最后在每个搭接边再用专用自粘式封口条封闭。一般搭接边长边不得小于 80mm，短边不得小于 150mm。

如采用膨润土复合防水垫，铺设方法和一般卷材类似，但卷材搭接处需满足搭接 200mm 以上，且搭接处按 0.4kg/m 铺设膨润土粉压边，防止渗漏产生。

（4）柔性水池完成后，为保护卷材不受冲刷破坏，一般需在面上铺压卵石或粗砂作保护。

四、水池的给水系统

1. 直流给水系统

直流给水系统如图 3-11 所示，将喷头直接与给水管网连接，水被喷头喷射一次后即将水排至下水道。这种系统构造简单、维护简单，且造价低，但耗水量较大。直流给水系统常与假山、盆景配合，作小型喷泉、瀑布、孔流等，适合在小型庭院、大厅内设置。

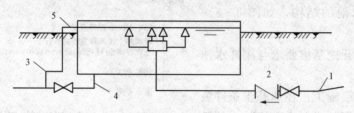

图 3-11　直流给水系统

1—给水管；2—止回隔断阀；3—排水管；4—泄水管；5—溢流管

2. 陆上水泵循环给水系统

陆上水泵循环给水系统如图 3-12 所示，该系统设有贮水池、循环水泵房和循环管道，喷头喷射后的水多次循环使用，具有耗水量少、运行费用低的优点。但系统较复杂，占地较多，管材用量较大，投资费用高，维护管理麻烦。此种系统适合各种规模和形式的水景，一般用于较开阔的场所。

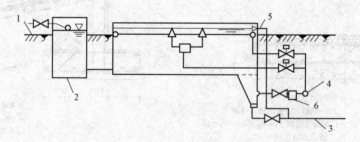

图 3-12　陆上水泵循环给水系统

1—给水管；2—补给水井；3—排水管；4—循环水泵；5—溢流管；6—过滤器

3. 潜水泵循环给水系统

潜水泵循环给水系统如图 3-13 所示，该系统设有贮水池，将成组喷头和潜水泵直接放在水池内作循环使用。这种系统具有占地少，投资低，维护管理简单，耗水量少的优点，但是水姿花形控制调节较困难。潜水泵循环给水系统适用于各种形式的中型或小型喷泉、水塔、涌泉、水膜等。

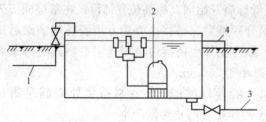

图 3-13　潜水泵循环给水系统

1—给水管；2—潜水泵；3—排水管；4—溢流管

4. 盘式水景循环给水系统

盘式水景循环给水系统如图 3-14 所示，该系统设有集水盘、集水井和水泵房。盘内铺砌踏石构成甬路。喷头设在石隙间，适当隐蔽。人们可在喷泉间穿行，满足人们的亲水感，增添欢乐气氛。该系统不设贮水池，给水均循环利用，耗水量少，运行费用低，但存在循环水易被污染、维护管理较麻烦的缺点。

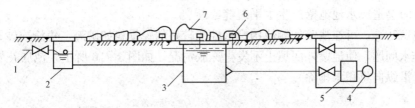

图 3-14　盘式水景循环给水系统
1—给水管；2—补给水井；3—集水井；4—循环泵；5—过滤器；6—喷头；7—踏石

上述几种系统的配水管道宜以环状形式布置在水池内，小型水池可埋入池底，大型水池可设专用管廊。一般水池的水深采用 0.4～0.5m，超高为 0.25～0.3m，水池充水时间按 24～48h 考虑。配水管的水头损失一般为 5～10mmH$_2$O/m 为宜（1mmH$_2$O＝9.806 65Pa），配水管道接头应严密平滑，转弯处应采用大转弯半径的光滑弯头。每个喷头前应有不小于 20 倍管径的直线管段；每组喷头应有调节装置，以调节射流的高度或形状。循环水泵应靠近水池，以减少管道的长度。

为维持水池水位和进行表面排污，保持水面清洁，水池应有溢流口。常用的溢流形式有堰口式、漏斗式、管口式和联通管式等，如图 3-15 所示。大型水池宜设多个溢流口，均匀布置在水池中间或周边。溢流口的设置不能影响美观，并要便于清除积污和疏通管道，为防止漂浮物堵塞管道，溢流口要设置格栅，格栅间隙应不大于管径的 1/4。

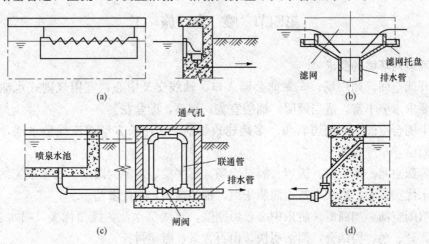

图 3-15　水池各种溢流口
(a) 堰口式；(b) 漏斗式；(c) 联通管式；(d) 管口式

为便于清洗、检修和防止水池停用时水质腐败或池水结冰，影响水池结构，池底应有 1‰的坡度，坡向朝着泄水口。若采用重力泄水有困难时，在设置循环水泵的系统中，也可利用循环水泵泄水，并在水泵吸水口上设置格栅，以防水泵装置和吸水管堵塞，一般栅条间隙不大于管道直径的 1/4。

五、室外水池防冻

1. 小型水池

一般是将池水排空，这样池壁受力状态是：池壁顶部为自由端，池壁底部铰接（如砖墙池壁）或固接（如钢筋混凝土池壁）。空水池壁外侧受土层冻胀影响，池壁承受较大的冻胀推力，严重时会造成水池池壁产生水平裂缝或断裂。

冬季池壁防冻，可在池壁外侧使用排水性能较好的轻骨料如矿渣、焦渣或砂石等，并应解决地面排水问题，使池壁外回填土不发生冻胀情况，如图 3-16 所示，池底花管可解决池壁外积水（沿纵向将积水排除）。

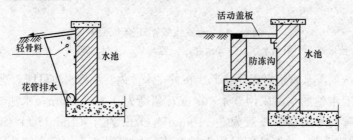

图 3-16　池壁防冻措施

2. 大型水池

为了防止冻胀推裂池壁，可采取冬季池水不撤空，池中水面与池外地坪持平，使池水对池壁的压力与冻胀推力相抵消。因此，为了防止池面结冰，胀裂池壁，在寒冬季节，应将池边冰层破开，使池子四周为不结冰的水面。

第四节　喷　泉　施　工

一、喷泉对环境的要求

（1）开朗空间。如广场、车站前公园入口、轴线交叉中心，宜用规则式水池，水池宜人，喷水要求水姿丰富，适当照明，铺装宜宽、规整，配盆花。

（2）半围合空间。如街道转角、多幢建筑物前，多用长方形或流线型水池，喷水柱宜细，组合简洁，草坪烘托。

（3）特殊空间。如旅馆、饭店、展览会场、写字楼，水池为圆形、长形或流线型，水量宜大，喷水优美多彩，层次丰富，照明华丽，铺装精巧，常配雕塑。

（4）喧闹空间。如商厦、游乐中心、影剧院，流线型水池，线型优美，喷水多姿多彩，水形丰富，音、色、姿结合，简洁明快，山石背景，雕塑衬托。

（5）幽静空间。如花园小水面、古典园林中、浪漫茶座，自然式水池，山石点缀，铺装细巧，喷水朴素，充分利用水声，强调意境。

（6）庭院空间。如建筑中、后庭，装饰性水池，圆形、半月形、流线型，喷水自由，可与雕塑、花台结合，池内养观赏鱼，水姿简洁，山石树花相间。

二、喷泉管道布置

1. 小型、大型喷泉管道布置

喷泉管道要根据实际情况布置。装饰性小型喷泉，其管道可直接埋入土中，或用山石、矮灌木遮盖。大型喷泉，分主管和次管，主管要敷设在可通行人的地沟中，为了便于维修应设检查井；次管直接置于水池内。管网布置应排列有序，整齐美观。

2. 环形管道

环形管道最好采用十字形供水，组合式配水管宜用分水箱供水，其目的是要获得稳定等高的喷流。

3. 溢水口

为了保持喷水池正常水位，水池要设溢水口。溢水口面积应是进水口面积的 2 倍，要在其外侧配备拦污栅，但不得安装阀门。溢水管要有 3‰的顺坡，直接与泄水管连接。

4. 补给水管

补给水管的作用是启动前的注水及弥补池水蒸发和喷射的损耗，以保证水池正常水位。补给水管与城市供水管相连，并安装阀门控制。

5. 泄水口

泄水口要设于池底最低处，用于检修和定期换水时的排水。管径 100mm 或 150mm，也可按计算确定，安装单向阀门，和公园水体以及城市排水管网连接。

6. 连接喷头的水管

连接喷头的水管不能有急剧变化，要求连接管至少有其管径的 20 倍长度。如果不能满足时，需安装整流器。

7. 管线

喷泉所有的管线都要具有不小于 2‰的坡度，便于停止使用时将水排空，所有管道均要进行防腐处理；管道接头要严密，安装必须牢固。

8. 喷头安装

管道安装完毕后，应认真检查并进行水压试验，保证管道安全，一切正常后再安装喷头。为了便于水型的调整，每个喷头都应安装阀门控制。

三、喷水池施工

1. 基础

基础是水池的承重部分，由灰土和混凝土层组成。施工时先将基础底部素土夯实（密实度不得小于 85%）；灰土层一般厚 30cm（3 份石灰、7 份中性黏土）；C10 混凝土垫层厚 10～15cm。

2. 防水层材料

（1）沥青材料。主要有建筑石油沥青和专用石油沥青两种。专用石油沥青可在音乐喷泉的电缆防潮防腐中使用。建筑石油沥青与油毡结合形成防水层。

（2）防水卷材。品种有油毡、油纸、玻璃纤维毡片、三元乙丙再生胶及 603 防水卷材等。其中油毡应用最广，三元乙丙再生胶用于大型水池、地下室、屋顶花园做防水层效果较好；603 防水卷材是新型防水材料，具有强度高、耐酸碱、防水防潮、不易燃、有弹性、寿命长、抗裂纹等优点，且能在−50～80℃环境中使用。

（3）防水涂料。常见的有沥青防水涂料和合成树脂防水涂料两种。

（4）防水嵌缝油膏。主要用于水池变形缝防水填缝，种类较多。按施工方法的不同分为冷用嵌缝油膏和热用灌缝胶泥两类。其中上海油膏、马牌油膏、聚氯乙烯胶泥、聚氯酯沥青弹性嵌缝胶等性能较好，质量可靠，使用较广。

（5）防水剂和注浆材料。防水剂常用的有硅酸钠防水剂、氯化物金属盐防水剂和金属皂类防水剂。注浆材料主要有水泥砂浆、水泥玻璃浆液和化学浆液三种。

水池防水材料的选用，可根据具体要求确定，一般水池用普通防水材料即可。钢筋混凝土水池也可采用抹 5 层防水砂浆（水泥加防水粉）做法。临时性水池还可将吹塑纸、塑料布、聚苯板组合起来使用，也有很好的防水效果。

3. 池底

池底直接承受水的竖向压力，要求坚固耐久。多用钢筋混凝土池底，一般厚度大于 20cm，池底做法见图 3-17；如果水池容积大，要配双层钢筋网。施工时，每隔 20m 在最小断面处设变形缝（伸缩缝、防震缝），变形缝用止水带或沥青麻丝填充，如图 3-18、图 3-19 所示；每次施工必须由变形缝开始，不得在中间留施工缝，以防漏水。

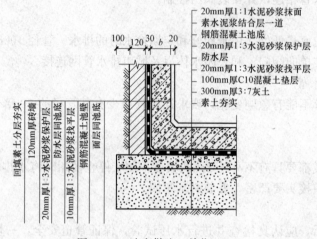

图 3-17　池底做法（单位：mm）

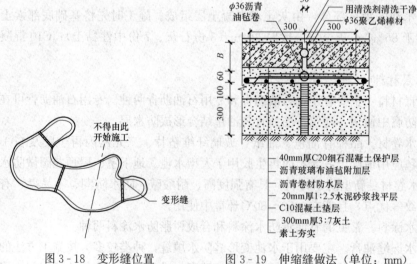

图 3-18　变形缝位置　　　　图 3-19　伸缩缝做法（单位：mm）

4. 池壁

池壁是水池的竖向部分，承受池水的水平压力，水愈深容积愈大，压力也愈大。池壁一般有砖砌池壁、块石池壁和钢筋混凝土池壁三种，如图 3-20 所示。壁厚视水池大小而定，砖砌池壁一般采用标准砖、M7.5 水泥砂浆砌筑，壁厚不小于 240mm。砖砌池壁虽然具有施工方便的优点，但红砖多孔，砌体接缝多，易渗漏，不耐风化，使用寿命短。块石池壁自然朴素，要求垒砌严密，勾缝紧密。混凝土池壁用于厚度超过 400mm 的水池，C20 混凝土现场浇筑。钢筋混凝土池壁厚度多小于 300mm，常用 150～200mm，宜配 $\phi8mm$、$\phi12mm$ 钢筋，中心距多为 200mm. 池壁常见做法如图 3-21 所示。

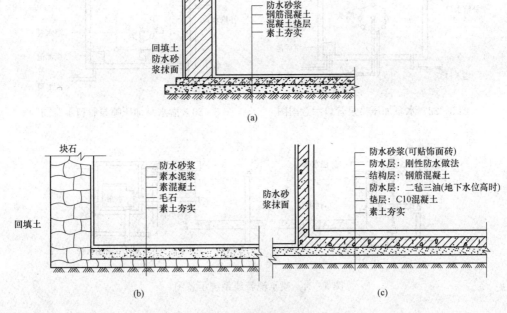

图 3-20　喷水池池壁（底）构造

（a）砖砌喷水池结构；（b）块石喷水池结构；(c) 钢筋混凝土喷水池结构

5. 压顶

　　压顶属于池壁最上部分，其作用为保护池壁，防止污水泥沙流入池中，同时也防止池水溅出。对于下沉式水池，压顶至少要高于地面 5～10cm；而当池壁高于地面时，压顶做法必须考虑环境条件，要与景观相协调，可做成平顶、拱顶、挑伸、倾斜等多种形式。压顶材料常用混凝土和块石。

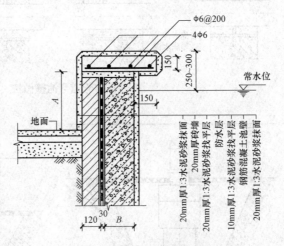

图 3-21　池壁常见做法（单位：mm）

　　完整的喷水池还必须设有供水管、补给水管、泄水管、溢水管及沉泥池。其布置如图 3-22～图 3-27 所示。管道穿过水池时，必须安装止水压顶环，以防漏水。供水管、补给水管安装调节阀；泄水管配单向阀门，防止反向流水污染水池；溢水管无需安装阀门，连接于泄水管单向阀后，直接与排水管网连接（具体见管网布置部分）。水泵沉泥池应设于水池的最低处并加过滤网。

　　图 3-25 是喷水池中管道穿过池壁的常见做法。图 3-26 是在水池内设置集水坑，以节省空间。集水坑有时也用作沉泥池，此时，要定期清淤，且于管口处设置格栅。图 3-27 是为防淤塞而设置的挡板。

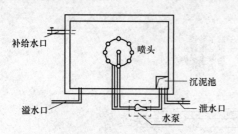

图 3-22　水泵加压喷泉管口示意图图

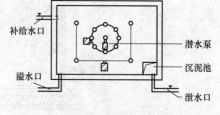

图 3-23　潜水泵加压喷泉管口示意图

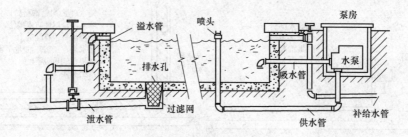

图 3-24　喷水池管线系统示意图

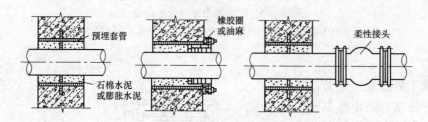

图 3-25　管道穿池壁做法

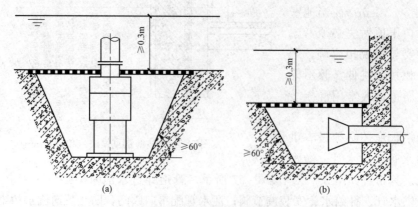

图 3-26　水池内设置集水坑
（a）潜水泵集水坑；（b）排水口集水坑

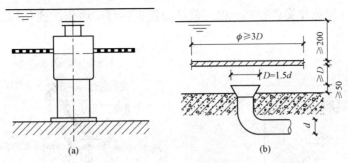

图 3-27 吸水口上设置挡板
(a) 潜水泵；(b) 吸水管

四、喷泉照明

1. 喷泉照明的分类

（1）根据灯具与水面的位置关系分类。

1）水上照明。灯具多安装于邻近的水上建筑设备上，此方式可使水面照度分布均匀，但往往使人们眼睛直接或通过水面反射间接地看到光源，使眼睛产生眩光，此时应加以调整。

2）水下照明。灯具多置于水中，导致照明范围有限。为隐蔽和发光正常，灯具安装于水面以下 100～300mm 为佳。水下照明可以欣赏水面波纹，并且由于光是由喷水下面照射的，因此当水花下落时，可以映出闪烁的光。

（2）根据外观的构造分类。

1）简易型灯具。灯的颈部电线进口部分备有防水机构，使用的灯泡限定为反射型灯泡，而且设置地点也只限于人们不能进入的场所。其特点是采用小型灯具，容易安装。简易型灯具如图 3-28 所示。

2）密闭型灯具。密闭型灯具有多种光源的类型，而且每种灯具限定了所使用的灯。例如，有防护式柱形灯、反射型灯、汞灯、金属卤化物灯等光源的照明灯具等。一般密封型灯具如图 3-29 所示。

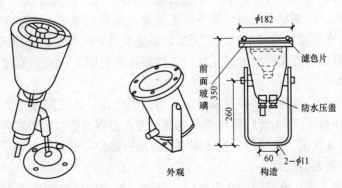

图 3-28 简易型灯具　　　　图 3-29 密封型灯具

2. 喷泉的彩色照明及施工要点

（1）彩色照明。

当需要进行色彩照明时，滤色片的安装方法有固定在前面玻璃处的（图 3-30）和可变换的（图 3-31）（滤色片旋转起来，由一盏灯而使光色自动地依次变化），一般使用固定滤色片的方式。

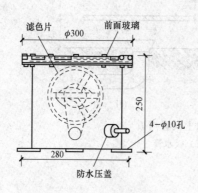

图 3-30　调光型照明器　　　图 3-31　可变换的调光型照明器

国产的封闭式灯具用无色的灯泡装入金属外壳，如图 3-39 所示。外罩采用不同颜色的耐热玻璃，而耐热玻璃与灯具间用密封橡胶圈密封，调换滤色玻璃片可以得到红、黄（琥珀）、绿、蓝、无色透明等五种颜色。灯具内可以安装不同光束宽度的封闭式水下灯泡，从而得到几种不同光强。不同光束宽度的结果和性能见表 3-2。

表 3-2　　　　　　　　配用不同封闭式水下灯泡后灯具的性能

光束类型	型号	工作电压/V	光源功率/W	轴向光强/cd	光束发散角/°	平均寿命/h
狭光束	FSD200—300（N）	220	300	≥40 000	25<水平>60	1500
宽光束	FSD220—300（W）	220		≥80 000	垂直>10	1500
狭光束	PSD220—300（H）	220		≥70 000	25<水平>30	750
宽光束	FSD12—300（N）	12		≥10 000	垂直>15	1000

注　光束发散角的定义是：当光轴两边光强降至中心最大光强的 1/10 时的角度。

（2）施工要点。

1）照明灯具应密封防水并具有一定的机械强度，以抵抗水花和意外的冲击。

2）水下布线，应满足水下电气设备施工相关技术规程规定，为防止线路破损漏电，需常检验。严格遵守先通水浸没灯具，后开灯，再先关灯，后断水的操作规程。

3）灯具要易于清洗和检验，防止异物或浮游生物的附着积淤。宜定期清洗换水，添加灭藻剂。

4）灯光的配色，要防止多种色彩叠加后得到白色光，造成局部消失彩色。当在喷头四周配置各种彩灯时，在喷头背后色灯的颜色要比近在游客身边灯的色彩鲜艳得多。所以要将透射比高的色灯（黄色、玻璃色）安放到水池边近游客的一侧，同时也应相应调整灯对光柱照射部位，以加强表演效果。

5）电源输入方式。电源线用水下电缆，其中一根应接地，并要求有漏电保护。在电源线通过镀锌铁管在水池底接到需要装灯的地方，将管子端部与水下接线盒输入端直接连接，再将灯的电缆穿入接线盒的输出孔中密封即可。

第四章 园路、园桥工程

第一节 园路、园桥工程的基础知识

园林道路，简称园路，是组织和引导游人观赏景物的驻足空间，与建筑、水体、山石、植物等造园要素一起组成丰富多彩的园林景观。

一、园路的分类

1. 根据用途分类

(1) 园景路。依山傍水或有着优美植物景观的游览性园林道路，其交通性不突出，但是却十分适宜游人漫步游览和赏景。如风景林的林道、滨水的林荫道、山石磴道、花径、竹径、草坪路、汀步路等，都属于园景路，如图 4-1 所示。

(2) 园林公路。以交通功能为主的通车园路，可以采用公路形式，如大型公园中的环湖公路、山地公园中的盘山公路和风景名胜区中的主干道等。园林公路的景观组成比较简单，其设计要求和工程造价都比较低一些，如图 4-2 所示。

图 4-1 园景路　　　　　　　　　　　　　图 4-2 园林公路

(3) 绿化街道。这是主要分布在城市街区的绿化道路。在某些公园规则地形局部，如在公园主要出入口的内外等，也偶尔采用这种园路形式。采用绿化街道形式既能突出园路的交通性，又能够满足游人散步游览和观赏园景的需要。绿化街道主要是由车行道、分车绿带和人行道绿化带构成。根据车行道路面的条数和道旁绿带的条数，可以把绿化街道的设计形式分为：一板两带式、二板三带式、三板四带式和四板五带式等。绿化街道如图 4-3 所示。

2. 根据重要性和级别分类

(1) 主要园路。景园内的主要道路，从园林景区入口通向全园各主景区、广场、公共建筑、观景点、后勤管理区，形成全园骨架和环路，组成导游的主干路线。主要园路一般宽 7~8m，并能适应园内管理车辆的通行要求，如考虑生产、救护、消防、游览车辆的通行。

图 4-3　绿化街道

（2）次要园路。主要园路的辅助道路，呈支架状，沟通各景区内的景点和景观建筑。路宽根据公园游人容量、流量、功能以及活动内容等因素而决定，一般宽 3～4m，车辆可单向通过，为园内生产管理和园务运输服务。次要园路的自然曲度大于主要园路的曲度，用优美舒展、富有弹性的曲线线条构成有层次的风景画面。

（3）游步道。园路系统的最末梢是供游人休憩、散步和游览的，可通达园林绿地的各个角落，是到广场和园景的捷径。双人行走游步道宽 1.2～1.5m，单人行走游步道宽 0.6～1.0m，多选用简洁、粗犷、质朴的自然石材（片岩、条板石、卵石等）、条砖层铺或用水泥仿塑各类仿生预制板块（含嵌草皮的空格板块），并采用材料组合以表现其光彩与质感，精心构图，结合园林植物小品建设和起伏的地形，形成亲切自然、静谧幽深的自然游览步道。

3. 根据结构分类

（1）路堑型。凡是园路的路面低于周围绿地，道牙高于路面，起到阻挡绿地水土流失作用的园路都属于路堑型园路。

（2）路堤型。路面高于两侧地面，平道牙靠近边缘处，道牙外有路肩，常利用明沟排水，路肩外有明沟和绿地加以过渡。

（3）特殊型。包括步石、汀步、磴道、攀梯等。

4. 根据铺装分类

（1）整体路面。在园林建设中应用最多的一类，是用水泥混凝土或沥青混凝土铺筑而成的路面。它具有强度高、耐压、耐磨、平整度好的特点，但不便维修，且一般观赏性较差。由于养护简单、便于清扫，因此多为大公园的主干道所采用。但它色彩多为灰色和黑色，在园林中使用不够理想，近年来已出现了彩色沥青路面和彩色水泥路面。

（2）块料路面。用大方砖、石板等各种天然块石或各种预制板铺装而成的路面，如木纹板路面、拉条水泥板路面、假卵石路面等。这种路面简朴、大方，特别是各种拉条路面，利用条纹方向变化产生的光影效果，加强了花纹的效果，不但有很好的装饰性，而且可以防滑和减少反光强度，并能铺装成形态各异的图案花纹，美观、舒适，同时也便于进行地下施工时拆补，因此在现代绿地中被广泛应用。

（3）碎料路面。用各种碎石、瓦片、卵石及其他碎状材料组成的路面。这类路面铺装材料价廉，能铺成各种花纹，一般多用在游步道中。

（4）简易路面。由煤屑、三合土等构成的路面，多用于临时性或过渡性园路。

5. 根据路面的排水性能分类

（1）透水性路面。指下雨时，雨水能及时通过路面结构渗入地下，或者储存在路面材料的空隙中，减少地面积水的路面。其做法既有直接采用吸水性好的面层材料，也有将不透水的材料干铺在透水性基层上，包括透水混凝土、透水沥青、透水性高分子材料以及各种粉粒材料路面、透水草皮路面和人工草皮路面等。这种路面可减轻排水系统负担，保护地下水资源，有利于生态环境，但平整度、耐压性往往存在不足，养护量较大，主要用于游步道、停车场、广场等处。

（2）非透水性路面。指吸水率低，主要靠地表排水的路面。不透水的现浇混凝土路面、沥青路面、高分子材料路面以及各种在不透水基层上用砂浆铺贴砖、石、混凝土预制块等材料铺成的园路都属于此类。这种路面平整度和耐压性较好，整体铺装的可用作机动交通、人流量大的主要园路，块材铺筑的则多用作次要园路、游步道、广场等。

6. 根据筑路形式分类

（1）平道。平坦园地中的道路，大多数园路的采用这种修筑形式。

（2）坡道。在坡地上铺设的、纵坡度较大但不做成阶梯状路面的园路。

（3）石梯磴道。坡度较陡的山地上所设的阶梯状园路，称为磴道或梯道。

（4）栈道、廊道。建在绝壁陡坡、宽水窄岸处的半架空道路就是栈道。由长廊、长花架覆盖路面的园路，都可叫廊道。廊道一般布置在建筑庭园中。

（5）索道、缆车道。索道主要在山地风景区，是以凌空铁索传送游人的架空道路线。缆车道是在坡度较大坡面较长的山坡上铺设轨道，用钢缆牵引车厢运送游人。

二、园路的作用

1. 划分空间

园林功能分区的划分多是利用地形、建筑、植物、水体或道路。对于地形起伏不大、建筑比重小的现代园林绿地，用道路围合、分隔不同景区则是主要方式。同时，借助道路面貌（线形、轮廓、图案等）的变化可以暗示空间性质、景观特点的转换以及活动形式的改变，从而起到组织空间的作用。尤其在专类园中，划分空间的作用十分明显。

2. 组织交通

（1）经过铺装的园路能耐践踏、碾压和磨损，可满足各种园务运输的要求，并为游人提供舒适、安全、方便的交通条件。

（2）园林景点间的联系是依托园路进行的，为动态序列的展开指明了前进的方向，引导游人从一个景区进入另一个景区。

（3）园路为欣赏园景提供了连续不同的视点，可以取得步移景换的景观效果。

3. 构成园林景观

作为园林景观界面之一，园路自始至终伴随着游览者，影响着风景的效果，它与山、水、植物、建筑等，共同构成优美丰富的园林景观，主要表现在以下方面：

（1）创造意境。中国古典园林中园路的花纹和材料与意境相结合，有其独特的风格与完善的构图，很值得学习。

（2）构成园景。通过园路的引导，将不同角度、不同方向的地形地貌、植物群落等园林景观一一展现在眼前，形成一系列动态画面，此时园路也参与了风景的构图，即因景得路。再者，园路本身的曲线、质感、色彩、纹样以及尺度等与周围环境的协调统一，也是园林中不可多得的风景。

（3）统一空间环境。通过与园路相关要素的协调，在总体布局中，使尺度和特性上有差异的要素处于共同的铺装地面，相互间连接成一体，在视觉上统一起来。

（4）构成个性空间。园路的铺装材料及其图案和边缘轮廓，具有构成和增强空间个性的作用，不同的铺装材料和图案造型，能形成和增强不同的空间感，如细腻感、粗犷感、亲切感、安静感等，而且丰富而独特的园路可以创造视觉趣味，增强空间的独特性和可识性。

4. 提供休息和活动场所

在建筑小品周围、花间、水旁、树下等处，园路可扩展为广场，为游人提供活动和休息的场所。

5. 组织排水

园路可以借助其路缘或边沟组织排水。一般园林绿地都高于路面，方能实现以地形排水为主的原则。园路汇集两侧绿地径流之后，利用其纵向坡度即可按预定方向将雨水排走。

三、园桥的作用

1. 园桥联系园林水体两岸上的道路

园桥可使园路不至于被水体阻断，由于它直接伸入水面，能够集中视线而自然地成为某些局部环境的一种标志点。因此，园桥能够起到导游作用，可作为导游点进行布置。低而平的长桥、栈桥还可以作为水面的过道和水面游览线，把游人引到水上，拉近游人与水体的距离。

2. 园桥与水中堤、岛一起将水面空间进行分隔

园林规划中常采用园桥与水中堤、岛一起将水面空间进行分隔，以增加水景的层次，增强水面形状的变化和对比，从而使水景效果更加丰富多彩。园桥对水面的分隔有它自己的独特处，即：隔而不断，断中有连，又隔又连，虚实结合。这种分隔有利于使隔开的水面在空间上相互交融和渗透，增加景观的内涵深度，创造迷人的园林意境。

3. 园桥本身有很多种艺术造型，是一种重要景物

在园林水景的组成中，园桥可以作为一种重要景物，与水面、桥头植物一起构成完整的水景形象。园桥本身也有很多种艺术造型，具有很强的观赏特性，可以作为园林水体中的重要景点。

第二节　园　路　施　工

一、地基与路面基层施工

1. 放线

按路面设计中的中线，在地面上每 20～50m 放一中心桩，在弯道的曲线上，应在曲线的两端及中间各放一中心桩，在每一中心桩上要写上桩号，然后以中心桩为基准，定出边桩，沿着两边的边桩连成圆滑的曲线，这就是路面的平曲线。

2. 准备路槽

按设计路面的宽度，每侧放出 20cm 挖槽。路槽的深度应与路面的厚度相等，并且要有 2%～3% 的横坡度，使其成为中间高、两边低的圆弧形或线形。

路槽挖好后，洒上水，使土壤湿润，然后用蛙式跳夯 2～3 遍，槽面平整度允许误差在 2cm 以下。

3. 地基施工

首先，确定路基作业使用的机械及其进入现场的日期，重新确认水准点，调整路基表面高程与其他高程的关系，然后进行路基的填挖、整平、碾压作业。按已定的园路边线，每侧放宽 200mm 开挖路基的基槽；路槽深度应等于路面的厚度。按设计横坡度，进行路基表面整平，再碾压或打夯，压实路槽地面；路槽的平整度允许误差不大于 20mm。对填土路基，要分层填土分层碾压；对于软弱地基，要做好加固处理。施工中注意随时检查横断面坡度和纵断面坡度。

其次，要用暗渠、侧沟等排除流入路基的地下水、涌水、雨水等。

4. 垫层施工

运入垫层材料，将灰土、砂石按比例混合。进行垫层材料的铺垫，刮平和碾压。如用灰土做垫层，铺垫一层灰土就叫一步灰土，一步灰土的夯实厚度应为 150mm。铺填时的厚度根据土质不同，在 210～240mm。

5. 路面基层施工

确认路面基层的厚度与设计标高，运入基层材料，分层填筑。基层的每层材料施工碾压厚度：下层为 200mm 以下，上层 150mm 以下。基层的下层要进行检验性碾压。基层经碾压后，没有达到设计标高的，应该翻起已压实部分，一面摊铺材料，一面重新碾压，直到压实为设计标高的高度。施工中的接缝，应将上次施工完成的末端部分翻起来，与本次施工部分一起滚碾压实。

6. 面层施工准备

在完成的路面基层上，重新定点、放线，放出路面的中心线及边线。设置整体边线处的施工挡板，确定砌块路面的砌块行列数及拼装方式。

二、散料类面层铺砌

1. 土路

完全用当地的土加入适量砂和消石灰铺筑。常用于游人少的地方，或作为临时性道路。

2. 草路

一般用在排水良好，游人不多的地段，要求路面不积水，并选择耐践踏的草种，如绊根草、结缕草等。

3. 碎料路

是指用碎石、卵石、瓦片、碎瓷等碎料拼成的路面。图案精美丰富，色彩素艳和谐，风格或圆润细腻或朴素粗犷，做工精细，具有很好的装饰作用和较高的观赏性，有助于强化园林意境，具有浓厚的民族特色和情调，多见于古典园林中。

施工方法：先铺设基层，一般用砂作基层，当砂不足时，可以用煤渣代替。基层厚约 20～25cm，铺后用轻型压路机压 2～3 次。面层（碎石层）一般为 14～20cm 厚，填后平整压实。当面层厚度超过 20cm 时，要分层铺压，下层 12～16cm，上层 10cm。面层铺设的高度应比实际高度大些。

三、块料类面层铺砌

1. 砖铺路面

园林铺地多用青砖，风格朴素淡雅，施工简便，可以拼凑成各种图案，以席纹和同心圆弧放射式排列为多，如图 4-4 所示。砖铺地适于庭院和古建筑物附近。因其耐磨性差，容易吸水，适用于冰冻不严重和排水良好之处；坡度较大和阴湿地段不宜采用，因易生青苔而行走不便。目前已有采用彩色水泥仿砖铺地，效果较好。日本、欧美等国尤喜用红砖或仿缸砖铺地，色彩明快艳丽。

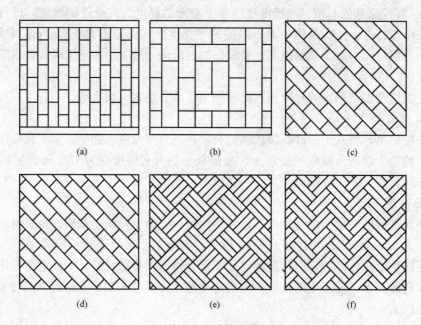

图 4-4　砖铺路面

(a) 联环锦纹（平铺）；(b) 包袱底纹（平铺）；(c) 席纹（平铺）；

(d) 人字纹（平铺）；(e) 间方纹（仄铺）；(f) 丹墀（仄铺）

大青方砖规格为 500mm×500mm×100mm，平整、庄重、大方，多用于古典庭院。

2. 冰纹路面

冰纹路面是用边缘挺括的石板模仿冰裂纹样铺砌的地面，石板间接缝呈不规则折线，用水泥砂浆勾缝。多为平缝和凹缝，以凹缝为佳。也可不勾缝，便于草皮长出成冰裂纹嵌草路面，如图 4-5 所示。还可做成水泥仿冰纹路，即在现浇混凝土路面初凝时，模印冰裂纹图案，表面拉毛，效果也较好。冰纹路适用于池畔、山谷、草地、林中的游步道。

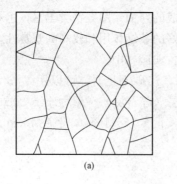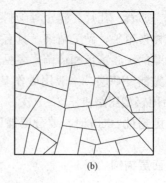

图 4-5　冰纹路面

(a) 块石冰纹；(b) 水泥仿冰纹

3. 混凝土预制块铺路

用预先模制成的混凝土方砖铺砌的路面，形状多变，图案丰富（如各种几何图形、花卉、木纹、仿生图案等），也可添加无机矿物颜料制成彩色混凝土砖，色彩艳丽，路面平整、坚固、耐久；混凝土预制块铺路适用于园林中的广场和规则式路段上，也可做成半铺装留缝嵌草路面，如图 4 - 6 所示。

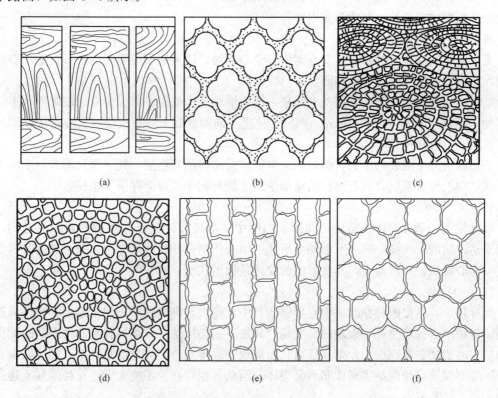

(a)　　　　　　　　(b)　　　　　　　　(c)

(d)　　　　　　　　(e)　　　　　　　　(f)

图 4 - 6　预制混凝土方砖路

（a）仿木纹混凝土嵌草路；（b）海棠纹混凝土嵌草路；（c）彩色混凝土拼花纹；
（d）仿块石地纹；（e）混凝土花砖地纹；（f）混凝土基砖地纹

四、胶结料类面层施工

1. 水泥混凝土面层施工

（1）核实、检验和确认路面中心线、边线及各设计标高点的正确无误。

（2）若是钢筋混凝土面层，则按设计选定钢筋并绑扎成网。钢筋网应在基层表面以上架离，架离高度应距混凝土面层顶面 50mm。钢筋网接近顶面设置要比在底部加筋更能保证防止表面开裂，也更便于充分捣实混凝土。

（3）按设计的材料比例，配制、浇筑、捣实混凝土，并用长 1m 以上的直尺将顶面刮平。顶面稍干一点，再用抹灰砂板抹平至设计标高。施工中要注意做出路面的横坡与纵坡。

（4）混凝土面层施工完成后，应即时开始养护。养护期应为 7d 以上，冬期施工后的养护期还应更长些。可用湿的织物、稻草、锯木粉、湿砂及塑料薄膜等覆盖在路面上进行养护。冬季寒冷，养护期中要经常用热水浇洒，要对路面保温。

（5）混凝土路面可能因热胀冷缩造成破坏，故在施工完成、养护一段时间后用专用锯割机按 6～9m 间距割伸缩缝，深度约 50mm。缝内要冲洗干净后用弹性胶泥嵌缝。园林施工中也常用楔形木条预埋，浇捣混凝土后拆除的方法留伸缩缝，还可免去锯割手续。

2. 简易水泥路

底层铺碎砖瓦 6～8cm 厚，也可用煤渣代替。压平后铺一层极薄的水泥砂浆（粗砂）抹平、浇水、保养 2～3d 即可。简易水泥路常用于小路，也可在水泥路上划成方格或各种形状的花纹，既增加艺术性，又增强实用性。

五、嵌草路面铺砌

无论用预制混凝土铺路板、实心砌块、空心砌块，还是用顶面平整的乱石、整形石块或石板，都可以铺装成砌块嵌草路面。

施工时，先在整平压实的路基上铺垫一层栽培壤土作垫层。壤土要求比较肥沃，不含粗颗粒物，铺垫厚度为 100～150mm。然后在垫层上铺砌混凝土空心砌块或实心砌块，砌块缝中半填壤土，并播种草籽。

采用砌块嵌草铺装的路面，砌块和嵌草层是道路的结构面层，其下面只能有一个壤土垫层，在结构上没有基层，只有这样的路面结构才能有利于草皮的存活与生长。

1. 实心砌块

尺寸较大，草皮嵌种在砌块之间预留的缝中。草缝设计宽度可在 20～50mm 之间，缝中填土达砌块的 2/3 高。砌块下面如上所述用壤土作垫层并起找平作用，砌块要铺装得尽量平整。实心砌块嵌草路面上，草皮形成的纹理是线网状的。

2. 空心砌块

尺寸较小，草皮嵌种在砌块中心预留的孔中。砌块与砌块之间不留草缝，常用水泥砂浆黏结。砌块中心孔填土亦为砌块的 2/3 高；砌块下面仍用壤土作垫层找平，使嵌草路面保持平整。空心砌块嵌草路面上，草皮呈点状而有规律地排列。要注意的是，空心砌块的设计制作，一定要保证砌块的结实坚固和不易损坏，因此其预留孔径不能太大，孔径最好不超过砌块直径的 1/3 长。

六、道牙、边条、槽块

1. 道牙

道牙基础宜与地床同时填挖碾压，以保证整体的均匀密实度。结合层用 1∶3 的白砂浆 2cm。安装道牙要平稳、牢固，用 M10 水泥砂浆勾缝，道牙背后应用灰土夯实，其宽度 50cm，厚度 15cm，密实度值在 90％以上。

2. 边条

边条用于较轻的荷载处，且尺寸较小，一般宽 50mm，高 150～250mm，特别适用于步行道、草地或铺砌场地的边界。施工时应减轻它作为垂直阻拦物的效果，增加它对地基的密封深度。边条铺砌的深度相对于地面应尽可能低些，如广场铺地，边条铺砌可与铺地地面相平。

3. 槽块

槽块分凹面槽块和空心槽块，一般紧靠道牙设置，以利于地面排水，路面应稍稍高于槽块。

七、特殊条件下的园路施工

1. 雨期施工

（1）雨期路槽施工。先在路基外侧设排水设施及时排除积水。雨前应选择因雨水易翻浆处或低洼处等不利地段先行施工，雨后要重点检查路拱和边坡的排水情况，路基渗水与路床积水情况，注意及时疏通被阻塞、溢满的排水设施，以免积水倒流。路基由于雨水造成翻浆时，要立即挖出或填石灰土、砂石等，刨挖翻浆要彻底干净，不留隐患。所需处理的地段最好在雨前做到"挖完、填完、压完"。

（2）雨期基层施工。当基层材料为石灰土时，降雨对基层施工影响最大。施工时，应先注意天气预报情况，做到"随拌、随铺、随压"；注意保护石灰，以免被水浸或成膏状；对于被水浸泡过的石灰土，在找平前应检查含水量，如果含水量过大，应翻拌晾晒达到最佳含水量后方可继续施工。

（3）雨期路面施工。对水泥混凝土路面施工应注意水泥的防雨防潮，已铺筑的混凝土严禁雨淋，施工现场应预备轻便易于挪动的工作台雨棚；对被雨淋过的混凝土要及时补救处理；还要注意排水设施的畅通。如果是沥青路面，要特别注意天气情况，尽可能缩短施工路段，各工序紧凑衔接，下雨或面层的下层潮湿时均不得摊铺沥青混合料。对未经压实即遭雨淋的沥青混合料必须全部清除，更换新料。

2. 冬期施工

（1）冬期路槽施工。应在冰冻之前进行现场放样，做好标记；将路基范围内的树根、杂草等全部清除。如果有积雪，在修整路槽时先清除地面积雪、冰块，并根据工程需要与设计要求决定是否刨去冰层。严禁用冰土填筑，且最大松铺厚度不得超过 30 cm，压实度不得低于正常施工时的要求，当天填方的土务必当天碾压完毕。

（2）冬期面层施工。沥青类路面不宜在 5℃ 以下的温度环境下施工，否则要采取以下工程措施：运输沥青混合料的工具须配有严密覆盖设备以保温；卸料后应用苫布等及时覆盖；摊铺时间宜在上午 9 时至下午 4 时进行，做到三快两及时（快卸料、快摊铺、快搂平，及时找平、及时碾压）；施工做到定量定时，集中供料，防止接缝过多。

（3）水泥混凝土路面或以水泥砂浆做结合层的块料路面，在冬期施工时应注意提高混凝土（或砂浆）的拌和温度（可用加热水、加热石料等方法），并注意采取路面保温措施，如选用合适的保温材料（常用的有麦秸、稻草、锯末、塑料薄膜、石灰等）覆盖路面。此外应注意减少单位用水量，控制水灰比在 0.54 以下，混料中加入合适的速凝剂；混凝土搅拌站要搭设工棚，最后可延长养护和拆模时间。

第三节　园　桥　施　工

一、桥基施工

1. 基础与拱碹石工程施工

（1）模板安装。模板是施工过程中的临时性结构，对梁体的制作十分重要。桥梁工程中常用空心板梁的木制芯模构造。

模板在安装过程中，为避免壳板与混凝土黏结，通常均需在壳板面上涂以隔离剂，如石灰乳浆、肥皂水或废润滑油等。

（2）钢筋成型绑扎。在钢筋绑扎前要先拟定安装顺序。一般的梁肋钢筋，先摆放箍筋，再放下排主筋，最后放上排钢筋。

（3）混凝土搅拌。混凝土一般应采用机械搅拌，上料的顺序一般是石子、水泥、砂子。

人工搅拌只许用于少量混凝土工程的塑性混凝土或硬性混凝土。不管采用机械或人工搅拌，都应使石子表面包满砂浆，拌和料混合均匀、颜色一致。人工拌和应在铁板或其他不渗水的平板上进行，先将水泥和细骨料拌匀，再加入石子和水，拌至材料均匀、颜色一致为止，如需掺外加剂，应先将外加剂调成溶液，再加入拌和水中，与其他材料拌匀。

（4）浇捣。当构件的高度（或厚度）较大时，为了保证混凝土能振捣密实，就应采用分层浇筑法。浇筑层的厚度与混凝土的稠度及振捣方式有关。在一般稠度下，用插入式振捣器振捣时，浇筑层厚度为振捣器作用部分长度的 1.25 倍；用平板式振捣器时，浇筑厚度不超过 20cm。薄腹 T 形梁或箱形的梁肋，当用侧向附着式振捣器振捣时，浇筑层厚度一般为 30～40cm。采用人工捣固时，视钢筋密疏程度而定，通常取浇筑厚度为 15～25cm。

（5）养护。混凝土终凝后，在构件上覆盖草袋、麻袋、稻草或沙子，经常洒水，以保持构件处于湿润状态。这是 5℃以上桥梁施工的自然养护。

（6）灌浆。石活安装好后，先用麻刀灰对石活接缝进行勾缝（如缝很细，可勾抹油灰或石膏）以防灌浆时漏浆。灌浆前最好先灌注适量清水，以湿润内部空隙，有利于灰浆的流动。灌浆应在预留的"浆口"进行，一般分三次灌入，第一次要用较稀的浆，后两次逐渐加稠，每次相隔约 3～4h 左右。灌完浆后，应将弄脏的石面洗刷干净。

2. 细石安装方法

（1）石活的连接方法。

1）构造连接。是指将石活加工成公母榫卯、做成高低企口的"磕绊"、剔凿成凸凹仔口等形式，进行相互咬合的一种连接方式。

2）铁件连接。是指用铁制拉接件，将石活连接起来，如铁"拉扯"、铁"银锭"、铁"扒锔"等。铁"拉扯"是一种长脚丁字铁，将石构件打凿成丁字口和长槽口，埋入其中，再灌入灰浆。铁"银锭"是两头大，中间小的铁件，需将石构件剔出大小槽口，将银锭嵌入。铁"扒锔"是一种两脚扒钉，将石构件凿眼钉入。

3）灰浆连接。是最常用的一种方法，即采用铺垫坐浆灰、灌浆汁或灌稀浆灰等方式，进行砌筑连接。灌浆所用的灰浆多为桃花浆、生石灰浆或江米浆。

（2）砂浆、金刚墙、碹石、檐口和檐板、型钢。

1）砂浆。一般用水泥砂浆，指水泥、砂、水按一定比例配制成的浆体。对于配制构件的接头、接缝加固、修补裂缝应采用膨胀水泥。运输砂浆时，要保证砂浆具有良好的和易性，和易性良好的砂浆容易在粗糙的表面抹成均匀的薄层，砂浆的和易性包括流动性和保水性两个方面。

2）金刚墙。是指券脚下的垂直承重墙，即现代的桥墩，有叫"平水墙"。梢孔（即边孔）内侧以内的金刚墙一般做成分水尖形，故称为"分水金刚墙"。梢孔外侧的称为"两边金刚墙"。

3）碹石。多称券石，在碹外面的称碹脸石，在碹脸石内的叫碹石。

4）檐口和檐板。建筑物屋顶在檐墙的顶部位置称檐口。钉在檐口处起封闭作用的板称为檐板。

5）型钢。指断面呈不同形状的钢材的统称。断面呈 L 形的称为角钢，呈 U 形的称为槽钢，呈圆形的称为圆钢，呈方形的称为方钢，呈工字形的称为工字钢，呈 T 形的称为 T 形钢。

将在炼钢炉中冶炼后的钢水注入锭模，烧铸成柱状的是钢锭。

3. 混凝土构件制作

（1）模板制作。

1）木模板配制时要注意节约，考虑周转使用以及以后的适当改制使用。

2）配制模板尺寸时，要考虑模板拼装结合的需要。

3）拼制模板时，板边要找平刨直，接缝严密，不漏浆；木料上有节疤、缺口等瑕疵的部位，应放在模板反面或者截去，钉子长度一般宜为木板厚度的 2～2.5 倍。

4）直接与混凝土相接触的木模板宽度不宜大于 20cm；工具式木模板宽度不宜大于 15cm；梁和板的底板，如采用整块木板，其宽度不加限制。

5）混凝土面不做粉刷的模板，一般宜刨光。

6）配制完成后，不同部位的模板要进行编号，写明用途，分别堆放，备用的模板要遮盖保护，以免变形。

（2）拆模注意事项。

1）拆模时不要用力过猛、过急，拆下来的木料要及时运走、整理。

2）拆模顺序一般是后支的先拆，先支的后拆，先拆除非承重部分，后拆除承重部分，重大复杂模板的拆除，应预先制定拆模方案。

3）定型模板，特别是组合式钢模板要加强保护，拆除后逐块传递下来，不得抛掷，拆下后，即清理干净，板面涂油，按规格堆放整齐，以利于再用。如背面油漆脱落，应补刷防锈漆。

二、桥面施工

桥面的一般构造详如图 4-7 所示。

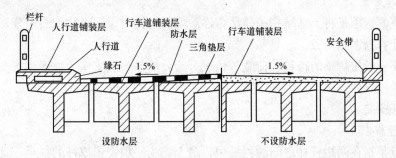

图 4-7 桥面的一般构造

1. 桥面铺装

桥面铺装的作用是防止车轮轮胎或履带直接磨耗行车道板；保护主梁免受雨水侵蚀，分散车轮的集中荷载。因此桥面铺装的要求是：具有一定强度，耐磨，防止开裂。

桥面铺装一般采用水泥混凝土或沥青混凝土，厚 6～8cm，混凝土强度等级不低于行车道板混凝土的强度等级。在不设防水层的桥梁上，可在桥面上铺装厚 8～10cm 有横坡的防水混凝土，其强度等级亦不低于行车道板的混凝土强度等级。

2. 桥面排水和防水

桥面排水是借助于纵坡和横坡的作用，使桥面水迅速汇向集水碗，并从泄水管排出桥外。横向排水是在铺装层表面设置 1.5％～2％ 的横坡。横坡的形成通常是铺设混凝土三角垫层构成，对于板桥或就地建筑的肋梁桥，也可在墩台上直接形成横坡，做成倾斜的桥面板。

当桥面纵坡大于2‰而桥长小于50m时，桥上可不设泄水管，而在车行道两侧设置流水槽以防止雨水冲刷引道路基。当桥面纵坡大于2‰但桥长大于50m时，应沿桥长方向12～15m设置一个泄水管，如桥面纵坡小于2‰，则应将泄水管的距离减小至6～8m。

桥面防水是将渗透过铺装层的雨水挡住并汇集到泄水管排出。一般可在桥面上铺8～10cm厚的防水混凝土，其强度等级一般不低于桥面板混凝土强度等级。当对防水要求较高时，为了防止雨水渗入混凝土微细裂纹和孔隙，保护钢筋时，可以采用"三油三毡"防水层。

3. 伸缩缝

为了保证主梁在外界变化时能自由变形，就需要在梁与桥台之间，梁与梁之间设置伸缩缝（也称变形缝）。伸缩缝的作用除保证梁自由变形外，还能使车辆在接缝处平顺通过，防止雨水及垃圾、泥土等渗入，其构造应方便施工安装和维修。

常用的伸缩缝有：U形镀锌薄钢板式伸缩缝、钢板伸缩缝、橡胶伸缩缝。

4. 人行道、栏杆和灯柱

城市桥梁一般均应设置人行道，人行道一般采用肋板式构造。

栏杆是桥梁的防护设备，城市桥梁栏杆应该美观实用、朴素大方，栏杆高度通常为1.0～1.2m，标准高度是1.0m。栏杆柱的间距一般为1.6～2.7m，标准设计为2.5m。

城市桥梁应设照明设备，照明灯柱可以设在栏杆扶手的位置上，也可靠近边缘石处，其高度一般高出车道5m左右。

5. 桥梁的支座

梁桥支座的作用是将上部结构的荷载传递给墩台，同时保证结构的自由变形，使结构的受力情况与计算简图相一致。

梁桥支座一般按桥梁的跨径、荷载等情况分为：简易垫层支座、弧形钢板支座、钢筋混凝土支柱、橡胶支柱。

三、栏杆安装

1. 寻杖栏板

寻杖栏板是指在两栏杆柱之间的栏板中，最上面为一根圆形模杆的扶手，即为寻杖。

2. 罗汉板

罗汉板是指只有栏板而不用望板的栏杆，在栏杆端头用抱鼓石封头。

位于雁翅桥面里端拐角处的柱子称为"八字折柱"，其余的栏杆柱都称为"正柱"或"望柱"，简称栏杆柱。

3. 栏杆地栿

栏杆地栿是栏杆和栏板最下面一层的承托石，在桥长正中带弧形的称为"罗锅地栿"，在桥面两头的称为"扒头地栿"。

四、石拱桥施工

1. 起拱

砌筑拱圈的拱架手起拱16～30mm。拱架可用钢筋混凝土预制梁加砖法圈或木拱架。

2. 合龙

施工时拱石以两端拱脚开始砌筑，向拱顶中央合龙。当拱桥干砌时，多铰拱要经过压拱和无铰拱要经过尖拱、压拱等步骤。现在则多为现场采砌，保证了拱石间有良好的结合，一般拱圈合龙后隔三昼夜开始砌筑拱上建筑，砌筑顺序应自拱脚对称地向拱顶进行。合龙后应使拱石间灰缝砂浆有足够的硬结时间以达规定的强度。然后开始填筑拱背上的建筑。

3. 桥台、桥墩及基础

石拱桥，由于上部结构荷载较大和水平推力的作用，其墩台的圬工体积较大，对地基要求也较高，因此除对本身例行强度计算外，还应验算地基承载力及其稳定性（倾覆和滑移）。计算原理与挡土墙相似。

桥台、桥墩的基础底必须埋置在冰冻线以下 300mm。基础还应放置在清除淤泥和浮土后的老土（硬土）上，必须在挖去河泥的最低点以下 500mm 处，以防止挖河泥影响和使地基承载力得到充分保证，否则就须使用桩基。

桥墩与桥台的主要区别：前者在水中而后者与岸衔接，传递桥的推力到岸。桥梁外形的整体造型，应含墩台形式的选择不但受制于结构要求，在园桥设计之中更要结合环境艺术美学，协调处理。桥台构造，通常采用的几种类型，即拱座式、U 型、轻型、箱式。

4. 变形缝（含伸缩缝）

圆拱桥在边墙两端设置变形缝各一道，缝宽 15～20mm。缝内用浸过沥青的毛毡或甘蔗板等来填塞，并在缝隙上加做防水层，以防雨水浸入或异物阻塞。

5. 防水层

在桥面石下铺设防水层，要求完全不透水和具有弹性，以便桥结构变形时不致破坏防水层。防水层采用沥青和石棉沥青各一层做底，上铺沥青麻布一层，再在其上敷石棉沥青和纯沥青各一道。

6. 栏杆

栏杆是古石桥的特征之一，有宋式与清式做法之分。宋式于每两栏板间并不一定都设栏杆柱，栏板直通到桥沿地栿两端用栏杆柱收梢。清式则每两栏板之间必设置栏杆柱，地栿通长，栏杆柱和栏杆板均放在地栿之上。栏杆柱间距 1200～1500mm。

栏杆柱古时截面多用八角形，现在则用长方或方形居多。栏杆柱本身又分为柱头、柱身两部分。柱头可用狮子莲座等装饰，清式的柱头则用高起栏板的柱形，上饰有云纹、龙、凤等。

在栏杆收头处，紧接安上抱鼓石（几层卷瓣莲草紧卷之圆形鼓状物）。抱鼓石结尾处放置仰天石，桥面结束处两端接仰天石之后，横向用通长石条——"牙子石"约束桥面，再沿牙子石平行铺砌横石——"如意石"一道，全部完成。

第五章 园林假山工程

第一节 园林假山工程的基础知识

一、假山的基础材料

1. 山石种类

（1）湖石。

1）太湖石。色泽于浅灰中露白色，比较丰润、光洁，紧密的细粉砂质地，质坚而脆，纹理纵横，脉络显隐。轮廓柔和圆润，婉约多变，石面环纹、曲线婉转回还，穴窝（弹子窝）、孔眼、漏洞错杂其间，使石形变异极大。太湖石原产于苏州所属太湖中的西洞庭山，江南其他湖泊区也有出产。

2）房山石。新开采的房山石呈土红色、橘红色或更淡一些的土黄色，日久以后表面带些灰黑色。质地坚硬，质量大，有一定韧性，不像太湖石那样脆。这种山石也具有太湖石的涡、沟、环、洞的变化，因此也有人称它们为北太湖石。它的特征除了颜色和太湖石有明显的区别以外，容重比太湖石大，扣之无共鸣声，多密集的小孔穴而少有大洞，因此外观比较沉实、浑厚、雄壮。这和太湖石外观轻巧、清秀、玲珑是有明显差别的。和这种山石比较接近的还有镇江所产的砚山石，其形态颇多变化而色泽淡黄清润，扣之微有声。房山石产于北京房山区大灰厂一带的山上。

3）英石。因产于广东省英德市，又名英德石。多为灰黑色，但也有灰色和灰黑色中含白色晶纹等其他颜色。由于色泽的差异，英石又可分为白英、灰英和黑英。灰英居多而价低。白英和黑英甚为罕见，但多为盆景用的小块石。

4）灵璧石。此石产土中，被赤泥渍满，须刮洗方显本色。其石中灰色且甚为清润，质地亦脆，用手弹亦有共鸣声。石面有坳坎的变化，石形亦千变万化，但其很少有婉转回折之势，须借人工以全其美。这种山石可掇山石小品，更多的情况下作为盆景石玩，原产安徽灵璧县。

5）宣石。初出土时表面有铁锈色，经刷洗过后，时间久了就转为白色；或在灰色山石上有白色的矿物成分，有若皑皑白雪盖于石上，具有特殊的观赏价值。此石极坚硬，石面常有明显棱角，皴纹细腻且多变化，线条较直。宣石产于安徽省宁国市。

（2）黄石。

它是一种呈茶黄色的细砂岩，以其黄色而得名。质重、坚硬、形态浑厚沉实、拙重顽夯，且具有雄浑挺括之美。其大多产于山区，但以产自江苏常熟虞山的黄石质地为最好。

采下的单块黄石多呈方形或长方墩状，少有极长或薄片状者。由于黄石节理接近于相互垂直，所形成的峰面具有棱角锋芒毕露，棱之两面具有明暗对比、立体感较强的特点，无论掇山、理水都能发挥出其石形的特色。

（3）青石。

属于水成岩中呈青灰色的细砂岩，质地纯净而少杂质。由于是沉积而成的岩石，石内就有一些水平层理。水平层的间隔一般不大，所以石形大多为片状，而有"青云片"的称谓。石形也有一些块状的，但成厚墩状者较少。这种石材的石面有相互交织的斜纹，不像黄石那样一般是相互垂直的直纹。青石在北京园林假山叠石中较常见，在北京西郊洪山口一带都有出产。

（4）石笋石。

颜色多为淡灰绿色、土红灰色或灰黑色。质重而脆，是一种长形的砾岩岩石。石形修长呈条柱状，立于地上即为石笋，顺其纹理可竖向劈分。石柱中含有白色的小砾石，如白果般大小。石面上"白果"未风化的，称为龙岩；若石面砾石已风化成一个个小穴窝，则称为风岩。石面还有不规则的裂纹。石笋石产于浙江与江西交界的常山、玉山一带。

（5）钟乳石。

多为乳白色、乳黄色、土黄色等颜色；质优者洁白如玉，作石景珍品；质色稍差者可作假山。钟乳石质重，坚硬，是石灰岩被水溶解后又在山洞、崖下沉淀生成的一种石灰华。石形变化大。石内较少孔洞，石的断面可见同心层状构造。这种山石的形状千奇百怪，石面肌理丰腴，用水泥砂浆砌假山时附着力强，山石结合牢固，山形可根据设计需要随意变化。钟乳石广泛出产于我国南方和西南地区。

（6）石蛋。

即大卵石，产于河床之中，经流水的冲击和相互摩擦磨去棱角而成。大卵石的石质有花岗石、砂岩、流纹岩等，颜色白、黄、红、绿、蓝等各色都有。

这类石多用作园林的配景小品，如路边、草坪、水池旁等的石桌石凳；棕榈、蒲葵、芭蕉、海芋等植物处的石景。

（7）黄蜡石。

它是具有蜡质光泽，圆光面形的墩状块石，也有呈条状的。其产地主要分布在我国南方各地。此石以石形变化大而无破损、无灰砂，表面滑若凝脂、石质晶莹润泽者为上品。一般也多用作庭园石景小品，将墩、条配合使用，成为更富于变化的组合景观。

（8）水秀石。

水秀石颜色有黄白色、土黄色至红褐色，是石灰岩的砂泥碎屑随着含有碳酸钙的地表水，被冲到低洼地或山崖下沉淀凝结而成。石质不硬，疏松多孔，石内含有草根、苔藓、枯枝化石和树叶印痕等，易于雕琢。其石面形状有：纵横交错的树枝状、草秆化石状、杂骨状、粒状、蜂窝状等凹凸形状。

2. 胶结材料

胶结材料是指将山石黏结起来掇石成山的一些常用黏结性材料，如水泥、石灰、砂和颜料等，市场供应比较普遍。

黏结时拌和成砂浆，受潮部分使用水泥砂浆，水泥与砂配合比为 1：2.5～1：1.5；不受潮部分使用混合砂浆，水泥：石灰：砂＝1：3：6。水泥砂浆干燥比较快，不怕水；混合砂浆干燥较慢，怕水，但强度较水泥砂浆高，价格也较低廉。

二、塑石、塑山的种类及特点

1. 塑石、塑山的种类

根据材料的不同，塑石、塑山可分为砖骨架塑山和钢骨架塑山。砖骨架塑山以砖作为塑山的骨架，适用于小型塑山及塑石。钢骨架塑山以钢材作为塑山的骨架，适用于大型假山。

2. 塑石、塑山的特点

（1）方便。塑石塑山所用的砖、水泥等材料来源广泛，取用方便，可就地解决，无需采石、运石之烦。

（2）灵活。塑石、塑山在造型上不受石材大小和形态限制，可完全按照设计意图进行造型。

（3）省时。塑石塑山的施工期短，见效快。

（4）逼真。好的塑山无论是在色彩还是质感上都能取得逼真的石山效果。

此外，由于塑山所用的材料毕竟不是自然山石，因而在神韵上还是不及石质假山，同时使用期限较短，需要经常维护。

第二节　园林假山施工

一、假山基础施工

1. 浅基础施工

浅基础是在原地形上略加整理、符合设计地貌并经夯实后的基础。此类基础可节约山石材料，但为符合设计要求，有的部位需垫高，有的部位需挖深以造成起伏。这样使夯实平整地面工作变得较为琐碎。对于软土和泥泞地段，应进行加固或清淤处理，以免日后基础沉陷。此后，即可对夯实地面铺筑垫层，并砌筑基础。

2. 深基础施工

深基础是将基础埋入地面以下的基础，应按基础尺寸进行挖土，严格掌握挖土深度和宽度。一般假山基础的挖土深度为50～80cm，基础宽度多为山脚线向外50cm。土方挖完后夯实整平，然后按设计铺筑垫层和砌筑基础。

3. 桩基础施工

桩基础多为短木桩或混凝土桩，打桩位置、打桩深度应按设计要求进行，桩木按梅花形排列，称"梅花桩"。桩木顶端可露出地面或湖底10～30cm，其间用小块石嵌紧嵌平，再用平正的花岗石或其他石材铺一层在顶上，作为桩基的压顶石或用灰土填平夯实。混凝土桩基的做法和木桩桩基的一样，也有在桩基顶上设压顶石与设灰土层的两种做法。

基础施工完成后，要进行第二次定位放线。在基础层的顶面重新绘出假山的山脚线，并标出高峰、山岩和其他陪衬山的中心点和山洞洞桩位置。

二、假山山脚施工

假山山脚直接落在基础之上，是山体的起始部分，假山山脚施工包括拉底、起脚和做脚等三部分。

1. 拉底

拉底是指在山脚线范围内砌筑第一层山石，即做出垫底的山石层。一般拉底应用大块平整山石，坚实、耐压，不用风化过度的山石。拉底山石高度以一层大块石为准，形态较好的面应朝外，注意错缝。每安装一块山石，即应将刹垫稳，然后填稳；如灌浆应先填石块，如灌混凝土，混凝土则应随灌随填石块，山脚垫刹的外围，应用砂浆或混凝土包严。假山拉底的方式有满拉底和周边拉底两种。

满拉底是在山脚线的范围内用山石铺满一层，这种拉底的做法适宜规模较小、山底面积也较小的假山，或在北方冬季有冻胀破坏地方的假山。周边拉底则是先用山石在假山山脚沿线砌一圈垫底石，再用乱石碎砖或泥土将石圈内全部填起来，压实后即成为垫底的假山底层。这一方式适用于基底面积较大的大型假山。

拉底的技术要求：底层的山脚石选择大小合适，不易风化的山石；每块山脚石必须垫平垫实，不得有丝毫摇动；各山石之间要紧密咬合；拉底的边缘要错落变化，以免做成平直和浑圆形状的脚线。

2. 起脚

拉底之后，在垫底的山石层上开始砌筑假山山体的首层叫做"起脚"。因为起脚石直接作用于山体底部的垫脚石，所以要选择和垫脚石一样质地坚硬、形状安稳实在、少有空穴的山石材料，以确保能够承受山体的重压。

假山的起脚安排宜小不宜大，宜收不宜放，土山和带石土山除外。起脚一定要控制在地面山脚线的范围内。即使因起脚太小而导致砌筑山体时的结构不稳，还可以通过补脚来加以弥补。如果起脚太大，砌筑山体时易造成山形臃肿、呆笨，没有一点险峻的态势，而且不容易补救。起脚时，定点、摆线要准确。先选出山脚突出点所需的山石，并将其沿着山脚线先砌筑上，待多数主要的凸出点山石都砌筑好了，再选择和砌筑平直线、凹进线处所用的山石。这样，既保证了山脚线按照设计而成弯曲转折状，避免山脚平直的毛病，又使山脚突出部位具有最佳的形状和最好的皴纹，增加了山脚部分的景观效果。

3. 做脚

(1) 点脚法。即在山脚边线上，每隔不同的距离用山石作墩点，墩点之上再用片块状山石盖于其上，做成透空小洞穴，如图 5-1 (a) 所示。这种做法多用于空透型假山的山脚。

(2) 连脚法。即按山脚边线连续摆砌弯弯曲曲、高低起伏的山脚石，形成整体的连线山脚线，如图 5-1 (b) 所示。这种做法各种山形都可采用。

(3) 块面法。即用大块面的山石，连线摆砌成大凸大凹的山脚线，使凸出凹进部分的整体感都很强，如图 5-1 (c) 所示。这种做法多用于造型雄伟的大型山体。

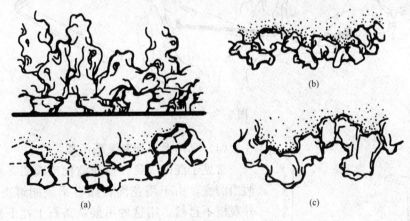

图 5-1　做脚的三种方法
(a) 点脚法；(b) 连脚法；(c) 块面法

三、山石的固定

1. 山石加固设施

必须在山石本身重心稳定的前提下用以加固。常用熟铁或钢筋制成铁活对山石进行加固。铁活要求用而不露，不易发现。古典园林中常用的铁活有四种。

（1）银锭扣。

由生铁铸成，有大、中、小三种规格。主要用以加固山石间的水平联系。先将石头水平向接缝作为中心线，再按银锭扣大小画线凿槽打下去，如图5-2所示。

（2）铁爬钉。

也称"铁锔子"。用熟铁制成，用以加固山石水平向及竖向的衔接，如图5-3所示。南京明代瞻园北山之山洞中尚可发现用小型铁爬钉作水平向加固的结构；北京圆明园西北角之"紫碧山房"假山坍倒后，山石上可见约10cm长、6cm宽、5cm厚的石槽，槽中都有铁锈痕迹，也似同一类做法。

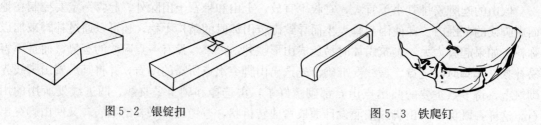

图5-2　银锭扣　　　　　　　　　　图5-3　铁爬钉

（3）铁扁担。

多用于加固山洞，作为石梁下面的垫梁。铁扁担的两端成直角上翘，翘头略高于所支承石梁两端，如图5-4所示。北海静心斋沁泉廊东北，有巨石象征"蛇"出挑悬岩，选用了长约2m、宽16cm、厚6cm的铁扁担镶嵌于山石底部。如果不是下到池底仰望，铁扁担是看不出来的。

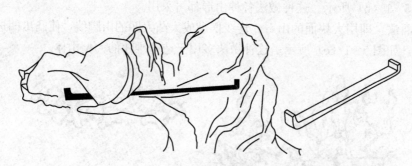

图5-4　铁扁担

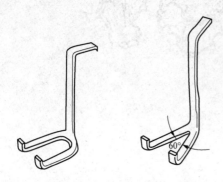

图5-5　马蹄形吊架和叉形吊架

（4）马蹄形吊架和叉形吊架。

常见于江南一带。扬州清代宅园"寄啸山庄"的假山洞底，由于用花岗石做石梁只能解决结构问题，外观极不自然。用这种吊架从条石上挂下来，架上再安放山石便可裹在条石外面，便接近自然山石的外貌。马蹄形吊架和叉形吊架如图5-5所示。

2. 山石的支撑与捆扎

（1）支撑。

山石吊装到山体的一定位点，经过调整后，可使用木棒将山石固定在一定状态，是山石临时固定下来。以木棒的上端顶着山石的某一凹处，木棒的下端则斜着落在地面，并用一块石头将棒脚压住，如图5-6所示。一般每块山石都要用2～4根木棒支撑，因此，工地上最好多准备一些长短不同的木棒。此外，铁棍或长形山石也可以作为支撑材料。

（2）捆扎。

山石固定也可采用捆扎的方法。山石捆扎固定一般采用8号和10号钢丝。用单根或双根钢丝做成圈，套上山石，并在山石的接触面垫上或抹上水泥砂浆后再进行捆扎。捆扎时钢丝圈先不必收紧，应适当松一点，然后再用小钢钎将其绞紧，使山石固定。此方法适用于小块山石，对大块山石应以支撑为主。

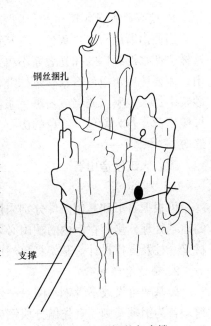

图5-6　山石捆扎与支撑

四、山石勾缝与胶结

1. 假山结合材料

（1）古代主要是以石灰为主，用石灰作胶结材料时，为了提高石灰的胶合性需加入一些辅助材料，配制成纸筋石灰、明矾石灰、桐油石灰和糯米浆拌石灰等。纸筋石灰凝固后硬度和韧性都有所提高，且造价相对较低。桐油石灰凝固较慢，造价高，但黏结性能良好，凝固后很结实，适宜小型石山的砌筑。明矾石灰和糯米浆石灰的造价较高，凝固后的硬度很大，黏结牢固，是较为理想的胶合材料。

（2）现代基本上全用水泥砂浆或混合砂浆来胶合山石。水泥砂浆的配制，是用普通灰色水泥和粗砂，按1∶1.5～1∶2.5比例加水调制而成，主要用来黏合石材、填充山石缝隙和为假山抹缝。有时，为了增加水泥砂浆的和易性和对山石缝隙的充满度，可以在其中加进适量的石灰浆，配成混合砂浆。

湖石勾缝再加青煤，黄石勾缝后刷铁屑盐卤，使缝的颜色与石色相协调。

2. 胶结操作

（1）胶结用水泥砂浆要现配现用。

（2）待胶合山石石面应先刷洗干净。

（3）待胶合山石石面应都涂上水泥砂浆（混合砂浆），并及时相互贴合、支撑捆扎固定。

（4）胶合缝应用水泥砂浆（混合砂浆）补平填平填满。

（5）胶合缝与山石颜色相差明显时，应用水泥砂浆（混合砂浆硬化前）对胶合缝撒布同色山石粉或砂子进行变色处理。

3. 假山抹缝处理

假山抹缝处理一般只要采用"柳叶抹"作为工具，再配合手持灰板和盛水泥砂浆的灰桶即可。抹缝时，为减少人工胶合痕迹，应使缝口的宽度尽量窄些，不要让水泥浆污染缝口周围的石面。对于缝口太宽处，要用小石片塞进填平，并用水泥砂浆抹光。抹缝的缝口形式一般采用平缝和阴缝两种。阳缝因露出水泥砂浆太多，人工胶合痕迹明显，在假山抹缝中一般不用。

4. 胶合缝表面处理

当假山所用石材是灰色、青灰色山石时，在抹缝完成后直接用扫帚将缝口表面扫干净，这样会使水泥缝口的抹光表面不再光滑，从而更加接近石面的质地。若为灰白色湖石砌筑假山，需要使用灰白色石灰砂浆抹缝，以使色泽相似。若为灰黑色山石砌筑，可在抹缝的水泥砂浆中加入炭黑，调制成灰黑色浆体后再抹缝。若为土黄色山石砌筑，需在水泥砂浆中加进柠檬铬黄。若为紫色、红色的山石砌筑，可利用铁红把水泥砂浆调制成紫红色浆体再用来抹缝等。

五、人工塑造山石

1. 基架设置

可根据石形和其他条件分别采用砖基架或钢筋混凝土基架。坐落在地面的塑山要有相应的地基处理。坐落在室内的塑山必须根据楼板的构造和荷载条件作结构设计，包括地梁和钢材梁、柱及支撑设计。基架将自然山形概括为内接的几何形体的桁架，并遍涂防锈漆两遍。

2. 铺设钢丝网

砖基架可设或不设钢丝网。一般形体较大者都必须设钢丝网。钢丝网要选易于挂泥的材料。若为钢基架则还宜先做分块钢架，附在形体简单的基架上，变几何形体为凸凹的自然外形，其上再挂钢丝网。钢丝网根据设计模型用木槌和其他工具成型。

3. 挂水泥砂浆以成石脉与皴纹

水泥砂浆中可加纤维性附加料以增加表面抗拉的力量，减少裂缝。以往常用 M7.5 水泥砂浆作初步塑型，用 M15 水泥砂浆罩面做最后成型。现在多以特种混凝土作为塑型成型的材料，其施工工艺简单、塑性良好。

4. 上色

根据设计对石色的要求，刷涂或喷涂非水溶性颜色，达到其设计效果。由于新材料新工艺不断推出，挂水泥砂浆或成石脉与皴纹、上色往往合并处理。如将颜料混合于灰浆中，直接抹上加工成型。也有先在工场制作出一块块仿石料，运到施工现场缚挂或焊挂在基架上，当整体成型达到要求后，对接缝及石脉纹理做进一步加工处理，即可成山。

5. 塑山喷吹新工艺

为了克服钢、砖骨架塑山存在着的施工技术难度大，皴纹很难逼真，材料自重大，易裂和褪色等缺陷，国内外园林科研工作者近年来探索出一种新型的塑山材料——玻璃纤维强化水泥（简称 GRC）。这种工艺在中央新闻电影制片厂、秦皇岛野生动物园、中共中央党校、北京重庆饭店庭园、广东飞龙世界、黑龙江大庆石油管理局体育中心海洋馆等工程中进行了实践，均取得了较好的效果。GRC 材料用于塑山的优点主要表现在以下几个方面：

（1）用 GRC 造假山石，石的造型、皴纹逼真，具有岩石坚硬润泽的质感。

（2）用 GRC 造假山石，材料自身质量轻，强度高，抗老化且耐水湿，易进行工厂化生产，施工方法简便、快捷，造价低，可在室内外及屋顶花园等处广泛使用。

（3）GRC 假山造型设计、施工工艺较好，与植物、水景等配合，可使景观更富于变化和表现力。

（4）GRC 造假山可利用计算机进行辅助设计，结束了过去假山工程无法做到的石块定位设计的历史，使假山不仅在制作技术，而且在设计手段上取得了新突破。

GRC 塑山的工艺流程由生产流程和安装流程组成，如图 5-7 和图 5-8 所示。

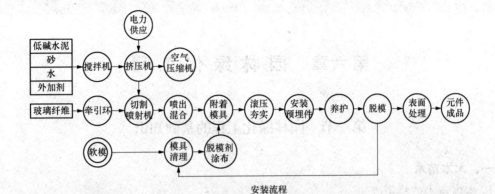

图 5-7　安装流程

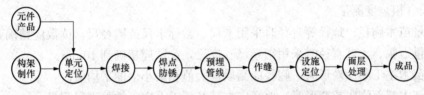

图 5-8　生产流程

第六章 园林绿化工程

第一节 园林绿化工程的基础知识

一、木本苗木

1. 木本苗木的检测方法

（1）综合控制指标。

综合控制指标应采用目测方式进行检测。

（2）长（粗）度测量。

1）测量苗木胸径、地径等直径时采用卡尺、游标卡尺或胸径尺，读数应精确到 1mm。

2）测量冠幅、土球直径时采用钢卷尺、皮尺，读数应精确到 10mm。

3）当苗木主干断面畸形时，胸径应测取最大值和最小值的平均值。

4）当苗木基部膨胀或变形时，地径应在其基部近上方正常处进行测量。

5）多干型乔木测量各分枝的地径，取三个最大地径的平均值。

（3）高度测量。

1）测量株高、分枝点高、棕榈类净干高、竹类秆高等高度时用钢卷尺、皮尺、测高器测量，读数应精确到 10mm。

2）当测量有主分枝灌木株高时，应取 3 个不同方向的主分枝高度的平均值。

3）分枝点高应在树冠修剪后测量地表面到第一轮侧枝处的垂直高度。

4）棕榈类苗木的净干高应测量地表面到叶鞘基部的垂直高度。

2. 木本苗木的检测规则

（1）苗木检验地点应设在苗木出圃地，供需双方同时履行检验手续，供方应对需方提供苗木的种（品种）名称、苗龄、移植次数等历史档案记录。

（2）珍贵苗木、大规格苗木、特殊规格苗木、孤植树、行道树、容器苗以及总数量少于 20 株的苗木应全数检验。

（3）同一批出圃苗木应进行一次性检验，并应按批（捆）量的 10％以上随机抽样进行质量检验。

（4）同一批苗木质量检验的合格率应大于 98％，成批出圃的苗木数量检验允许误差为 ±0.5％。

（5）送检方对检验结果有异议或争议时，可申请复检，以复检结果为准。

（6）苗木质量检验应分为合格检验和等级检验，苗木合格检验项为苗木综合控制指标、土球或根系幅度以及《园林绿化木本苗》（CJT 24—2018）附录中的主控指标，苗木等级检验项为附录中的主控指标和辅助指标。

3. 本木苗木标志、包装和运输

（1）标志。

1）苗木应带有标签，标签应防水且不易损坏。

2）标签上应有编号、种（品种）名称、苗龄、质量指标、苗木数量、起苗时间、供苗单位信息、检疫证明编号、检验机构等信息。

3）标签挂设以苗木种类或包装件数为单位。

（2）包装。

1）裸根苗木起运前，应适度修剪枝叶、绑扎树冠，并用保湿材料覆盖和包装。

2）带土球苗木，掘苗后应立即包装，并应做到土球包装结实规范、不裂不散。

3）包扎土球用绳索粗细应适度，质地结实。土球包扎形应根据树种、规格、土壤质地、运输距离、装运方式选定。

4）包装应附苗木质量检验证书，苗木质量检验证书宜包含（但不限于）表 6-1 中的内容。向外地调运的苗木，应经过检疫并附植物检疫证书。苗木出圃或引进涉及进出国境时，应履行进出口检验手续。

表 6-1　　　　　　　　　　　　苗木质量检验证书

编号		供苗单位			
树种		拉丁学名			
苗龄		在圃时长		数量	
起苗日期		发苗日期		假植时间	
主控指标		检验结果		检验时间	
植物检疫证号		检验机构信息			

（3）运输。

掘苗后的苗木应及时运输，在长途运输中应专人养护，保持苗木应有适宜的温度和湿度，防止苗木不应曝晒、风干、雨淋和机械损伤。

4. 木本苗木一般要求

（1）土球苗、裸根苗综合控制指标见表 6-2。

表 6-2　　　　　　　　　　土球苗、裸根苗综合控制指标

序号	项目	综合控制指标
1	树冠形态	形态自然周正，冠型丰满，无明显偏冠、缺冠、冠径最大值与最小值的比值宜小于 1.5；乔木植株高度、胸径、冠幅比例匀称；灌木冠层和基部饱满度一致，分枝数为 3 枝以上；藤木主蔓长度和分枝数与苗龄相符
2	枝干	枝干紧实、分枝形态自然、比例适度，生长枝节间比例匀称；乔木植株主干挺直、树皮完整，无明显空洞、裂缝、虫洞、伤口、划痕等；灌木、藤木等植株分枝形态匀称，枝条坚实有韧性
3	叶片	叶型标准匀称，叶片硬挺饱满、颜色正常，无明显蛀眼、卷蔫、萎黄或坏死
4	根系	根系发育良好，无病虫害、无生理性伤害和机械损害等
5	生长势	植株健壮，长势旺盛，不因修剪造型等造成生长势受损，当年生枝条生长量明显

（2）容器苗综合控制指标见表6-3。

表6-3　　　　　　　　　　　　　容器苗综合控制指标

序号	项目	综合控制指标
1	根系	根系发达，已形成良好根团，根球完好
2	容器	容器尺寸与冠幅、株高相匹配，材质应有足够的韧度与硬度

（3）土球和根系幅度。

1）土球苗土球规格见表6-4。

表6-4　　　　　　　　　　　　　土球苗土球规格

序号	项目	规格
1	乔木	土球苗土球直径应为其胸径的8～10倍，土球高度应为土球直径的4/5以上
2	灌木	土球苗土球直径应为其冠幅的1/3～2/3，土球高度为其土球直径的3/5以上
3	棕榈	土球苗土球直径应为其地径的2～5倍，土球高度应为土球直径的2/3以上
4	竹类	土球足够大，至少应带来鞭300mm，去鞭400mm，竹鞭两端各不少于1个鞭芽，且保留足量的护心土，保护竹鞭、竹兜不受损

注　常绿苗木、全冠苗木、落叶珍贵苗木、特大苗木和不易成活苗木以及有其他特殊质量要求的苗木应带土球掘苗，且应依据实际情况进行调整。

2）裸根苗根系幅度规格见表6-5。

表6-5　　　　　　　　　　　　　裸根苗根系幅度

序号	项目	规格
1	乔木	裸根苗根系幅度应为其胸径的8～10倍，且保留护心土
2	灌木	裸根苗根系幅度应为其冠幅的1/2～2/3，且保留护心土
3	棕榈	裸根苗根系幅度应按其地径的3～6倍，且保留护心土

注　超大规格裸根苗木的根系幅度应依据实际情况进行调整。

二、球根花卉种球

1. 球根花卉种球的基本要求

球根花卉种球质量应符合表6-6的要求。在正常气候和常规培养与管理条件下，种球栽植后应能够在第一个生长周期中开花，并应达到观赏要求。种球品种纯度应大于99%。

表6-6　　　　　　　　　　　　　球根花卉种球质量

质量要求	外观	种皮外膜	芽眼芽体	病虫害症状
鳞茎类	充实、无腐烂、无畸形、不干瘪	皮膜基本完好（水仙除外）	中心芽饱满无损坏，鳞片排列紧密	无
球茎类	坚实、无腐烂、无畸形	外膜皮无缺损	主芽饱满无损坏	无
块茎类	充实、无腐烂、无畸形	—	主芽饱满，芽眼无损坏	无
根茎类	节间充实、无腐烂、无畸形	—	主芽饱满，芽体无损坏	无
块根类	充实、无腐烂、无畸形	—	根茎部无损坏	无

2. 检验方法

（1）圆周长测定。

测量种球圆周长应用软尺，读数应精确到 0.1cm。测量鳞茎类种球规格，可自制环形网筛，网筛上应有不同规格的网眼，并应以此筛分种球和划分等级；水仙类鳞茎应按照中央主球周长手工测量分级。测量球茎类、根茎类种球的圆周长和直径，应在种球风干后，垂直于种球茎轴测其最大数值。测量块茎类和块根类种球的圆周长和直径，应测其最大值和最小值，再求平均值。

（2）外观检测。

目测种球应饱满充实、无腐烂现象、无机械损伤、无病斑和虫体危害等污染状况，皮膜、根盘等应完好。目测芽眼或芽体应无损伤。

种球检疫应按照《鳞球茎花卉检疫规程》（GB/T 28061—2011）中的规定执行。

3. 检验规则

球根花卉种球产品抽检与取样应按照 GB/T 28061 中的规定执行。同一产地、同一品种、同一批次的产品应一个批号。同一批种球规格质量检验的合格率应大于 99%，数量检验允许误差应为 ±0.5%。送检方对检验结果有异议或争议时，可申请复检，以复检结果为准。

4. 标志、包装、运输和贮存

（1）标志。

种球包装后，应带有标牌出圃，应以标牌作为标志。标牌上应有种球的属名、种（变种）名或品种名、规格、数量、种球生产商及生产日期、产地、联系方式，宜有条形码或二维码等内容。标牌的设计应以球根花卉的种（变种）名或品种名为单元。

（2）包装。

种球的包装应按种类、规格等级、数量进行，可选用标准化包装箱。种球的包装应透气，包装内种球应排列紧密不松散，应以填充物填充。包装物应牢固，包装内种球的种类、数量、规格等级、生产日期应与标牌一致。

（3）运输。

运输过程中应控制好温度，应防震、防压和防雨雪。

（4）贮存。

应根据不同种类种球的要求，采取相应的贮存温度、湿度和技术措施。干藏的种球应充分干燥，通风良好；湿藏的种球应埋入微湿的草炭、锯末或沙子中。同一批次、同一种（品种）、同一规格应放置在一起，以防混杂。

第二节 树 木 栽 植

一、技术栽植要求

1. 移植期

移植期是指栽植树木的时间。树木是有生命的机体，在一般情况下，夏季树木生命活动最旺盛，冬天其生命活动最微弱或近乎休眠状态，可见，树木的种植是有季节性的。移植的最佳时间是在树木休眠期，也有因特殊需要进行非植树季节栽植树木的情况，但需经特殊处理。

　　华北地区大部分落叶树和常绿树在3月上中旬至4月中下旬种植。常绿树、竹类和草皮等，在7月中旬左右进行雨季栽植。秋季落叶后可选择耐寒、耐旱的树种，用大规格苗木进行栽植，这样可以减轻春季植树的工作量。一般常绿树、果树不宜秋天栽植。

　　华东地区落叶树的种植，一般在2月中旬至3月下旬，在11月上旬至12月中下旬也可以。早春开花的树木，应在11月至12月种植。常绿阔叶树以3月下旬最宜，6～7月、9～10月进行种植也可以。香樟、柑橘等以春季种植为好。针叶树春、秋都可以栽种，但以秋季为好。竹子一般在9～10月栽植为好。

　　东北和西北北部严寒地区，在秋季树木落叶后、土地封冻前种植成活更好。冬季采用带冻土移植大树，其成活率也很高。

　　2. 树木种植对环境的要求

　　(1) 温度。

　　植物的自然分布和气温有密切的关系，不同的地区应选用能适应该区域条件的树种，且栽植当日平均温度等于或略低于树木生物学最低温度时，种植成活率高。

　　(2) 光照。

　　植物的同化作用是光反应，一般光合作用的速度随着光强度的增加而加强。在光线强的情况下，光合作用强，植物生命特征表现强。弱光时，光合作用吸收的二氧化碳与呼吸作用放出的二氧化碳是同一数值时，这个数值称作光饱和点。植物的种类不同，光饱和点也不同。光饱和点低的植物耐阴，在光线较弱的地方也可以生长。反之，光饱和点高的植物喜阳，在光线强的情况下，光合作用强；若光合作用减弱，甚至致使其不能生育。由此可见，阴天或遮光条件对植物种植成活率有利。

　　(3) 土壤。

　　土壤是树木生长的基础，它是通过其中水分、肥分、空气、温度等来影响植物生长的。土壤水分和土壤的物理组成有密切的关系，对植物生长有很大影响。适宜植物生长的最佳土壤是：矿物质45%，有机质5%，空气20%，水30%（体积比）。矿物质是由大小不同的土壤颗粒组成的。种植树木和草类的土质类型最佳质量百分率（%）见表6-7。土壤水分是叶内发生光合作用时水分的来源，当土壤不能提供根系所需的水分时，植物就产生枯萎，当达到永久枯萎点时，植物便死亡。因此，在初期枯萎以前，必须开始浇水。掌握土壤含水率，即可及时补水。树木有深根性和浅根性两种。种植深根性的树木应有深厚的土壤，在移植大乔木时，比小乔木、灌木需要更多的根土，所以栽植地要有较大的有效深度。各类植物生长所必需的最低限度土层厚度见表6-8。

表6-7　　　　　　　　　　　　　　树木和草的土质类型

种类	黏土	黏砂土	砂
树木	15%	15%	70%
草类	10%	10%	80%

表 6-8 各类植物生长所必需的最低限度土层厚度

种类	植物生存的最小厚度/cm	植物培育的最小厚度/cm
草类、地被	15	30
小灌木	30	45
大灌木	45	60
浅根性乔木	60	90
深根性乔木	90	150

二、准备工作

1. 明确设计意图及施工任务量

在接受施工任务后应通过工程主管部门及设计单位明确以下问题：

(1) 绿化的目的、施工完成后所要达到的景观效果。

(2) 根据工程投资及设计概（预）算，选择合适的苗木和施工人员，根据工程的施工期限，安排每种苗木的栽植完成日期。

(3) 工程技术人员还应了解施工地段的地上、地下情况，和有关部门配合，以免施工时造成事故。

2. 编制施工组织计划

在明确设计意图及施工任务量的基础上，还应对施工现场进行调查，调查的主要项目有：施工现场的情况，以确定所需的客土量；施工现场的交通状况，各种施工车辆和吊装机械能否顺利出入；施工现场的供水、供电；是否需办理各种拆迁，施工现场附近的生活设施等。根据所了解的情况和资料编制施工组织计划，其主要内容有：施工组织领导；施工程序及进度；制订劳动定额；制订工程所需的材料、工具及提供材料工具的进度表；制订机械及运输车辆使用计划及进度表；制订种植工程的技术措施和安全、质量要求；绘出平面图，在图上应标有苗木假植位置、运输路线和灌溉设备等的位置；制定施工预算。

3. 施工现场准备

(1) 现场调查。施工前，应调查施工现场的地上和地下情况，向有关部门了解地上物的处理要求及地下管线分布情况，以免施工时发生事故。

(2) 清理障碍物。在施工场地上凡是对施工有碍的设施和废弃建筑物应进行拆除和迁移，并予以妥善处理。对不需要保留的树木应连根除掉。对建筑工程遗留下的灰槽、灰渣、砂石、砖瓦及建筑垃圾等应全部清除。缺土的地方，应换入肥沃土壤，以利于植物生长。

(3) 整理地形。对有地形要求的地段，应按设计图纸规定范围和高程进行整理；其余地段应在清除杂草后进行整平，但要注意排水畅通。

三、定点与放线

1. 一般规定

(1) 定点放线要以设计提供的标准点或固定建筑物、构筑物等为依据。

(2) 定点放线应符合设计图纸要求，位置要准确，标记要明显。定点放线后应由设计或有关人员验点，合格后方可施工。

(3) 规则式种植，树穴位置必须排列整齐，横平竖直。行道树定点，行位必须准确，大约每 50m 钉一控制木桩，木桩位置应在株距之间。树位中心可用镐刨坑后放白灰。

（4）孤立树定点时，应用木桩标志树穴的中心位置上，木桩上写明树种和树穴的规格。

（5）绿篱和色带、色块，应在沟槽边线处用白灰线标明。

2. 行道树的定点放线

道路两侧成行列式栽植的树木，称行道树。要求栽植位置准确，株行距相等（在国外有用不等距的）。一般是按设计断面定点。在已有道路旁定点，以路牙为依据，然后用皮尺、钢尺或测绳定出行位，再按设计定株距，每隔 10 株于株距中间钉一木桩（不是钉在所挖坑穴的位置上），作为行位控制标记的依据，以确定每株树木坑（穴）位置，然后用白灰点标出单株位置。

由于道路绿化与市政、交通、沿途单位、居民等关系密切，植树位置的确定，除和规定设计部门配合协商外，在定点后还应请设计人员验点。

3. 自然式定位放线

（1）坐标定点法。根据植物配置的疏密度先按一定的比例在设计图及现场分别打好方格，在图上用尺量出树木在某方格的纵横坐标尺寸，再按此位置用皮尺标示在现场相应的方格内。

（2）仪器测放法。用经纬仪或小平板仪，依据地上原有基点或建筑物、道路将树群或孤植树依照设计图上的位置依次定出每株的位置。

（3）目测法。对于设计图上无固定点的绿化种植，如灌木丛、树群等，可用上述两种方法画出树群的栽植范围，其中每株树木的位置和排列可根据设计要求在所定范围内用目测法进行定点。定点时应注意植株的生态要求并注意自然美观。定好点后，多采用白灰打点或打桩，标明树种、栽植数量（灌木丛、树群）、坑径等。

四、栽植穴、槽的挖掘

1. 栽植穴质量、规格要求

栽植穴、槽的质量，对植株以后的生长有很大的影响。除按设计确定位置外，应根据根系或土球大小、土质情况来确定坑（穴）径大小。一般来说，栽植穴规格应比规定的根系或土球直径大 60～80cm。深度加深 20～30cm，并留 40cm 的操作沟。坑（穴）或沟槽口径应上下一致，以免植树时根系不能舒展或填土不实。栽植穴、槽的规格，可参见表 6-9～表 6-13。

表 6-9　　常绿乔木类种植穴规格　　（单位：mm）

树高	土球直径	种植穴深度	种植穴直径
150	40～50	50～60	80～90
150～250	70～80	80～90	100～110
250～400	80～100	90～110	120～130
400 以上	140 以上	120 以上	180 以上

表 6-10　　落叶乔木类种植穴规格　　（单位：mm）

胸径	种植穴深度	种植穴直径	胸径	种植穴深度	种植穴直径
2～3	30～40	40～60	5～6	60～70	80～90
3～4	40～50	60～70	6～8	70～80	90～100
4～5	50～60	70～80	8～10	80～90	100～110

表 6 - 11 花灌木类种植穴规格 （单位：mm）

冠径	种植穴深度	种植穴直径
200	70～90	90～110
100	60～70	70～90

表 6 - 12 竹类种植穴规格 （单位：mm）

种植穴深度	种植穴直径
盘根或土球深	比盘根或土球大
20～40	40～50

表 6 - 13 绿篱类种植穴规格 （单位：mm）

苗高 \ 深×宽 \ 种植方式	单行	双行
50～80	40×40	40×60
100～120	50×50	50×70
120～50	60×60	60×80

2. 栽植穴挖掘注意事项

栽植穴的形状应为直筒状，穴底挖平后把底土稍耙细，保持平底状。穴底不能挖成尖底状或锅底状。在新土回填的地面挖穴，穴底要用脚踏实或夯实，以免后来灌水时渗漏太快。在斜坡上挖穴时，应先将坡面铲成平台，然后再挖栽植穴，而穴深则按穴口的下沿计算。

挖穴时挖出的坑土若含碎砖、瓦块、灰团太多，就应另换好土栽树。若土中含有少量碎块，则可除去碎块后再用。如果挖出的土质太差，也要换成客土。

栽植穴挖好之后，一般即可开始种树。但若种植土太瘦瘠，就先要在穴底垫一层基肥。基肥一定要用经过充分腐熟的有机肥，如堆肥、厩肥等。基肥层以上还应当铺一层壤土，厚5cm 以上。

五、掘苗（起苗）

1. 选苗

在起苗之前，首先要进行选苗。除了根据设计对规格和树形的特殊要求外，还要注意选择生长健壮、无病虫害、无机械损伤、树形端正和根系发达的苗木。做行道树种植的苗木分枝点应不低于 2.5m。选苗时还应考虑起苗包装运输的方便。苗木选定后，要挂牌或在根基部位画出明显标记，以免挖错。

2. 掘苗前的准备工作

起苗时间最好是在秋天落叶后或土冻前、解冻后均可，因此时正值苗木休眠期，生理活动微弱，起苗对它们影响不大，起苗时间和栽植时间最好能紧密配合，做到随起随栽。

为了便于挖掘，起苗前 1～3d 可适当浇水使泥土松软，对起裸根苗来说也便于多带宿土，少伤根系。

3. 掘苗规格

掘苗规格主要指根据苗高或苗木胸径确定苗木的根系大小。苗木的根系是苗木的重要器官，受伤的、不完整的根系将影响苗木生长和苗木成活，苗木根系是苗木分级的重要指标。因此，起苗时要保证苗木根系符合有关的规格要求，参见表 6-14～表 6-16。

表 6-14　　　　　　　　　　　　小苗的掘苗规格

苗木高度/cm	应留根系长度/cm	
	侧根（幅度）	直根
<30	12	15
31～100	17	20
101～150	20	20

表 6-15　　　　　　　　　　　　大、中苗的掘苗规格

苗木胸径/cm	应留根系长度/cm	
	侧根（幅度）	直根
3.1～4.0	35～40	25～30
4.1～5.0	45～50	35～40
5.1～6.0	50～60	40～50
6.1～8.0	70～80	45～55
8.1～10.0	85～100	55～65
10.1～12.0	100～120	65～75

表 6-16　　　　　　　　　　　　带土球苗的掘苗规格

苗木高度/cm	土球规格/cm	
	横径	纵径
<100	30	20
101～200	40～50	30～40
201～300	50～70	40～60
301～400	70～90	60～80
401～500	90～110	80～90

4. 掘苗要求

掘苗时间和栽植时间最好能紧密配合，做到随起随栽。掘苗时，常绿苗应当带有完整的根团土球，土球散落的苗木成活率会降低。土球的大小一般可按树木胸径的 10 倍左右确定。对于特别难成活的树种要考虑加大土球，土球的包装方法，如图 6-1 所示。土球高度一般可比宽度少 5～10cm。一般的落叶树苗也多带有土球，但在秋季和早春起苗移栽时，也可裸根起苗。裸根苗木若运输距离比较远，需要在根苑里填塞湿草，或在其外包裹塑料薄膜保湿，以免根系失水过多，影响栽植成活率。为了减少树苗水分蒸腾，提高移栽成活率，掘苗后、装车前应进行粗略修剪。

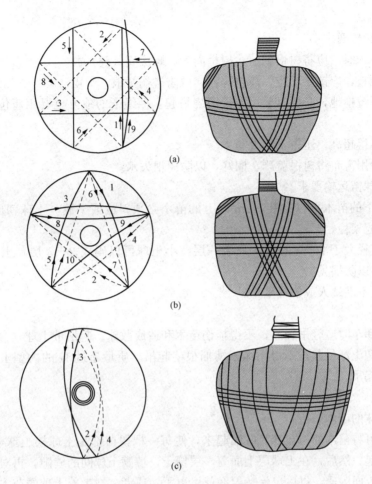

图 6-1　土球包装方法示意图

(a) 五角包；(b) 井字包；(c) 橘子包

六、包装运输与假植

1. 包装

落叶乔、灌木在掘苗后、装车前应进行粗略修剪，以便于装车运输和减少树木水分的蒸腾。

包装前应先对根系进行处理，一般是先用泥浆或水凝胶等吸水保水物质蘸根，以减少根系失水，然后再包装。泥浆一般是用黏度比较大的土壤，加水调成糊状。水凝胶是由吸水极强的高分子树脂加水稀释而成的。

包装要在背风庇荫处进行，有条件时可在室内、棚内进行。包装材料可用麻袋、蒲包、稻草包、塑料薄膜、牛皮纸袋、塑膜纸袋等。无论是包裹根系，还是全苗包装，包裹后要将封口扎紧，减少水分蒸发，防止包装材料脱落。将同一品种相同等级的存放在一起，挂上标签，便于管理和销售。

包装的程度视运输距离和存放时间而定。运距短，存放时间短，包装可简便一些；运距长，存放时间长，包装要细致一些。

2. 运输

（1）根苗运输要求。

1）装运乔木时，应将树根朝前，树梢向后，顺序安（码）放。

2）车后厢板，应铺垫草袋、蒲包等物，以防碰伤树根、干皮。

3）树梢不得拖地，必要时要用绳子围绕吊起，捆绳子的地方也要用蒲包垫上，不要使其勒伤树皮。

4）装车不得超高，压得不要太紧。

5）装完后用苫布将树根盖严、捆好，以防树根失水。

（2）带土球苗运输要求。

1）2m 以下的苗木可以立装，2m 以上的苗木必须斜放或平放。土球朝前，树梢向后，并用木架将树冠架稳。

2）土球直径大于 20cm 的苗木只装一层，小土球可以码放 2～3 层。土球之间必须安（码）放紧密，以防摇晃。

3）土球上不准站人或放置重物。

（3）卸车。

苗木在装卸车时应轻吊轻放，不得损伤苗木和造成散球。起吊带土球（台）的小型苗木时，应用绳网兜土球吊起，不得用绳索缚捆根茎起吊。质量超过 1t 的大型土球，应在土球外部套钢丝缆起吊。

3. 假植

（1）带土球的苗木假植。

假植时，可将苗木的树冠捆扎收缩起来，使每一棵树苗都是土球挨土球，树冠靠树冠，密集地挤在一起。然后，在土球层上面盖一层壤土，填满土球间的缝隙，再对树冠及土球均匀地洒水，使上面湿透，以后仅保持湿润就可以了；或者，把带着土球的苗木临时性地栽到一块绿化用地上，土球埋入土中 1/3～1/2 深，株距则视苗木假植时间长短和土球、树冠的大小而定。一般土球与土球之间相距 15～30cm 即可。苗木成行列式栽好后，浇水保持一定湿度即可。

（2）裸根苗木假植。

裸根苗木必须当天种植，自起苗开始，暴露时间不宜超过 8h，当天不能种植的苗木应进行假植。对裸根苗木，一般采取挖沟假植方式，先要在地面挖浅沟，沟深 40～60cm。然后将裸根苗木一棵棵紧靠着呈 30°角斜栽到沟中，使树梢朝向西边或朝向南边。如树梢向西，开沟的方向为东西向；若树梢向南，则沟的方向为南北向。苗木密集斜栽好以后，在根蔸上分层覆土，层层插实。以后，经常对枝叶喷水，保持湿润。

不同的苗木假植时，最好按苗木种类和规格分区假植，以方便绿化施工。假植区的土质不宜太泥泞，地面不能积水，在周围边沿地带要挖沟排水。假植区内要留出起运苗木的通道。在太阳特别强烈的日子里，假植苗木上面应该设置遮光网，减弱光照强度。对珍贵树种和非种植季节所需苗木，应在合适的季节起苗，并用容器假植。

七、苗木种植前的修剪

1. 根系修剪

为保持树姿平衡，保证树木成活，种植前应进行苗木根系修剪，宜将劈裂根、病虫根、过长根剪除，并对树冠进行修剪，保持地上地下平衡。

2. 乔木类修剪

（1）具有明显主干的高大落叶乔木应保持原有树形，适当疏枝，对保留的主侧枝应在健壮芽上短截，可剪去枝条 1/5～1/3。

（2）无明显主干、枝条茂密的落叶乔木，对干径 10cm 以上的，可疏枝保持原树形；对干径为 5～10cm 的苗木，可选留主干上的几个侧枝，保持原有树形进行短截。

（3）枝条茂密具圆头形树冠的常绿乔木可适量疏枝。树叶集生树干顶部的苗木可不修剪。具轮生侧枝的常绿乔木用作行道树时，可剪除基部 2～3 层轮生侧枝。

（4）常绿针叶树，不宜修剪，只剪除病虫枝、枯死枝、生长衰弱枝、过密的轮生枝和下垂枝。

（5）用作行道树的乔木，定干高度宜大于 3m，第一分枝点以下枝条应全部剪除，分枝点以上枝条酌情疏剪或短截，并应保持树冠原型。

（6）珍贵树种的树冠宜做少量疏剪。

3. 灌木及藤蔓类修剪

（1）带土球或湿润地区带宿土裸根苗木及上年花芽分化的开花灌木不宜做修剪，当有枯枝、病虫枝时应予剪除。

（2）枝条茂密的大灌木，可适量疏枝。

（3）对嫁接灌木，应将接口以下砧木萌生枝条剪除。

（4）分枝明显、新枝着生花芽的小灌木，应顺其树势适当强剪，促生新枝，更新老枝。

（5）用作绿篱的乔灌木，可在种植后按设计要求整形修剪。苗圃培育成型的绿篱，种植后应加以整修。

（6）攀缘类和蔓性苗木可剪除过长部分。攀缘上架苗木可剪除交错枝、横向生长枝。

4. 苗木修剪质量要求

（1）剪口应平滑，不得劈裂。

（2）枝条短截时应留外芽，剪口应距留芽位置以上 1cm。

（3）修剪直径 2cm 以上大枝及粗根时，截口必须削平并涂防腐剂。

八、定植

1. 定植的方法

（1）将苗木的土球或根蔸放入种植穴内，使其居中。

（2）将树干立起扶正，使其保持垂直。

（3）分层回填种植土，填土至一半后，将树根稍向上提一提，使根茎部位置与地表相平，让根群舒展开，每填一层土就要用锄把将土压紧实，直到填满穴坑，并使土面能够盖住树木的根茎部位。

（4）检查扶正后，把余下的穴土绕根茎一周进行培土，做成环形的拦水围堰。其围堰的直径应略大于种植穴的直径，堰土要拍压紧实，不能松散。

（5）种植裸根树木时，将原根际埋下 3～5cm 即可，种植穴底填土呈半圆土堆，置入树木填土至 1/3 时，应轻提树干使根系舒展，并充分接触土壤，随填土分层踏实。

（6）带土球树木必须踏实穴底土层，而后置入种植穴，填土踏实。

（7）绿篱成块种植或群植时，应按由中心向外顺序退植。坡式种植时应由上向下种植。

大型块植或不同彩色丛植时，宜分区分块。

（8）假山或岩缝间种植，应在种植土中掺入苔藓、泥炭等保湿透气材料。

（9）落叶乔木在非种植季节种植时，应根据不同情况分别采取以下技术措施。

①苗木必须提前采取疏枝、环状断根或在适宜季节起苗用容器假植等处理。

②苗木应进行强修剪，剪除部分侧枝，保留的侧枝也应疏剪或短截，并应保留原树冠的1/3，同时必须加大土球体积。

③可摘叶的应摘去部分叶片，但不得伤害幼芽。

④夏季可采取搭棚遮阴、树冠喷雾、树干保湿等措施，保持空气湿润；冬季应防风防寒。

⑤干旱地区或干旱季节，种植裸根树木应采取根部喷布生根激素、增加浇水次数等措施。

（10）对排水不良的种植穴，可在穴底铺 10～15cm 砂砾或铺设渗入管、盲沟，以利排水。

（11）栽植较大的乔木时，在定植后应加支撑，以防浇水后大风吹倒苗木。

2. 注意事项和要求

（1）树身上、下应垂直。如果树干有弯曲，其弯向应朝当地风方向。行列式栽植必须保持横平竖直，左右相差最多不超过树干一半。

（2）栽植深度：裸根乔木苗，应较原根茎土痕深 5～10cm；灌木应与原土痕齐；带土球苗木比土球顶部深 2～3cm。

（3）行列式植树，应事先栽好"标杆树"。方法是：每隔 20 株左右，用皮尺量好位置，先栽好一株，然后以这些标杆树为瞄准依据，全面开展栽植工作。

（4）灌水堰筑完后，将捆拢树冠的草绳解开取下，使枝条舒展。

九、栽植后的养护管理

1. 立支柱

较大苗木为了防止被风吹倒，应立支柱支撑；多风地区尤应注意，沿海多台风地区，往往需埋水泥预制柱以固定高大乔木。

（1）单支柱：用固定的木棍或竹竿，斜立于下风方向，深埋入土 30cm。支柱与树干之间用草绳隔开，并将两者捆紧。

（2）双支柱：用两根木棍在树干两侧，垂直钉入土中。支柱顶部捆一横档，先用草绳将树干与横档隔开以防擦伤树皮，然后用绳将树干与横档捆紧。

行道树立支柱，应注意不影响交通，一般不用斜支法，常用双支柱、三脚撑或定型四脚撑。

2. 灌水

树木定植后 24h 内必须浇上第一遍水，定植后第一次灌水称为头水。水要浇透，使泥土充分吸收水分，灌头水主要目的是通过灌水将土壤缝隙填实，保证树根与土壤紧密结合以利根系发育，故亦称为压水。水灌完后应做一次检查，由于踩不实树身会倒歪，要注意扶正，树盘被冲坏时要修好。之后应连续灌水，尤其是大苗，在气候干旱时，灌水极为重要，千万不可疏忽。常规做法为定植后必须连续灌 3 次水，之后视情况适时灌水。第一次连续 3 天灌水后，要及时封堰（穴），即将灌足水的树盘撒上细面土封住，称为封堰，以免蒸发和土表开裂透风。树木栽植后的浇水量，参见表 6-17。

表 6 - 17   树木栽植后的浇水量

乔木及常绿树胸径/cm	灌木高度/m	绿篱高度/m	树堰直径/cm	浇水量/kg
—	1.2~1.5	1~1.2	60	50
—	1.5~1.8	1.2~1.5	70	75
3~5	1.8~2	1.5~2	80	100
5~7	2~2.5	—	90	200
7~10	—	—	110	250

3. 扶植封堰

(1) 扶直。浇的第一遍水渗入后的次日，应检查树苗是否有倒、歪现象，若有应及时扶直，并用细土将堰内缝隙填严，将苗木固定好。

(2) 中耕。水分渗透后，用小锄或铁耙等工具，将土堰内的土表锄松，称"中耕"。中耕可以切断土壤的毛细管，减少水分蒸发，有利保墒。植树后浇三水之间，都应中耕一次。

(3) 封堰。浇第三遍水并待水分渗入后，用细土将灌水堰内填平，使封堰土堆稍高于地面。土中如果含有砖石杂质等物，应挑拣出来，以免影响下次开堰。华北、西北等地秋季植树，应在树干基部堆成 30cm 高的土堆，以保持土壤水分，并能保护树根，防止风吹摇动，影响成活。

4. 其他养护管理

(1) 对受伤枝条和栽前修剪不理想的枝条，应进行复剪。

(2) 对绿篱进行造型修剪。

(3) 防治病虫害。

(4) 进行巡查、围护、看管，防止人为破坏。

(5) 清理场地，做到工完场净，文明施工。

十、突破季节限制的绿化施工

正常的树木移植应该在树木的休眠期进行，因为此时移植符合植物生长规律，移植成活率高。各地区正常植树都在春季进行，一些树木可在秋季进行。如果在树木旺盛生长时进行移植，会影响或破坏树木正常的代谢，树势的恢复就很难。但是采取一定的措施，也可以突破季节限制进行移植。树木正常生长阶段进行移植为"非正常季节移植"。

1. 保护根系的技术措施

为了保护移栽苗的根系完整，使移栽后的植株在短期内迅速恢复根系吸收水分和营养的功能，在非正常季节进行树木移植，移栽苗木必须采用带土球移植或箱板移植。在正常季节移植的规范基础上，再放大一个规格。原则上根系保留得越多越好。

2. 抑制蒸发量的技术措施

(1) 枝条修剪。

非正常季节的苗木移植前应加大修剪量，以抑制叶面的呼吸和蒸腾作用。落叶树可对侧枝进行截干处理，留部分营养枝和萌生力强的枝条，修剪量可达树冠生物量的 1/2 以上。常绿阔叶树可采取收缩树冠的方法，截去外围的枝条，适当疏剪树冠内部不必要的弱枝和交叉枝，多留强壮的萌生枝，修剪量可达 1/3 以上。针叶树以疏枝为主，如松类可对轮生枝进行疏除，但必须尽量保持树形。柏类最好不进行移植修剪。苗木修剪要求剪口平滑，不得劈裂，留芽位置规范，剪（锯）口必须削平并涂刷消毒防腐剂。

对具有易挥发芳香油和树脂的针叶树、香樟等，应在移植前一周进行修剪，凡10cm以上的大伤口应光滑平整，经消毒，并涂刷保护剂。

珍贵树种的树冠宜做少量疏剪。

带土球灌木或湿润地区带宿土的裸根苗木、上年花芽分化的开花灌木不宜做修剪，仅可将枯枝、伤残枝和病虫枝剪除；对嫁接灌木，应将接口以下砧木萌生枝条剪除；当年花芽分化的灌木，应顺其树势适当强剪，可促生新枝，更新老枝。

（2）摘叶。

对于枝条再生萌发能力较弱的阔叶树种及针叶类树种，不宜采用大幅度修枝的操作。为减少叶面水分蒸腾量，可在修剪病枝、枯枝、伤枝及徒长枝的同时，采取摘除部分（针叶树）或大部分（阔叶树）叶子的方法来抑制水分的蒸发。摘叶可采用摘全叶和剪去叶的一部分两种做法。摘全叶时应留下叶柄，保护腋芽。

（3）喷洒药剂。

用稀释500～600倍的抑制蒸发剂对移栽树木的叶面实施喷雾，可有效抑制移栽植物在运输途中和移栽初期叶面水分的过度蒸发，提高植物移栽成活率。抑制蒸腾剂分两类：一类属物理性质的有机高分子膜，相当于盖一层不透气的布，保持叶片水分，高分子膜容易破损，3～5d喷一次，下雨后补喷一次；另一类是生物化学性质的，可促使气孔关闭，达到抑制水分蒸腾的目的。

（4）喷雾。

采取喷淋方式，增加树冠局部湿度，控制蒸腾。喷淋可采用高压水枪或喷雾器，为避免造成根际积水烂根，要求雾化程度要高，或在移植树冠下临时以薄膜覆盖。

（5）遮阴。

搭棚遮阴，降低叶表温度，可有效地抑制蒸腾强度。在搭设的井字架上盖上遮阴度为60％～70％的遮阳网，在夕阳（西北）方向应置立向遮阳网。荫棚遮阳网应与树冠有50cm以上的距离空间，以利于棚内的空气流通。

（6）树干保湿。

对移栽树木的树干进行保湿也是必要的。常用的树干保湿方法有两种。

1）绑膜保湿。用草绳将树干包扎好，将草绳喷湿，然后用塑料薄膜包于草绳之外捆扎在树干上。树干下部靠近地面，让薄膜铺展开，薄膜周边用土压好，此做法对树干和土壤保增都有好处。为防止夏季薄膜内温度和湿度过高引起树皮霉变受损，可在薄膜上适当扎些小孔透气；也可采用麻布代替塑料薄膜包扎，但其保水性能稍差，必须适当增加树干的喷水次数。

2）封泥保湿。对于非开放性绿化工程，可以在草绳外部抹上2～3cm厚的泥糊，由于草绳的拉结作用，土层不会脱落。当土层干燥时，喷雾保湿。用封泥的方法投资很少，既可保湿，又能透气，是一种比较经济实惠的保湿手段。

3. 恢复树势的技术措施

（1）土壤的预处理。

非正常季节移植的苗木根系遭到机械破坏，急需恢复生机。此时根系周围土壤理化性状是否有利于促生发根至关重要。要求种植土湿润、疏松、透气性和排水性良好。采取相应的客土改良等措施。

（2）利用生长素刺激生根。

移植苗在挖掘时根系受损，为促使萌生新根可利用生长素。具体措施可采用在种植后的苗木土球周围打洞灌药的方法。洞深为土球的 1/3，施浓度为 1000mg/m² 的生根粉或浓度为 500mg/m² 的茶乙酸，生根粉用少量酒精将其溶解，然后加清水配成额定浓度进行浇灌。还可在移植苗栽植前剥除包装，在土球立面喷浓度为 1000mg/m² 的生根粉，使其渗入土球中。

（3）加强后期养护管理。

俗话说"三分种七分养"，在苗木成活后，必须加强后期养护管理，及时进行根外施肥、抹芽、支撑加固、病虫害防治及地表松土等一系列复壮养护措施，促进新根和新枝的萌发。后期养护应包括进入冬季的防寒措施，使得移栽苗木安全过冬。常用方法有风障、护干、铺地膜等。

（4）抗寒措施。

对引进的边缘树种，移植的当年应采取适当的防寒措施。

第三节 大 树 移 植

一、大树移植的原则

1. 树种选择

大树移植的成功与否首先取决于树种选择是否得当。我国的大树移植经验也表明不同树种间在移植成活难易上有明显的差异，最易成活者有银杏、臭椿、楝树、槐树、杨树、柳树、梧桐、悬铃木、榆树、朴树等，较易成活者有广玉兰、木兰、七叶树、女贞、香樟、桂花、厚朴、厚皮香、槭树、榉树等，较难成活者有雪松、白皮松、马尾松、圆柏、侧柏、龙柏、柏树、柳杉、榧树、山茶、楠木、青冈栎等，最难成活者有金钱松、云杉、冷杉、胡桃、桦木等。

大树移植的成本较高，最好选择生命周期长的树种，这样移植后能够在较长时间内保持大树的形姿。若是选择寿命较短的树种，由于树体很快进入"老龄化"，无论从生态效应还是景观效果上，移植所耗费的人力、物力、财力都会得不偿失。而对那些生命周期长的树种，即使选用大规格的树木，仍可保持较长时间的生长，这样就可以充分发挥其绿化功能和景观效果。

2. 树体选择

大树移植树体应选择年龄青壮者，这是因为处于青壮年期的树木，从形态、生态效益以及移植成活率上都是较佳时期。大多数树木胸径在 10～15cm 时，正处于树体生长发育的旺盛时期，此时树体再生能力和对环境适应性都较强，移植过程中树体恢复生长需时短，移植成活率高，易成景观。一般来说，树木到了壮年期，其树冠发育成熟且较稳定，能体现景观设计的要求。从生态学角度而言，为达到城市绿地生态环境的快速形成和长效稳定，也应选择能发挥较好生态效果的壮龄树木。

3. 就近选择

城市绿地中需要栽植大树的环境条件一般与自然条件相差甚远，选择树种时应格外注意。在进行大树移植时，应根据栽植地的气候条件、土壤类型，以选择乡土树种为主、外来树种为辅，坚持就近选择为先的原则，尽量避免远距离运输大树，使其在适宜的生长环境中发挥优势。

4. 科学配置

大树移植是园林绿地建设的一种辅助手段，主要起锦上添花的作用，绿地建设的主体应采用适当规格的乔木与灌木及花、草、地被的合理组合，模拟自然生态群落，增强绿地生态效应，故在一块绿地中不可过多应用过大的树木。大树能起到突出景观的效果，因此要尽可能地把大树栽植在主要位置，充分突出大树的主体地位，作为景观的重点和亮点。如在公园绿地、公共绿地、居住区绿地等处，大树适宜配置在入口、重要景点、醒目地带作为点景用树，或成为构筑疏林草地的主体，或作为休憩区的庭荫树配置。

5. 科技应用

为了有效利用大树资源，确保移植成功，应充分掌握树种的生物学特性和生态习性，根据不同树种和树体规格，制订相应的移植与养护方案，选择在当地有成熟移植技术和经验的树种，并充分应用现有的先进技术，降低树体水分蒸腾、促进根系萌生、恢复树冠生长，提高移植成活率，发挥大树移植的生态和景观效果。

6. 严格控制

大树移植对技术、人力、物力的要求高、费用大。移植一株大树的费用比种植同种类中小规格树的费用要高十几倍，甚至几十倍，移植后的养护难度更大。大树移植时，要对移植地点和移植方案进行科学论证，精心规划设计。一般而言，大树的移植数量要控制在绿地树种种植总量的 5%～10%。大树来源需严格控制，以不破坏自然生态为前提，最好从苗圃中采购，或从近郊林地中抽稀调整。因城市建设而需搬迁的大树，应妥善安置，以作备用。

二、大树的选择和移植的时间

1. 大树的选择

（1）要选择接近新栽地环境的树木。野生树木主根发达，长势过旺的，适应能力也差，不易成活。

（2）不同类别的树木，移植难易不同。一般灌木比乔木容易移植；落叶树比常绿树容易移植；扦插繁殖或经多次移植须根发达的树比播种未经移植直根性和肉质根类树木容易移植；叶型细小者比叶少而大者容易移植；树龄小的比树龄大的容易移植。

（3）一般慢生树选 20～30 年生，速生树种则选用 10～20 年生，中生树可选 15 年生，果树、花灌木为 5～7 年生，一般乔木树高在 4m 以上，胸径 12～25cm 的树木则最合适。

（4）应选择生长正常的树木以及没有感染病虫害和未受机械损伤的树木。

（5）选树时还必须考虑移植地点的自然条件和施工条件，移植地的地形应平坦或坡度不大，过陡的山坡，根系分布不正，不仅操作困难且容易伤根，不易起出完整的土球，因而应选择便于挖掘处的树木，最好使起运工具能到达树旁。

2. 大树移植的时间

如果掘起的大树带有较大的土球，在移植过程中严格执行操作规程，移植后又注意养护，那么，在任何时间都可以进行大树移植。但在实际中，最佳移植时间是早春，因为这时树液开始流动并开始生长、发芽，挖掘时损伤的根系容易愈合和再生，移植后经过从早春到晚秋的正常生长，树木移植时受伤的部分已复原，给树木顺利越冬创造了有利条件。

在春季树木开始发芽而树叶还没全部长成以前，树木的蒸腾还未达到最旺盛时期，此时带土球移植，缩短土球暴露的时间，栽后加强养护也能确保大树的存活。

盛夏季节，由于树木的蒸腾量大，此时移植对大树成活不利，在必要时可加大土球，加强修剪、遮阴，尽量减少树木的蒸腾量。必要时对叶片、树干、土球进行补水处理，但费用较高。

在北方的雨季和南方的梅雨期，由于空气中的湿度较大，因而有利于移植，可带土球移植一些针叶树种。

深秋及冬季，从树木开始落叶到气温不低于－15℃这段时间，也可移植大树，在此期间，树木虽处于休眠状态，但地下部分尚未完全停止活动，故移植时被切断的根系能在这段时间进行愈合，给来年春季发芽生长创造良好的条件，但在严寒的北方，必须对移植的树木进行土面保护，才能达到这一目的。南方地区，尤其在一些气温不太低、湿度较大的地区一年四季可移植，落叶树还可裸根移植。

三、移植前的准备工作

1. 大树预掘的方法

（1）多次移植。

在专门培养大树的苗圃中经常采用多次移植法，速生树种的苗木可以在头几年每隔1～2年移植一次，待胸径达6cm以上时，可每隔3～4年再移植一次。而慢生树待其胸径达3cm以上时，每隔3～4年移一次，长到6cm以上时，则隔5～8年移植一次，这样树苗经过多次移植，大部分的须根都聚生在一定的范围，因而再移植时可缩小土球的尺寸和减少对根部的损伤。

（2）预先断根法（回根法）。

适用于一些野生大树或一些具有较高观赏价值的树木的移植，一般是在移植前1～3年的春季或秋季，以树干为中心，2.5～3倍胸径为半径或以较小于移植时土球尺寸为半径画一个圆或方形，再在相对的两面向外挖30～40cm宽的沟（其深度则视根系分布而定，一般为50～80cm），对较粗的根应用锋利的锯或剪，齐平内壁切断，然后用沃土（最好是砂壤土或壤土）填平，分层踩实，定期浇水，这样便会在沟中长出许多须根。到第二年的春季或秋季再以同样的方法挖掘另外相对的两面，到第三年时，在四周沟中均长满了须根，这时便可移走，如图6-2所示。挖掘时应从沟的外缘开挖，断根的时间可按各地气候条件有所不同。

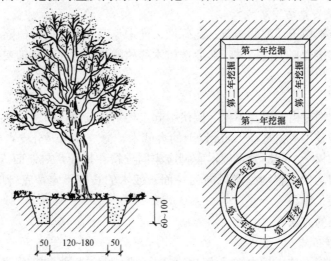

图6-2　大树分期断根挖掘法示意（单位：cm）

（3）根部环状剥皮法。

同预先断根法挖沟，但不切断大根，而是采取环状剥皮的方法，剥皮的宽度为10～15cm，这样也能促进须根的生长，这种方法由于大根未断，树身稳固，可不加支柱。

2. 大树的修剪

修剪是大树移植过程中，对地上部分进行处理的主要措施，修剪的内容大致有以下六方面，见表6-18。

表6-18　　　　　　　　　　　　大树的修剪方法

方法	内容
修剪枝叶	凡病枯枝、过密交叉徒长枝、干扰枝均应减去。此外，修剪量也与移植季节根系情况有关。当气温高、湿度低、带根少时应重剪；湿度大，根系也大时可适当轻剪。此外，还应考虑到功能要求，如果要求移植后马上起到绿化效果的应轻剪，而有把握成活的则可重剪。在修剪时，还应考虑到树木的绿化效果，如毛白杨作行道树时，就不应砍去主干，否则树梢分叉太多，改变了树木固有的形态，甚至影响其功能
摘叶	适用于少量名贵树种，移植前为减少蒸腾可摘去部分树叶，移植后即可再萌出树叶
摘心	此法是为了促进侧枝生长，一般顶芽生长的如杨、白蜡、银杏、柠檬桉等均可用此法以促进其侧枝生长，但是如木棉、针叶树种都不宜摘心处理，故应根据树木的生长习性和要求来决定
剥芽	此法是为了抑制侧枝生长，促进主枝生长，控制树冠不致过大，以防风倒
摘花摘果	为减少养分的消耗，移植前后应适当摘去一部分花、果
刻伤和环状剥皮	刻伤的伤口可以是纵向也可以是横向，环状剥皮是在芽下2～3cm处或在新梢基部剥去1～2cm宽的树皮到木质部。其目的在于控制水分、养分的上升，抑制部分枝条的生理活动

3. 编号定向

编号是当移栽成批的大树时，为使施工有计划地顺利进行，可把栽植坑及要移植的大树均编上一一对应的号码，使其移植时可对号入座，以减少现场的混乱以及事故。定向是在树干上标出南北方向，使其在移植时仍保持它按原方位栽下，以满足它对庇荫以及阳光的要求。

4. 清理现场及安排运输路线

在起树前，应把树干周围的碎石、瓦砾堆、灌木丛及其他障碍物清除干净，并将地面大致整平，为顺利移植大树创造条件。然后按树木移植的先后次序，合理安排运输路线，以使每棵树都能顺利运出。

5. 支柱、捆扎

为了防止在挖掘时由于树身不稳、倒伏引起工伤事故及损坏树木，在挖掘前应对需移植的大树支柱。一般是用三根直径15cm以上的大戗木，分立在树冠分支点的下方，然后再用粗绳将三根戗木和树干一起捆紧，戗木底脚应牢固支持在地面，与地面成60°左右，支柱时应使三根戗木受力均匀，特别是避风向的一面；戗木的长度不定，底脚应立在挖掘范围以外，以免妨碍挖掘工作。

四、大树移植的方法

1. 软材包装移植法

适用于挖掘圆形土球，树木胸径为10～15cm或稍大一些的常绿乔木，土球的直径和高度应根据树木胸径的大小来确定，参见表 6 - 19。

表 6 - 19 土 球 规 格

树木胸径/cm	土球规格		
	土球直径/cm	土球高度/cm	留底直径
10~12	胸径 8~10 倍	60~70	土球直径的 1/3
13~15	胸径 7~10 倍	70~80	

2. 木箱包装移植法

适用于挖掘方形土台，树木的胸径为 15~25cm 的常绿乔木，土台的规格一般按树木胸径的 7~10 倍选取，可参见表 6 - 20。大树箱板式包装和吊运如图 6 - 3 所示。

表 6 - 20 土 台 规 格

树木胸径/cm	15~18	18~24	25~27	28~30
木箱规格（上边长/m×高/m）	1.5×0.60	1.8×0.70	2.0×0.70	2.2×0.80

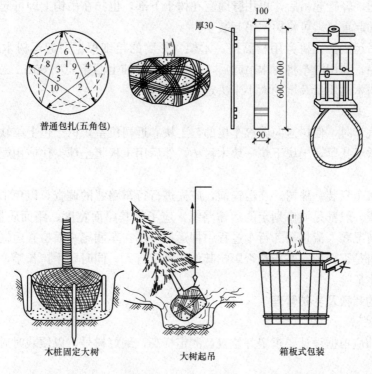

普通包扎(五角包)　　　　　　　　　　　　　　　　　厚30

木桩固定大树　　　　大树起吊　　　　箱板式包装

图 6 - 3　大树箱板式包装和吊运图（单位：mm）

3. 移树机移植法

在国外已经生产出专门移植大树的移植机，适宜移植胸径为 25cm 以下的乔木。

4. 冻土移植法

在我国北方寒冷地区较多采用。

一般地区大树移植时，必须按树木胸径的 6～8 倍挖掘土球或方形土台装箱。高寒地区可挖掘冻土台移植。

五、大树的吊运

1. 大树的吊运方法

（1）起重机吊运法。目前我国常用的是汽车起重机，其优点是机动灵活，行动方便，装车简捷。

木箱包装吊运时，用两根 7.5～10mm 的钢索将木箱两头围起，钢索放在距木板顶端 20～30cm 的地方（约为木板长度的 1/5），把 4 个绳头结在一起，挂在起重机的吊钩上，并在吊钩和树干之间系一根绳索，使树木不致被拉倒，还要在树干上系 1～2 根绳索，以便在启动时用人力来控制树木的位置，避免损伤树冠，有利于起重机工作。在树干上束绳索处，必须垫上柔软材料，以免损伤树皮。

吊运软材料包装的或带冻土球的树木时，为了防止钢索损坏包装的材料，最好用粗麻绳，因为钢丝绳容易勒坏土球。先将双股绳的一头留出 1 米多长，结扣固定，再将双股绳分开，捆在土球的由上向下 3/5 的位置上绑紧，然后将大绳的两头扣在吊钩上，在绳与土球接触处用木块垫起，轻轻起吊后，再用脖绳套在树干下部，也扣在吊钩上即可起吊。这些工作做好后，再开动起重机就可将树木吊起装车。

（2）滑车吊运法。在树旁用杉篙搭一木架（杉篙的粗细根据所起运树木的大小而定），把滑车挂在架顶，利用滑车将树木吊起后，立即在穴面铺上两条 50～60cm 宽的木板，其厚度根据汽车和树木的质量及坑的大小来决定。

2. 大树的运输

树木装进汽车时，使树冠向着汽车尾部，土块靠近司机室，树干包上柔软材料放在木架或竹架上，用软绳扎紧，土块下垫一块木衬垫，然后用木板将土球夹住或用绳子将土球缚紧于车厢两侧。

通常一辆汽车只装一株树，在运输前，应先进行行车路线的调查，以免中途遇故障无法通行，行车路线一般都是城市划定的运输路线，应了解其路面宽度、路面质量、横架空线、桥梁及其负荷情况和人流量等。行车过程中押运员应站在车厢尾一面检查运输途中土球绑扎是否松动、树冠是否扫地、左右是否影响其他车辆及行人，同时要手持长竿，不时挑开横架空线，以免发生危险。

六、大树的栽植及养护管理

1. 栽植方法

（1）栽植前应根据设计要求定好位置，测定标高，编好树号，以便栽时对号入座，准确无误。

（2）挖穴（刨坑）。树穴（坑）的规格应比土球的规格大些，一般在土球直径基础上加大 40cm 左右，深度加大 20cm 左右为宜；土质不好的则更应加大坑的规格，并更换适于树木生长的好土。

如果需要施用底肥，事先应准备好优质腐熟有机肥料，并和回填的土壤搅拌均匀，随栽填土时施入穴底和土球外围。

（3）吊装入穴前，要按计划将树冠生长最丰满、完好的一面朝向主要观赏方向。吊装入穴（坑）时，粗绳的捆绑方法同前。但在吊起时应尽量保持树身直立。入穴（坑）时还要有人用木棍轻撬土球，使树直立。土球上表面应与地表标高平，防止栽植过深或过浅，对树木生长不利。

（4）树木入坑放稳后，应先用支柱将树身支稳，再拆包填土。填土时，尽量将包装材料取出，实在不好取出者可将包装材料压入坑底。如发现土球松散，则千万不可松解腰绳和下部的包装材料，但土球上半部的蒲包、草绳必须解开取出坑外，否则会影响所浇水分的渗入。

（5）树放稳后应分层填土，分层夯实，操作时注意保护土球，以免损伤。

（6）在穴（坑）的外缘用细土培筑一道30cm左右高的灌水堰，并用铁锹拍实，以便栽后能及时灌水。第一次灌水量不要太大，起到压实土壤的作用即可；第二次水量要足；第三次灌水后可以培土封堰。以后视需要再灌，为促使移栽大树发根复壮，可在第二次灌水时加入0.02%的生根剂促使新根萌发。每次灌水时都要仔细检查，发现塌陷漏水现象，则应填土堵严漏眼，并将所漏水量补足。

2. 养护管理措施

（1）刚栽上的大树特别容易歪倒，要将结实的木杆搭在树干上构成三脚架，把树木牢固地支撑起来，确保大树不会歪斜。

（2）在养护期中，要注意平时的浇水，发现土壤水分不足，就要及时浇灌。在夏天，要多对地面和树冠喷洒清水，增加环境湿度，降低蒸腾作用。

（3）为了促进新根生长，可在浇灌的水中加入0.02%的生长素，使根系提早生长健全。

（4）移植后第一年秋天，就应当施一次追肥。第二年早春和秋季，也至少要施肥2～3次，肥料的成分以氮肥为主。

（5）为了保持树干的湿度，减少从树皮蒸腾的水分，要对树干进行包裹。裹干时，可用浸湿的草绳从树基往上密密地缠绕树干，一直缠裹到主干顶部。接着，再将调制的黏土泥浆厚厚地糊满草绳裹着的树干。以后，可经常用喷雾器为树干喷水保湿。树木养护如图6-4所示。

图6-4　树木养护

第四节　屋　顶　绿　化

一、屋顶绿化施工工艺流程

1. 新建建筑屋顶绿化施工工艺流程

新建建筑屋顶绿化施工工艺流程如图6-5所示。

2. 既有建筑屋顶绿化施工工艺流程

既有建筑屋顶绿化施工工艺流程如图6-6所示。

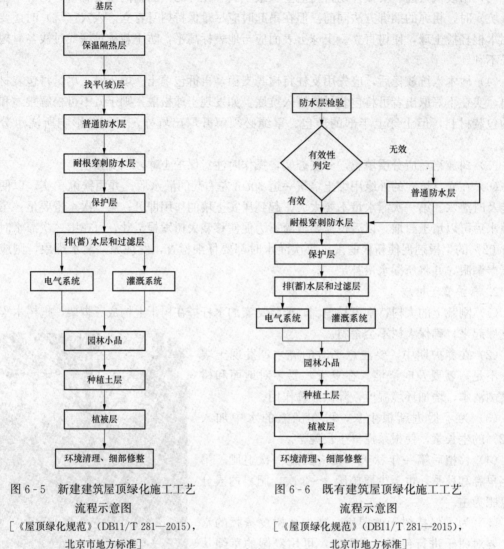

图 6 - 5　新建建筑屋顶绿化施工工艺
流程示意图
〔《屋顶绿化规范》(DB11/T 281—2015),
北京市地方标准〕

图 6 - 6　既有建筑屋顶绿化施工工艺
流程示意图
〔《屋顶绿化规范》(DB11/T 281—2015),
北京市地方标准〕

二、屋顶绿化工程材料

1. 一般规定

种植屋面绝热层应选用密度小、压缩强度大、导热系数小、吸水率低的材料。

耐根穿刺防水材料应具有耐霉菌腐蚀性能。改性沥青类耐根穿刺防水材料应含有化学阻根剂。种植屋面排(蓄)水层应选用抗压强度大、耐久性好的轻质材料。种植土应具有质量轻、养分适度、清洁无毒和安全环保等特性。改良土有机材料体积掺入量不宜大于 30%;有机质材料应充分腐熟灭菌。

找坡材料应符合下列规定:

(1) 找坡材料应选用密度小并具有一定抗压强度的材料。

(2) 当坡长小于 4m 时,宜采用水泥砂浆找坡。

(3) 当坡长为 4～9m 时,可采用加气混凝土、轻质陶粒混凝土、水泥膨胀珍珠岩和水泥蛭石等材料找坡，也可采用结构找坡。

（4）当坡长大于 9m 时，应采用结构找坡。

2. 绝热材料

种植屋面绝热材料可采用喷涂硬泡聚氨酯、硬泡聚氨酯板、挤塑聚苯乙烯泡沫塑料保温板、硬质聚异氰脲酸酯泡沫保温板、酚醛硬泡保温板等轻质绝热材料。不得采用散状绝热材料。保温隔热材料的密度不宜大于 $100kg/m^2$，压缩强度不得低于 100kPa。100kPa 压缩强度下，压缩比不得大于 10%。

3. 耐根穿刺防水材料

耐根穿刺防水材料应由相关检测机构出具耐根穿刺性能检测合格报告。

弹性体（SBS）改性沥青防水卷材和塑性体（AP）改性沥青防水卷材应采用复合铜胎基、聚酯胎基，涂盖料中应含有化学阻根剂，卷材厚度均不应小于 4.0mm，其主要性能应符合 JGJ 155 中的相关规定。

聚氯乙烯（PVC）防水卷材、热塑性聚烯烃（TPO）防水卷材、高密度聚乙烯土工膜、三元乙丙橡胶（EPDM）等耐根穿刺高分子防水卷材使用厚度不应小于 1.2m，其主要性能应符合 JGJ 155 中的相关规定。

喷涂聚脲防水涂料作为耐根穿刺防水层其厚度不应小于 2.0mm，其主要性能应符合 JGJ 155 中的相关规定。

聚乙烯丙纶防水卷材和聚合物水泥胶结料复合耐根穿刺防水材料，其中聚乙烯丙纶复合防水卷材的聚乙烯膜层厚度不应小于 0.6mm，聚合物水泥胶结料的厚度不应小于 1.3mm。其主要性能应符合 JGJ 155 中的相关规定。

以压型钢板为基层的屋面设计为种植屋面时，耐根穿刺防水层选用的聚氯乙烯防水卷材、热塑性聚烯烃防水卷材的厚度不应小于 2.0mm，并应符合 JGJ/T 316 中的相关规定。

4. 排（蓄）水材料和过滤材料

屋顶绿化排（蓄）水层材料应选用抗压强度大、耐久性好的轻质材料，并符合下列规定：

（1）凹凸型排（蓄）水板和网状交织排水板的主要性能应符合 JGJ 155 中的相关规定。

（2）陶粒的粒径宜为 10～25mm，堆积密度不宜大于 500kg/m，铺设厚度不宜小于 100m。

（3）荷载允许时，采用级配碎石作为排（蓄）水材料，粒径宜为 15～30mm。卵石的粒径宜为 25～40mm，铺设厚度均不宜小于 100mm。

过滤材料宜选用聚酯无纺布，单位面积质量不宜小于 $200g/m^2$。

三、屋顶绿化构造及施工

1. 屋顶绿化种植区构造层剖面示意图

屋顶绿化种植区构造层剖面示意如图 6-7 所示。

2. 屋顶绿化种植区构造层施工要求

（1）植被层。

通过移栽、铺设植生带和播种等形式种植的各种植物，包括小型乔木、灌木、草坪、地被植物、攀援植物等。屋顶绿化植物种植方法如图 6-8 和图 6-9 所示。

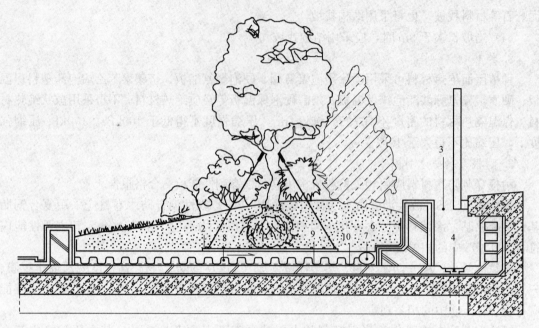

图 6-7　屋顶绿化种植区构造层剖面示意

1—乔木；2—地下树木支架；3—与围护墙之间留出适当间隔或围护墙防水层高度与
基质上表面间距不小于 15cm；4—排水口；5—基质层；6—隔离过滤层；7—渗水管；
8—排（蓄）水层；9—隔根层；10—分离滑动层

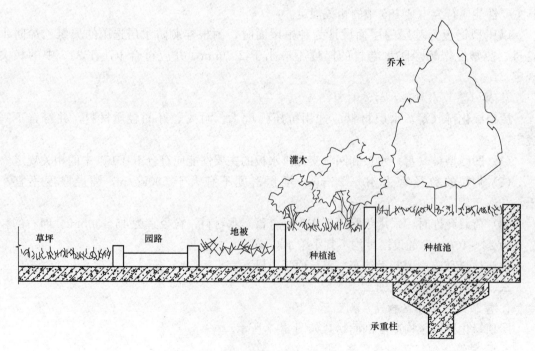

图 6-8　屋顶绿化植物种植池处理方法示意

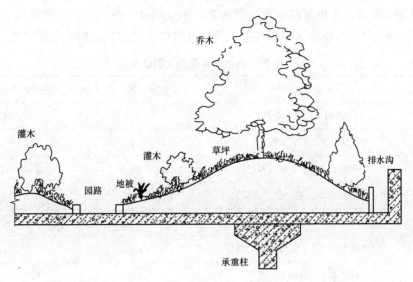

图 6-9　屋顶绿化植物种植微地形处理方法示意图

（2）基质层。

基质层是指满足植物生长条件，具有一定的渗透性能、蓄水能力和空间稳定性的轻质材料层。

基质理化性状要求，见表 6-21。

表 6-21　　　　　　　　　　　机制理化性状要求

理化性状	要求	理化性状	要求
湿密度	450～1300kg/m³	含氮量	＞1.0g/kg
非毛管孔隙度	＞10%	含磷量	＞0.6g/kg
pH 值	7.0～8.5	含钾量	＞17g/kg
含盐量	＜0.12%		

基质主要包括改良土和超轻量基质两种类型。改良土由田园土、排水材料、轻质骨料和肥料混合而成；超轻量基质由表面覆盖层、栽植育成层和排水保水层三部分组成。目前常用的改良土与超轻量基质的理化性状见表 6-22。

表 6-22　　　　　　　　　　常用改良土与超轻量基质理化性状

理化指标		改良土	超轻量基质
密度/（kg/m³）	干密度	550～900	120～150
	湿密度	780～1300	450～650
导热系数/［W/（m·K）］		0.5	0.35
内部孔隙度		5%	20%
总孔隙度		49%	70%
有效水分		25%	37%
排水速率/（mm/h）		42	58

屋顶绿化基质荷重应根据湿密度进行核算，不应超过 1300kg/m³。常用的基质类型和配制比例参见表 6-23，可在建筑荷载和基质荷重允许的范围内，根据实际酌情配比。

表 6-23　　　　　　　　常用基质类型和配制比例参考

基质类型	主要配比材料	配制比例	湿密度/（kg/m³）
改良土	田园土，轻质骨料	1：1	1200
	腐叶土，蛭石，砂土	7：2：1	780～1000
	田园土，草炭，蛭石和肥	4：3：1	1100～1300
	田园土，草炭，松针土，珍珠岩	1：1：1：1	780～1100
	田园土，草炭，松针土	3：4：3	780～950
	轻砂壤土，府殖土，珍珠岩，蛭石	2.5：5：2：0.5	1100
	轻砂壤土，腐殖土，蛭石	5：3：2	1100～1300
超轻量基质	无机介质	—	450～650

注　基质湿密度一般为干密度的 1.2～1.5 倍。

（3）隔离过滤层。

一般采用既能透水又能过滤的聚酯纤维无纺布等材料，阻止基质进入排水层。

隔离过滤层铺设在基质层下，搭接缝的有效宽度应达到 10～20cm，并向建筑侧墙面延伸至基质表层下方 5cm 处。

（4）排（蓄）水层。

一般包括排（蓄）水板、陶砾（荷载允许时使用）和排水管（屋顶排水坡度较大时使用）等不同的排（蓄）水形式，用于改善基质的通气状况，迅速排出多余水分，有效缓解瞬时压力，并可蓄存少量水分。

排（蓄）水层铺设在过滤层下，应向建筑侧墙面延伸至基质表层下方 5cm 处，铺设方法如图 6-10 所示。

施工时应根据排水口设置排水观察井，并定期检查屋顶排水系统的通畅情况，及时清理枯枝落叶，防止排水口堵塞造成壅水倒流。

（5）隔根层。

一般有合金、橡胶、PE（聚乙烯）和 HDPE（高密度聚乙烯）等材料类型，用于防止植物根系穿透防水层。

隔根层铺设在排（蓄）水层下，搭接宽度不小于 100cm，并向建筑侧墙面延伸 15～20cm。

（6）分离滑动层。

一般采用玻纤布或无纺布等材料，用于防止隔根层与防水层材料之间产生粘连现象。

柔性防水层表面应设置分离滑动层；刚性防水层或有刚性保护层的柔性防水层表面，分离滑动层可省略不铺。

分离滑动层铺设在隔根层下。搭接缝的有效宽度应达到 10～20cm，并向建筑侧墙面延伸 15～20cm。

（7）屋面防水层。

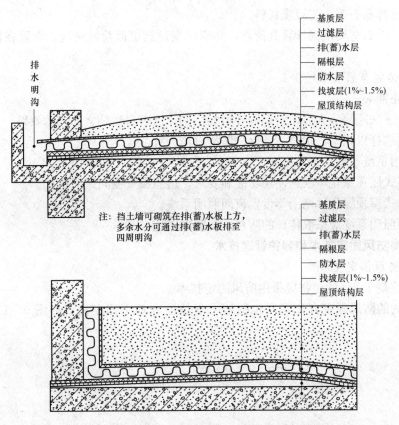

图 6-10 屋顶绿化排（蓄）水板铺设方法示意

屋顶绿化防水做法应符合设计要求，达到二级建筑防水标准。

绿化施工前应进行防水检测并及时补漏，必要时做二次防水处理。

宜优先选择耐植物根系穿刺的防水材料。

铺设防水材料应向建筑侧墙面延伸，应高于基质表面 15cm 以上。

四、屋顶附属设施施工

1. 园林小品施工

（1）一般要求。

1）园林小品设计要与周围环境和建筑物本体风格相协调，适当控制尺度。

2）材料选择应质轻、牢固、安全，并注意选择好建筑承重位置。

3）与屋顶楼板的衔接和防水处理，应在建筑结构设计时统一考虑，或单独做防水处理。

（2）水池。

1）屋顶绿化原则上不提倡设置水池，必要时应根据屋顶面积和荷载要求，确定水池的大小和水深。

2）水池的荷重可根据水池面积、池壁的质量和高度进行核算。池壁质量可根据使用材料的密度计算。

（3）景石。

①优先选择塑石等人工轻质材料。

②采用天然石材要准确计算其荷重，并应根据建筑层面荷载情况，布置在楼体承重柱、梁之上。

2. 园林铺装与照明系统施工

（1）园路铺装。

1）设计手法应简洁大方，与周围环境相协调，追求自然朴素的艺术效果。

2）材料选择以轻型、生态、环保、防滑材质为宜。

（2）照明系统。

1）花园式屋顶绿化可根据使用功能和要求，适当设置夜间照明系统。

2）简单式屋顶绿化原则上不设置夜间照明系统。

3）屋顶照明系统应采取特殊的防水、防漏电措施。

五、植物防风固定技术和养护管理技术

1. 植物防风固定技术

（1）种植高于 2m 的植物应采用防风固定技术。

（2）植物的防风固定方法主要包括地上支撑法和地下固定法，如图 6-11～图 6-14 所示。

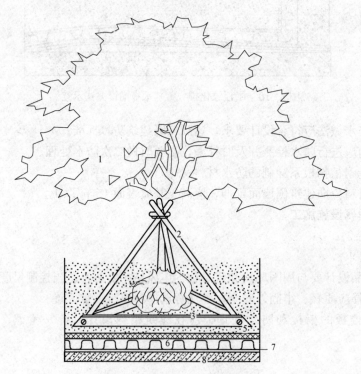

图 6-11　植物地上支撑示意（1）

1—带有土球的木本植物；2—圆木直径大约 60～80mm，呈三角形支撑架；

3—将圆木与三角形钢板（5mm×25mm×120mm），用螺栓拧紧固定；

4—基质层；5—隔离过滤层；6—排（蓄）水层；7—隔根层；8—屋面顶板

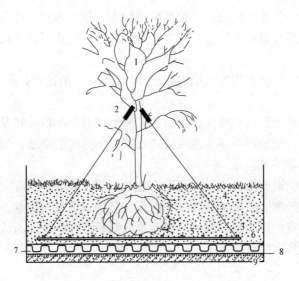

图 6-12 植物地上支撑法示意（2）

1—带有土球的木本植物；2—三角支撑架与主分支点用橡胶缓冲垫固定；
3—将三角支撑架与钢板用螺栓拧紧固定；4—基质层；5—底层固定钢板；
6—隔离过滤层；7—排（蓄）水层；8—隔根层；9—屋面顶板

图 6-13 植物地下固定法示意（1）

1—带有土球的树木；2—钢板、φ3螺栓固定；
3—扁铁网固定土球；4—固定弹簧绳；
5—固定钢架（依土球大小而定）

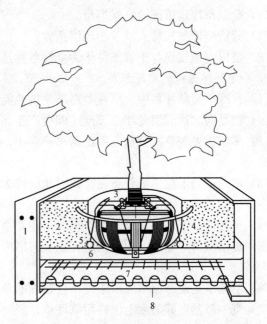

图 6-14 植物地下固定法示意（2）

1—种植法；2—基质层；3—钢丝牵索，用螺栓拧紧固定；
4—弹性绳索；5—螺栓与底层钢丝网固定；
6—隔离过滤层；7—排（蓄）水层；8—隔根层

2. 养护管理技术

（1）浇水。花园式屋顶绿化养护管理，灌溉间隔一般控制在 10～15d。

简单式屋顶绿化一般基质较薄，应根据植物种类和季节不同，适当增加灌溉次数。

（2）施肥。应采取控制水肥的方法或生长抑制技术，防止植物生长过旺而加大建筑荷载和维护成本。

植物生长较差时，可在植物生长期内按照 $30\sim50g/m^2$ 的比例，每年施 $1\sim2$ 次长效氮、磷、钾复合肥。

（3）修剪。根据植物的生长特性，进行定期整形修剪和除草，并及时清理落叶。

（4）病虫害防治。应采用对环境无污染或污染较小的防治措施，如人工及物理防治、生物防治、环保型农药防治等措施。

（5）防风防寒。应根据植物抗风性和耐寒性的不同，采取搭风障、支防寒罩和包裹树干等措施进行防风防寒处理。使用材料应具备耐火、坚固、美观的特点。

（6）灌溉设施。宜选择滴灌、微喷、渗灌等灌溉系统。有条件的情况下，应建立屋顶雨水和空调冷凝水的收集回灌系统。

第五节　草　坪　种　植

一、草种选择的步骤

1. 确定草坪建植区的气候类型

（1）确定草坪建植区的气候类型。

（2）分析当地气候特点以及小环境条件。

（3）要以当地气候与土壤条件作为草坪草种选择的生态依据。

2. 决定可供选择的草坪草种

（1）在冷季型草坪草中，草坪型高羊茅抗热能力较强，在我国东部沿海可向南延伸到上海地区，但是向北达到黑龙江南部地区即会产生冻害。

（2）多年生黑麦草的分布范围比高羊茅要小，其适宜范围在沈阳和徐州之间的广大过渡地带。

（3）草地早熟禾则主要分布在徐州以北的广大地区，是冷季型草坪草中抗寒性最强的草种之一。

（4）正常情况下，多数紫羊茅类草坪草在北京以南地区难以度过炎热的夏季。

（5）暖季型草坪草中，狗牙根适宜在黄河以南的广大地区栽植，但狗牙根种内抗寒性变异较大。

（6）结缕草是暖季型草坪草中抗寒性较强的草种，沈阳地区有天然结缕草的广泛分布。

（7）野牛草是良好的水土保持用草坪草，同时也具有较强的抗寒性。

（8）在冷季型草坪草中，匍匐翦股颖对土壤肥力要求较高，而细羊茅较耐瘠薄；暖季型草坪草中，狗牙根对土壤肥力要求高于结缕草。

3. 选择具体的草坪草种

（1）草种选择要以草坪的质量要求和草坪的用途为出发点。

1）用于水土保持和护坡的草坪，要求草坪草出苗快，根系发达，能快速覆盖地面，以防止水土流失，但对草坪外观质量要求较低，管理粗放，在北京地区高羊茅和野牛草均可选用。

2）对于运动场草坪，则要求有低修剪、耐践踏和再恢复能力强的特点，由于草地早熟禾具有发达的根茎，耐践踏和再恢复能力强，应为最佳选择。

（2）要考虑草坪建植地点的微环境。

1）在遮阴情况下，可选用耐阴草种或混合种。

2）多年生黑麦草、草地早熟禾、狗牙根、日本结缕草不耐阴，高羊茅、匍匐翦股颖、马尼拉结缕草在强光照条件下生长良好，但也具有一定的耐阴性。

3）钝叶草、细羊茅则可在树荫下生长。

（3）管理水平对草坪草种的选择也有很大影响。

管理水平包括技术水平、设备条件和经济水平三个方面。许多草坪草在低修剪时需要较高的管理技术，同时也需用较高级的管理设备。例如匍匐翦股颖和改良狗牙根等草坪草质地细，可形成致密的高档草坪，但养护管理需要滚刀式剪草机、较多的肥料，需要及时灌溉和进行病虫害防治，因而养护费用也较高。而选用结缕草时，养护管理费用会大大降低，这在较缺水的地区尤为明显。

二、施工前的准备

1. 场地清理

（1）在有树木的场地上，要全部或者有选择地把树和灌丛移走，也要把影响下一步草坪建植的岩石、碎砖瓦块以及所有对草坪草生长不利的因素清除掉，还要控制草坪建植中或建植后可能与草坪草竞争的杂草。

（2）对木本植物进行清理，包括树木、灌丛、树桩及埋藏树根的清理。

（3）还要清除裸露石块、砖瓦等。在35cm以内表层土壤中，不应当有大的砾石瓦块

2. 翻耕

（1）面积大时，可先用机械犁耕，再用圆盘犁耕，最后耙地。

（2）面积小时，用旋耕机耕一两次也可达到同样的效果，一般耕深10～15cm。

（3）耕作时要注意土壤的含水量，土壤过湿或太干都会破坏土壤的结构。看土壤水分含量是否适于耕作，可用手紧握一小把土，然后用大拇指使之破碎，如果土块易于破碎，则说明适宜耕作。土太干会很难破碎，太湿则会在压力下形成泥条。

3. 整地

（1）为了确保整出的地面平坦，使整个地块达到所需的高度，按设计要求，每相隔一定距离设置木桩标记。

（2）填充土壤松软的地方，土壤会沉实下降，填土的高度要高出所设计的高度，用细质地土壤充填时，大约要高出15％；用粗质土时可低些。

（3）在填土量大的地方，每填30cm就要镇压，以加速沉实。

（4）为了使地表水顺利排出场地中心，体育场草坪应设计成中间高、四周低的地形。

（5）地形之上至少需要有15cm厚的覆土。

（6）进一步整平地面坪床，同时也可把底肥均匀地施入表层土壤中。

1）在种植面积小、大型设备工作不方便的场地上，常用铁耙人工整地。为了提高效率，也可用人工拖耙耙平。

2）种植面积大，应用专用机械来完成。与耕作一样，细整也要在适宜的土壤水分范围内进行，以保证良好的效果

4. 土壤改良

土壤改良是把改良物质加入土壤中，从而改善土壤理化性质的过程。保水性差、养分贫乏、通气不良等都可以通过土壤改良得到改善。

大部分草坪草适宜的酸碱度在 6.5～7.0 之间。土壤过酸过碱，一方面会严重影响养分有效性，另一方面，有些矿质元素含量过高会对草坪草产生毒害，从而大大降低草坪质量。因此，对过酸过碱的土壤要进行改良。对过酸的土壤，可通过施用石灰来降低酸度。对于过碱的土壤，可通过加入硫酸镁等来调节。

5. 排水及灌溉系统

草坪与其他场地一样，需要考虑排除地面水，因此，最后平整地面时，要结合地面排水问题考虑，不能有低凹处，以避免积水。做成水平面也不利于排水。草坪多利用缓坡来排水。在一定面积内修一条缓坡的沟道，其最低下的一端可设雨水口接纳排出的地面水，并经地下管道排走，或以沟直接与湖池相连。理想的平坦草坪的表面应是中部稍高，逐渐向四周或边缘倾斜。建筑物四周的草坪应比房基低 5cm，然后向外倾斜。

地形过于平坦的草坪或地下水位过高或聚水过多的草坪、运动场的草坪等均应设置暗管或明沟排水，最完善的排水设施是用暗管组成一系统与自由水面或排水管网相连接。

草坪灌溉系统是兴造草坪的重要项目。目前国内外草坪大多采用喷灌，为此，在场地最后整平前，应将喷灌管网埋设完毕。

6. 施肥

若土壤养分贫乏和 pH 值不适，在种植前有必要施用底肥和土壤改良剂。施肥量一般应根据土壤测定结果来确定，土壤施用肥料和改良剂后，要通过耙、旋耕等方式把肥料和改良剂翻入土壤一定深度并混合均匀。

在细整地时一般还要对表层土壤少量施用氮肥和磷肥，以促进草坪幼苗的发育。苗期浇水频繁，速效氮肥容易淋洗，为了避免氮肥在未被充分吸收之前出现淋失，一般不把它翻到深层土壤中，同时要对灌水量进行适当控制。施用速效氮肥时，一般种植前施氮量为 50～80kg/hm²，对较肥沃土壤可适当减少，较瘠薄土壤可适当增加。如有必要，出苗两周后再追施 25kg/hm²。施用氮肥要十分小心，用量过大会将子叶烧坏，导致幼苗死亡。喷施时要等到叶片干后进行，施后应立即喷水。如果施的是缓效性氮肥，施肥量一般是速效氮肥用量的 2～3 倍。

三、种植

1. 种子建植建坪方法

（1）播种时间。

主要根据草种与气候条件来决定。播种草籽，自春季至秋季均可进行。冬季不过分寒冷的地区，以早秋播种为最好，此时土温较高，根部发育好，耐寒力强，有利越冬。如在初夏播种，冷季型草坪草的幼苗常因受热和干旱而不易存活。同时，夏季一年生杂草也会与冷季型草坪草发生激烈竞争，而且夏季胁迫前根系生长不充分，抗性差。反之，如果播种延误至晚秋，较低的温度会不利于种子的发芽和生长，幼苗越冬时出现发育不良、缺苗、霜冻和随后的干燥脱水会使幼苗死亡。最理想的情况是：在冬季到来之前，新植草坪已成坪，草坪草的根和匍匐茎纵横交错，这样才具有抵抗霜冻和土壤侵蚀的能力。

在晚秋之前来不及播种时，有时可用休眠（冬季）播种的方法来建植冷季型草坪草，当土壤温度稳定在 10℃以下时播种。这种方法必须用适当的覆盖物进行保护。

在有树荫的地方建植草坪，由于光线不足，采取休眠（冬季）播种的方法和春季播种建植比秋季要好。草坪草可在树叶较小、光照较好的阶段生长。当然在有树荫的地方种植草坪，所选择的草坪品种必须适于弱光照条件，否则生长将受到影响。

在温带地区，暖季型草坪草最好是在春末和初夏之间播种。只要土壤温度达到适宜发芽温度时即可进行。在冬季来临之前，草坪已经成坪，具备了较好的抗寒性，利于安全越冬。秋季土壤温度较低，不宜播种暖季型草坪草。晚夏播种虽有利于暖季型草坪草的发芽，但形成完整草坪所需的时间往往不够。播种晚了，草坪草根系发育不完善，植株不成熟，冬季常发生冻害。

（2）播种量。

播种量的多少受多种因素限制，包括草坪草种类及品种、发芽率、环境条件、苗床质量、播后管理水平和种子价格等。一般由两个基本要素决定：生长习性和种子大小。每个草坪草种的生长特性各不相同。匍匐茎型和根茎型草坪草一旦发育良好，其蔓伸能力将强于母体。因此，相对低的播种量也能够达到所要求的草坪密度，成坪速度要比种植丛生型草坪草快得多。草地早熟禾具有较强的根茎生长能力，在草地早熟禾草皮生产中，播种量常低于推荐的正常播种量。

（3）播种方法。

1）撒播法。播种草坪草时要求把种子均匀地撒于坪床上，并把它们混入 6mm 深的表土中。播深取决于种子大小，种子越小，播种越浅。播得过深或过浅都会导致出苗率低。如播得过深，在幼苗进行光合作用和从土壤中吸收营养元素之前，胚胎内储存的营养不能满足幼苗的营养需求而导致幼苗死亡。播得过浅，没有充分混合时，种子会被地表径流冲走、被风刮走或发芽后干枯。

2）喷播法。喷播是一种把草坪草种子、覆盖物、肥料等混合后加入液流中进行喷射播种的方法。喷播机上安装有大功率、大出水量单嘴喷射系统，把预先混合均匀的种子、胶黏剂、覆盖物、肥料、保湿剂、染色剂和水的浆状物，通过高压喷到土壤表面。施肥、播种与覆盖一次操作完成，特别适宜陡坡场地，如高速公路、堤坝等大面积草坪的建植。该方法中，混合材料选择及其配比是保证播种质量效果的关键。喷播使种子留在表面，不能与土壤混合和进行滚压，通常需要在上面覆盖植物（秸秆或无纺布）才能获得满意的效果。当气候干旱、土壤水分蒸发太大、太快时，应及时喷水。

3）后期管理。播种后应及时喷水，水点要细密、均匀，从上而下慢慢浸透地面。第 1～2次喷水量不宜太大；喷水后应检查，如发现草籽被冲出时，应及时覆土埋平。两遍水后则应加大水量，经常保持土壤潮湿，喷水不可间断。这样，约经一个多月时间，就可以形成草坪了。此外，还必须注意维护，防止有人践踏，否则会造成出苗严重不齐。

2. 营养体建植建坪方法

（1）草皮铺栽法。

这种方法的主要优点是形成草坪快，可以在任何时候（北方封冻期除外）进行，且栽后管理容易，缺点是成本高，并要求有丰富的草源。质量良好的草皮均匀一致、无病虫、杂草，根系发达，在起卷、运输和铺植操作过程中不会散落，并能在铺植后 1～2 周内扎根。起草皮时，厚度应该越薄越好，所带土壤以 1.5～2.5cm 为宜，草皮中无或有少量枯草层形成。也可以把草皮上的土壤洗掉以减轻质量，促进扎根，减少草皮土壤与移植地土壤质地差异较大而引起土壤层次形成的问题。

典型的草皮块一般长度为 60～180cm，宽度为 20～45cm。有时在铺设草皮面积很大时会采用大草皮卷。通常是以平铺、折叠或成卷运送草皮。为了避免草皮（特别是冷季型草皮）受热或脱水而造成损伤，起卷后应尽快铺植，一般要求在 24～48h 内铺植好。草皮堆积在一起，由于草皮植物呼吸产出的热量不能排出，使温度升高，能导致草皮损伤或死亡。在草皮堆放期间，气温高、叶片较长、植株体内含氮量高、病害、通风不良等都可加重草皮发热产生的危害。为了尽可能减少草皮发热，用人工方法进行真空冷却效果十分明显，但费用会大大提高。

草皮的铺栽方法常见的有下列三种。

1）无缝铺栽，是不留间隔全部铺栽的方法。草皮紧连，不留缝隙，相互错缝，要求快速造成草坪时常使用这种方法。草皮的需要量和草坪面积相同（100%），如图 6-15（a）所示。

2）有缝铺栽，各块草皮相互间留有一定宽度的缝进行铺栽。缝的宽度为 4～6cm，当缝宽为 4cm 时，草皮必须占草坪总面积的 70% 以上。如图 6-15（b）所示。

3）方格形花纹铺栽，草皮的需用量只需占草坪面积的 50%，建成草坪较慢。如图 6-15（c）所示。注意密铺应互相衔接不留缝，密铺间隙应均匀，并填以种植土。草块铺设后应滚压、灌水。

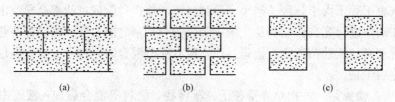

图 6-15　草坪的铺栽方法
（a）无缝铺栽；（b）有缝铺栽；（c）方格形花纹铺栽

铺草皮时，要求坪床潮而不湿。如果土壤干燥，温度高，应在铺草皮前稍微浇水，润湿土壤，铺后立即灌水。坪床浇水后，人或机械不可在上行走。

铺设草皮时，应把所铺的相接草皮块调整好，使相邻草皮块首尾相接，尽量减少由于收缩而出现的裂缝。要把各个草皮块与相邻的草皮块紧密相接，并轻轻夯实，以便与土壤均匀接触。在草皮块之间和各暴露面之间的裂缝用过筛的土壤填紧，这样可减少新铺草皮的脱水问题。填缝隙的土壤应不含杂草种子，这样可把杂草减少到最低限度。当把草皮块铺在斜坡上时，要用木桩固定，等到草坪草充分生根，并能够固定草皮时再移走木桩。如坡度大于10%，每块草皮钉两个木桩即可。

（2）直栽法。

1）栽植正方形或圆形的草坪块。草坪块的大小约为 5cm×5cm，栽植行间距为 30～40cm，栽植时应注意使草坪块上部与土壤表面齐平。常用此方法建植草坪的草坪草有结缕草，但也可用于其他多匍匐茎或强根茎草坪草。

2）把草皮分成小的草坪草束，按一定的间隔尺寸栽植。这一过程一般可以用人工完成，也可以用机械。机械直栽法是采用带有正方形刀片的旋筒把草皮切成草坪草束，通过机器进行栽植，这是一种高效的种植方法，特别适用于不能用种子建植的大面积草坪中。

3）采用在果岭通气打孔过程中得到的多匍匐茎的草坪草束（如狗牙根和匍匐翦股颖）来建植草坪。把这些草坪草束撒在坪床上，经过滚压使草坪草束与土壤紧密接触和坪面平整。由于草坪草束上的草坪草易于脱水，因而要经常保持坪床湿润，直到草坪草长出足够的根系为止。

（3）枝条匍茎法。

枝条和匍匐茎是单株植物或者是含有几个节的植株的一部分，节上可以长出新的植株。插枝条法通常的做法是把枝条种在条沟中，相距15～30cm，深5～7cm。每根枝条要有2～4个节，栽植过程中，要在条沟填土后使一部分枝条露出土壤表层。插入枝条后要立刻滚压和灌溉，以加速草坪草的恢复和生长。也可使用直栽法中使用的机械来栽植，它把枝条（而非草坪块）成束地送入机器的滑槽内，并且自动地种植在条沟中。有时也可直接把枝条放在土壤表面，然后用扁棍把枝条插入土壤中。插枝条法主要用来建植有匍匐茎的暖季型草坪草，但也能用于匍匐翦股颖草坪的建植。

匍茎法是指把无性繁殖材料（草坪草匍匐茎）均匀地撒在土壤表面，然后再覆土和轻轻滚压的建坪方法。一般在撒匍匐茎之前喷水，使坪床土壤潮而不湿。用人工或机械把打碎的匍匐茎均匀撒到坪床上，而后覆土，使草坪草匍匐茎部分覆盖，或者用圆盘犁轻轻耙过，使匍匐茎部分地插入土壤中。轻轻滚压后立即喷水，保持湿润，直至匍匐茎扎根。

四、退化草坪的修复与更新

1. 草坪退化的原因与修复

草坪经过一段时间的使用后，会出现斑秃、色泽变淡、质地粗糙、密度降低、枯草层厚甚至整块草坪退化荒芜。造成这种现象的原因多种多样，如草种选择不当，草坪缺水干旱，地势低洼积水，排水不良，践踏严重，土壤板结，树林遮阴，阳光不足，病虫害、冻害、杂草的侵害以及草坪已到衰退期等。因此，不仅要改善草坪土壤基础设施，加强水肥管理，防除杂草和病虫害外，还要对局部草坪进行修补和更新。

（1）草种选择不当。

这种现象多发生在新建植的草坪上，盲目引种造成草坪草不适应当地的气候、土壤条件和施用要求，不能安全越夏、越冬。选用的草种生长特点、生态习性与使用功能不一致，致使草坪生长不良，会造成草坪稀疏、成片死亡，出现秃班，严重影响草坪景观效果。

（2）草皮致密。

形成的絮状草皮，致使草坪长势衰弱，引起退化，对此一般先应清除掉草坪上的枯草、杂物，然后进行切根疏草，刺激草坪草萌发新枝。

（3）过度践踏。

土壤板结，通气透水不良，影响草坪正常呼吸和生命活动，该种情况采用打孔、垂直修剪、划切、穿刺、梳草以疏松土壤，改善土壤通气状况，然后施入适量的肥料，立即灌水，以促使草坪快速生长，及时恢复再生。

（4）阳光不足。

由于建筑物、高大乔木或致密灌木的遮阴，使部分区域的草坪因得不到充足阳光而影响草坪草的光合作用，光合产物少使草难以生存。园林绿地中，乔木、灌木、草坪种植，遮阴非常普遍，不同草种以及同一草种不同品种之间的耐阴性都有一定差异。

1）选择耐阴草种，如暖地型草种中，结缕草最耐阴，狗牙根最差，在冷地型草坪草中，紫羊茅最耐阴，其次是粗茎早熟禾。

2）修剪树冠枝条；间伐、疏伐促通风，降低湿度。般而言，单株树木不会造成严重的遮阳问题，如果将 3m 以下低垂枝条剪去，早晨或下午的斜射光线就基本能满足草坪草生长的最低要求。

3）草坪修剪高度应尽可能高一些，要保留足够的叶面积以便最大限度地利用有限的光能，促进根系尽量向深层发展，保持草坪的高密度和高弹性。

4）灌水要遵循少餐多量的原则（叶卷变成蓝灰色时灌溉），每次应多浇水以促进深层根系的发育，避免用多餐少量的浇水方法，以免浅根化和发生病害。

5）氮肥不能太多，以免枝条生长过快而根系生长相对较慢，使碳水化合物贮量不足，同时施氮肥过多，草坪草多汁嫩弱，更易感病，耐磨、耐践踏能力下降。

（5）土壤酸度或碱度过大。

对此则应施入石灰或硫黄粉，以稳定土壤的 pH 值。石灰用量以调整到适于草坪生长的范围为度，一般是每平方米施 0.1kg，配合加入适量过筛的有机质，则效果更好。

（6）管理不当造成秃斑及凹凸不平。

病虫草害的侵入会使草坪形成较多秃斑、裸斑，为此可采取播种法如补播草籽或用营养繁殖法如蔓植、塞植和铺植草皮对裸秃斑进行修复。

具体做法：首先把裸露地面的草株沿斑块边缘切取下来，施入厚度要稍高于（6mm 左右）周围草坪土层的肥沃土壤，然后整平土面；其次铺草皮块或播种，所播草种必须与原来草种一致，然后拍压地面，使其平整并使播种材料与土壤紧密结合；最后植草后浇足水分，保持湿润，加强修复草坪的精心养护，使之尽快与周围草坪外观质量一致。凸凹不平草坪中小的坑洼，可用表施土壤填细土的方法调整（每次填土厚度不要太厚，不超过 0.5cm，可分多次进行）；突起或明显坑洼处，首先用铁铲或切边器将草皮十字形切开，分别向四周剥离掀起草皮，然后除去突起的土壤或填入土壤到凹陷处，整平压实后再把草皮放回铺平，浇水管理即可。

（7）杂草的侵害。

草坪建植前没有预先充分除草，建植后养护措施粗放，不当施肥和灌溉等，都易引起杂草侵害，最好进行人工除草，无或少的必要时进行化学除草。

2. 草坪退化更新方法

如果草坪严重退化，或严重受到损害，盖度不足 50% 时，则需要采取更新措施。园林绿地草坪草、运动场草坪如高尔夫球场等更新复壮有以下几种方法。

（1）退化严重草坪的更新。

主要采用熏蒸法防治地下病虫害，常用的熏蒸剂有溴甲烷、氯化苦（三氯硝基甲烷）、西玛津、扑草净，敌草隆类等，主要是对土壤起封闭作用。当药液均匀分布于土表后，犹如在地表上罩上了一张毒网，可抑制杂草的萌生或杀死萌生的杂草幼苗。

退化严重草坪的更新方法有两种：

第一种是逐渐更新法。适用于遮阴树下退化草坪的更新，可采用补播草籽的方法进行。

第二种是彻底更新法。适用于因病虫草害或其他原因严重退化的草坪。

通常是由于土壤表层质地不均一，枯草层过厚，表层 3～5cm 土壤严重板结，草坪根层出现严重絮结以及草坪被大部分多年生杂草、禾草侵入等现象引起的草坪退化。针对这类退化草坪，进行更新前，首先调查先前草坪失败的原因，测定土壤物理性状、肥力状况和 pH 值，检查灌溉排水设施，然后制订切实可行的方案，用人工或取草皮机清除场地内的所有植物，进行草坪土壤基础设施改善。坪床准备好以后进行草种选择，再确定种子直播还是铺草皮种植等一系列的建植措施，最后要吸取教训，加强草坪常规管理，如加强水肥管理、打孔通气、清除枯草层等。

（2）带状更新法。

对具有匍匐茎、根状茎分节生根的草坪草，如野牛革、结缕草、狗牙根等，长到一定年限后，草根密集絮结老化，蔓延能力退化，可每隔 50cm 挖走 50cm 宽的一条，增施泥炭土、腐叶土或厩肥、堆肥泥土等，结合翻耕改良平整空条土地，过一两年就可长满坪草，然后再挖走留下的 50cm，这样循环往复，4 年就可全面更新一次。

（3）断根更新法。

由于土壤板结，引起草坪退化，可以定期在建成的草坪上，用打孔机将草坪地面扎成许多洞孔，孔的深度约 8～10cm，洞孔内撒施肥料后立即喷水，促进新根生长。另外，也可用齿长为 3～4cm 的钉筒滚压划切，也能起到疏松土壤、切断老根的作用，然后在草坪上撒施肥土，促进新芽萌发，从而达到更新复壮的目的。针对一些枯草层较厚、草坪草稀密不均、年限较长的地块，可采取旋耕断根更新措施，即用旋耕机普旋一遍，然后施肥浇水，既达到了切断老根的效果，又能促使草坪草分生出许多新枝条而更新。

（4）补植草皮。

对于轻微的枯秃或局部杂草侵占，将杂草除掉后及时进行异地采苗补植。移植草皮前要进行修剪，补植后要踩实，使草皮与土壤结合紧密，促进生根，恢复。

总之，造成草坪功能减弱或丧失的原因很多，归纳起来主要包括草种选择不当、养护管理不善、草坪已到衰退期和过度使用等方面，是草坪草内在因素和影响草坪正常生长的外界条件两方面原因综合作用的结果。

第六节 花 坛 施 工

一、施工前准备

1. 整地

开辟花坛之前，一定要先整地，将土壤深翻 40～50cm，挑出草根、石头及其他杂物。如果栽植深根性花木，还要翻得更深一些；如土质很坏，则应全都换成好土。根据需要，施加适量肥性平和、肥效长久、经充分腐熟的有机肥作底肥。

为便于观赏和有利排水，花坛表面应处理成一定坡度，可根据花坛所在位置，决定坡的形状，若从四面观赏，可处理成尖顶状、台阶状、圆丘状等形式；如果只单面观赏，则可处理成一面坡的形式。

花坛的地面，应高出所在地平面，尤其是四周地势较低之处，更应该如此。同时，应作边界，以固定土壤。

2. 定位及图案放样

按设计要求整好地后，根据施工图纸上的花坛图案原点、曲线半径等，直接在上面定点放样。放样尺寸应准确，用灰线标明。对中、小型花坛，可用麻绳或钢丝按设计图摆好图案模纹，画上印痕撒灰线。对图纹复杂、连续和重复图案模纹的花坛，可按设计图用厚纸板剪好大样模纹，按模型连续标好灰线。如图 6-16 所示，为花坛基本样式。

图 6-16　花坛基本样式

二、花坛边缘石砌筑

1. 基槽施工

沿着已有的花坛边线开挖边缘石基槽，基槽的开挖宽度应比边缘石基础宽 10cm 左右，深度可在 12～20cm 之间。槽底土面要整平、夯实；有松软处要进行加固，不得留下不均匀沉降的隐患。在砌基础之前，槽底还应做一个 3～5cm 厚的粗砂垫层，作基础施工找平用。

2. 矮墙施工

边缘石多以砖砌筑15～45cm 高的矮墙，其基础和墙体可用 1∶2 水泥砂浆或 M2.5 混合砂浆砌 MU7.5 标准砖做成。矮墙砌筑好之后，回填泥土将基础埋上，并夯实泥土。再用水泥和粗砂配成 1∶2.5 的水泥砂浆，对边缘石的墙面抹面，抹平即可，不可抹光。最后，按照设计，用磨制花岗石石片、釉面墙地砖等贴面装饰，或者用彩色水磨石、干黏石等方法饰面。

3. 花式施工

对于设计有金属矮栏花饰的花坛，应在边缘石饰面之前安装好。矮栏的柱脚要埋入边缘石，用水泥砂浆浇筑固定。待矮栏花饰安装好后，才进行边缘石的饰面工序。

三、栽植

1. 种植床的整理

（1）翻土、除杂、整理、客土。在已完成的边缘石圈子内行翻土作业。一面翻土，一面挑选、清除土中杂物。若土质太差，应当将劣质土全清除掉，另换新土填入花池中。

（2）施基肥。花坛栽种的植物都是需要大量消耗养料的，因此花池内的土壤必须很肥沃。在花池填土之前，最好先填进一层肥期较长的有机肥作为基肥，然后才填进栽培土。

（3）填土、整细。

1）一般的花池，其中央部分填土应该比较高，边缘部分填土则应低一些。

2）单面观赏的花池，前边填土应低些，后边填土则应高些。

3）花池土面应做成坡度为 5%～10% 的坡面。

4）在花池边缘地带，土面高度应填至边缘石顶面以下 2～3cm；以后经过自然沉降，土面即降到比边缘石顶面低 7～10cm 之处，这就是边缘土面的合适高度。

5）花池内土面一般要填成弧形面或浅锥形面，单面观赏花池的土面则要填成平坦土面或是向前倾斜的直坡面。

6）填土达到要求后，要把土面的土粒整细、耙平，以备栽种花卉植物。

（4）钉中心桩。

花坛种植床整理好之后，应当在中央重新栽上中心桩，作为花坛图案放样的基准点。

2. 起苗

（1）裸根苗：应随栽随起，尽量保持根系完整。

（2）带土球苗：如果花圃土地干燥，应事先灌水。起苗时要保持土球完整，根系丰满；如果土壤过于松散，可用手轻轻捏实。起苗后，最好于阴凉处囤放一两天，再运苗栽植。这样，可以保证土壤不松散，又可以缓缓苗，有利于成活。

（3）盆育花苗：栽时最好将盆退去，但应保证盆土不散。也可以连盆栽入花坛。

3. 花苗栽入花坛的基本方式

（1）一般花坛：如果小花苗就具有一定的观赏价值，可以将幼苗直接定植，但应保持合理的株行距；甚至还可以直接在花坛内播花籽，出苗后及时管理。这种方式不仅省人力、物力，而且也有利于花卉的生长。

（2）重点花坛：一般应事先在花圃内育苗。待花苗基本长成后，于适当时期，选择符合要求的花苗，栽入花坛内。这种方法比较复杂，各方面的花费也较多，但可以及时发挥效果。

宿根花卉和一部分盆花，也可以按上述方法处理。

4. 栽植方法

（1）在从花圃挖起花苗之前，应先灌水浸湿圃地，起苗时根土才不易松散。同种花苗的大小、高矮应尽量保持一致，过于弱小或过于高大的都不要选用。

（2）花卉栽植时间，在春、秋、冬三季基本没有限制，但夏季的栽种时间最好在上午11 时之前和下午 4 时以后，要避开太阳暴晒。

（3）花苗运到后，应即时栽种，不要放了很久才栽。栽植花苗时，一般的花坛都从中央开始栽，栽完中部图案纹样后，再向边缘部分扩展栽下去。在单面观赏花坛中栽植时，则要从后边栽起，逐步栽到前边。宿根花卉与一二年生花卉混植时，应先种植宿根花卉，后种植一二年生花卉；大型花坛，宜分区、分块种植。若是模纹花坛和标题式花坛，则应先栽模纹、图线、字形，后栽底面的植物。在栽植同一模纹的花卉时，若植株稍有高矮不齐，应以矮植株为准，对较高的植株则栽得深一些，以保持顶面整齐。立体花坛制作模型后，按上述方法种植。

（4）花苗的株行距应随植株大小高低而定，以成苗后不露出地面为宜。植株小的，株行距可为 15cm×15cm；植株中等大小的，可为 20cm×20cm～40cm×40cm；对较大的植株，则可采用 50cm×50cm 的株行距。五色苋及草皮类植物是覆盖型的草类，可不考虑株行距，密集铺种即可。

（5）栽植的深度，对花苗的生长发育有很大的影响，栽植过深，花苗根系生长不良，甚至会腐烂死亡；栽植过浅，则不耐干旱，而且容易倒伏。一般栽植深度，以所埋之土刚好与根茎处相齐为最好。球根类花卉的栽植深度，应更加严格掌握，一般覆土厚度应为球根高度的 1～2 倍。

（6）栽植完成后，要立即浇一次透水，使花苗根系与土壤密切接合，并应保持植株清洁。

5. 立体花坛施工

（1）植物材料。

制作立体花坛选取的植物材料一般以小型草本为主，依据不同的设计方案也选择一些小型的灌木与观赏草等。用于立面的植物要求叶形细巧、叶色鲜艳、耐修剪、适应性极强。

红绿草类是立体花坛用最理想的植物，如三色相间的三色粉草、鲜红色的展叶红草等。其他植物还有紫黑色的半柱花类，银灰色的银香菊、朝雾草、蜡梅、芙蓉菊等，黄色系的有金叶过路黄、金叶景天、黄草等，以及叶嵌有各色斑点的嫣红蔓类。观赏草类可用特殊的设计方案，如鸟的尾巴用芒草、细茎针茅等，屋顶用细叶苔草、蓝苔草等。

北京本土主要选用四季海棠、非洲凤仙、彩叶草、矮牵牛、一品红、三色堇、黄地菊等植物，而且可多次通过配置不同的植物达到多种效果，增添城市景观的活力。广州本土选用玉龙草、白苋草、红草、绿草、金叶景天、黄叶菊等草本植物最为合适。

（2）制作过程。

1）立架造型。外形结构一般应根据设计构图，先用建筑材料制作大体相似的骨架外形，外面包以泥土，并用蒲包或草将泥固定。有时也可以用木棍作中柱，固定在地上，然后再用竹条、钢丝等扎成立架，再外包泥土及蒲包。

2）栽花。立体花坛的主体花卉材料，一般多采用五色草布置，所栽小草由蒲包的缝隙中插进去。插入之前，先用铁器钻一小孔，插入时草根要舒展，然后用土填满缝隙，并用手压实，栽植的顺序一般由上向下，株行距离可参考模纹式花坛。为防止植株向上弯曲，应及时修剪，并经常整理外形。花瓶式的瓶口或花篮式的篮口，可以布置一些开放的鲜花。立体花坛的基床四周应布置一些草本花卉或模纹式花坛。

立体花坛应每天喷水，一般情况下每天喷水两次，天气炎热干旱则应多喷几次。每次喷水要细，防止冲刷。

6. 模纹花坛

（1）植物材料。

植物的高度和形状对模纹花坛纹样表现有密切关系，是选择材料的重要依据，以枝叶细小，株丛紧密，萌蘖性强，耐修剪的观叶植物为主。如半枝莲、香雪球、矮性藿香蓟、彩叶草、石莲花和五色草等，其中以五色草配置的花坛效果最好。在模样花坛的中心部分，在不妨碍视线的条件下，可用其他装饰材料来点缀，如形象雕塑、建筑小品、水池和喷泉等。

树种以低矮、耐修剪的整形灌木为主，尤其是常绿或具有色叶的种类最为常用，如球桧、金黄球柏、黄杨、紫叶小檗、金叶女贞等。

（2）模纹花坛施工步骤。

1）整地翻耕。按照平面花坛要求进行外，平整要求更高，为了防止花坛出现下沉和不均匀现象，在施工时应增加 1～2 次镇压。

2）上顶子。模纹式花坛的中心多数栽种苏铁、龙舌兰和其他球形盆栽植物，也有在中心地带布置高低层次不同的盆栽植物，称为"上顶子"。

3）定点放线。上顶子的盆栽植物种好后，应将花坛的其他面积翻耕均匀、耙平，然后按图纸的纹样精确地进行放线。一般先将花坛表面等分为若干份，再分块按照图纸花纹，用白色细砂，撒在所划的花纹线上。也有用钢丝、胶合板等制成纹样，再用它在地表面上打样。

4）栽植。一般按照图案花纹先里后外，先左后右，先栽主要纹样，逐次进行。如果花坛面积大，栽植困难，可搭搁板或扣匣子，操作人员踩在搁板或木匣子上栽植。

栽种尽可能先用木槌子插眼，再将花草插入眼内用手按实。要求做到苗齐，地面达到上横一平面，纵看一条线。为了强调浮雕效果，施工人员事先用土做出形来，再把花草栽到起鼓处，则会形成起伏状。

株行距离视五色草的大小而定，一般白草的株行距离为 3～4cm，小叶红草、绿草的株行距离为 4～5cm，大叶红草的株行距离为 5～6cm。平均种植密度为每平方米栽草 250～280 株。最窄的纹样栽白草不少于 3 行，绿草、小叶红、黑草不少于 2 行。花坛镶边植物火绒子、香雪球栽植宽度为 20～30cm。

5）修剪。修剪是保证花纹效果的关键。草栽好后可先进行 1 次修剪，将草压平，以后每隔 15～20 天修剪 1 次。有 2 种剪草法：一是平剪，纹样和文字都剪平，顶部略高一些，边缘略低。另一种为浮雕形，纹样修剪成浮雕状，即中间草高于两边。

6）浇水。浇水，除栽好后浇 1 次透水外，以后应每天早晚各喷水 1 次。

四、花坛的养护

1. 肥水管理

（1）施肥。草花所需要的肥料主要依靠整地时所施入的基肥。在定植的生长过程中，也可根据需要，进行几次追肥。追肥时，千万注意不要污染花、叶，施肥后应及时浇水。不可使用未经充分腐熟的有机肥料，以免产生烧根现象。

（2）浇水。花苗栽好后，在生长过程中要不断浇水，以补充土中水分之不足。浇水的时间、次数、灌水量则应根据气候条件及季节的变化灵活掌握。如有条件还应喷水，特别是对于模纹花坛、立体花坛，要经常进行叶面喷水。

喷水时还要注意：一般应在上午 10 时前或下午 4 时以后浇水，如果一天只浇一次，则应安排傍晚前后为宜；浇水量要适度，若浇水量过大，土壤经常过湿，会造成花根腐烂；浇水时应不可太急，避免冲刷土壤。

2. 花坛的更换

由于各种花卉都有一定的花期，要使花坛一年四季有花，就必须按照季节和花期，经常进行更换，尤其是设置在重点园林绿化地区的花坛。每次更换都要根据绿化施工养护中的要求进行。现将花坛更换的常用花卉介绍如下：

（1）春季花坛。

春季开花的草本植物，大部分都必须在上年的 8 月下旬至 9 月上旬播种育苗，在阳畦内越冬。阳畦还必须设有风障，加盖芦席，晴天打开，让其接受阳光照射，下午再盖上，使它安全越冬。

春季花坛主栽培的花卉有金盏花、三色堇、春菊、桂竹香、紫罗兰、中华石竹、须苞石竹、小白菊、金鱼草、天竺葵、花葵、锦葵、高雪轮、矮雪轮、牵牛花、一串红、矢车菊、飞燕草、勿忘我、诸葛菜、鸢尾、金盏菊、佛甲草等。

春季花坛以 4～6 月开花的一、二年生草花为主，再配合一些盆花。常用的种类有：三色堇、金盏菊、雏菊、桂竹香、矮一串红、月季、瓜叶菊、旱金莲、大花天竺葵、天竺葵等。

（2）夏季花坛。

夏季开花的草本植物，大部分都应在 3～4 月播种，在平畦内进行培养，五月中旬栽培。这个时期开花的植物有凤仙花、百日草、万寿菊、草茉莉、夜来香、半支莲、滨菊、一串红、金莲花、中心菊、孔雀草、马利筋、千花葵、麦秆菊、矮牵牛、千日红、百日菊等。

夏季花坛以 7～9 月开花的春播草花为主，配以部分盆花。常用的有：石竹、百日草、半枝莲、一串红、矢车菊、美女樱、凤仙、大丽花、翠菊、万寿菊、高山积雪、地肤、鸡冠花、扶桑、五色梅、宿根福禄考等。夏季花坛根据需要可更换一两次，也可随时调换花期过了的部分种类。

（3）秋季花坛。

秋季开花的草本植物，大部分都应在 6 月中下旬播种，在平畦内进行幼苗培育，7 月末便可进行花坛栽培。这个时期开花的植物，主要有鸡冠花、翠菊、百日草、一串红、小朵大丽花、福禄考、半枝莲、械葵、藿香蓟等。

秋季花坛以 9～10 月开花的春季播种的草花并配以盆花。常用花卉有：旱菊、一串红、荷兰菊、滨菊、翠菊、日本小菊、大丽花及经短日照处理的菊花等。配置模纹花坛可用五色草、半枝莲、香雪球、彩叶草、石莲花等。

（4）冬季花坛。

长江流域一带常用红叶甜菜及羽衣甘蓝作为花坛布置露地越冬。

3. 修剪

一般草花花坛，在开花时期每周剪除残花 2～3 次，模纹花坛更应经常修剪，保持图案明显、整齐。对花坛中的球根类花卉，开花后应及时剪去花梗，消除枯枝残叶，这样可促使子球发育良好。

4. 防治病虫害

花苗生长过程中，要注意及时防治地上和地下的病虫害，由于草花植株娇嫩，所施用的农药，要掌握适当的浓度，避免发生药害。

第七章 园林供电工程

第一节 园林供电工程基础知识

一、电源

电源包括交流电源和直流电源两种，园林中所用的主要是交流电。即使在某些场合需要用直流电源，通常也是通过整流设备将交流电变成直流电来使用。

大小和方向随时间作周期性变化的电压和电流分别称为交流电压和交流电流，统称为交流电。以交流电的形式产生电能或供给电能的设备，称为交流电源，如发电厂的发电机、公园内的配电变压器、配电盘的电源隔离开关、室内的电源插座等等，都可以看作是用户的交流电源。我国规定电力标准频率为50Hz。频率、幅值相同而相位互差120°的三个正弦电动势按照一定的方式连接而成的电源，并接上负载形成的三相电路，就称为三相交流电路。生产上应用最为广泛的是三相交流电路。

三相发电机的原理图如图7-1所示，它主要由电枢和磁极构成。

电枢是固定的，也称其为定子。定子铁芯的内圆周表面有槽，称为定子槽，用以放置三相电枢绕组 AX、BY 和 CZ，每相绕组是同样的。将三相电枢绕组的始端 A、B、C 分别引出三根导线，称为相线（火线），而把三相电枢绕组的末端 X、Y、Z 连在一起，称为中性点，用 N 表示。由中性点引出一根导线称为中线（地线），这种由发电机引出四条输电线的供电方式，称为三相四线制供电方式。如图7-2所示。其特点是可以得到两种不同的电压，一种是相电压，另一种是线电压。在数值上，相电压是线电压的$\sqrt{3}$倍。

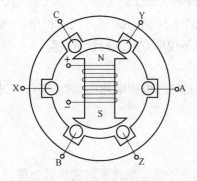

图7-1 三相发电机原理图

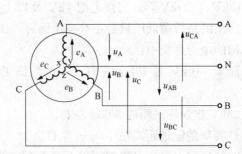

图7-2 三相四线制供电

磁极是转动的，也称其为转子。转子铁芯上绕有励磁绕组，用直流励磁。当转子以匀速按顺时针方向转动时，每相绕组依次被磁力线切割，产生频率相同、幅值相等而相位互差120°的三个正弦电动势，按照一定的方式连接而成三相交流电源。

在三相低压供电系统中，最常采用的便是"380/220V三相四线制供电"，即由这种供电制可以得到三相380V的相电压，也可以得到单相220V的相电压。这两种电压供给不同负载的需要，380V 的相电压多用于三相动力负载，220V 的相电压多用于单相照明负载及单相用电器。

二、输配电

工农业所需用的电能通常都是由发电厂供给的，而大中型发电厂一般都是建筑在蕴藏能源比较集中的地区，距离用电地区往往是几十公里、几百公里乃至上千公里。

发电厂、电力网和用电设备组成的统一整体称为电力系统。电力网是电力系统的一部分，它包括变电站、配电所以及各种电压等级的电力线路。其中，变、配电所是为了实现电能的经济输送以及满足用电设备对供电质量的要求，以对发电机的端电压进行多次变换而进行电能接受、变换电压和分配电能的场所。根据任务不同，将低电压变为高电压称为升压变电站，它一般建在发电厂厂区内；而将高电压变换到合适的电压等级，则为降压变电站，它一般建在靠近电能用户的中心地点。

单纯用来接受和分配电能而不改变电压的场所称为配电所，一般建在建筑物内部。从发电厂到用户的输配电过程如图 7-3 所示。

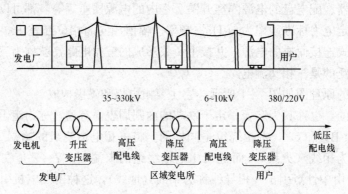

图 7-3　从发电厂到用户的输配电过程示意图

根据我国规定，交流电力网的额定电压等级有：220V、380V、3kV、6kV、10kV、35kV、110kV、220kV 等。习惯上把 1kV 及以上的电压称为高压，1kV 以下的称为低压，但需特别提出的是所谓低压只是相对高压而言，决不说明它对人身没有危险。

在我国的电力系统中：

（1）而 6～10kV 为 10km 左右，一般城镇工业与民用用电均由 380/220V 三相四线制供电。

（2）35kV 电压输送距离 30km 左右。

（3）110kV 的输送距离在 100km 左右。

（4）220kV 以上电压等级都用于大电力系统的主干线，输送距离在几百公里。

三、配电变压器

变压器是电力系统中输电、变电、配电时用以改变电压、传输交流电能的设备。变压器类繁多，用途广泛。这里只介绍配电变压器。三相油浸式电力变压器外形如图 7-4 所示。

从高压电网的电力转化为可以带动各种用电设备电压电能的工作主要由电力系统的末级变压器、配电变压器来承担。选用配电变压器时，最主要的是注意它的电压和容量等参数。

变压器的外壳一般均附有铭牌，上面标有变压器在额定工作状态下的性能指标。在使用

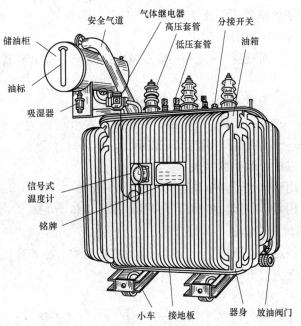

图 7 - 4　三相油浸式电力变压器外形图

变压器时，必须遵照铭牌上的规定。表 7 - 1 为变压器铭牌实例。

表 7 - 1　　　　　　　　　　　　变压器铭牌

变压器
型号：SJ$_1$－50/10　　　　　设备种类：户外式　　　　序号：1450
标准代号：EOT·517·000　　　冷却方式：油浸自冷　　　频率：50Hz
接线组别：Y，Y$_n$（Y/Y$_0$－12）　相数：3

容量	高压		低压		阻抗电压
kV·A	V	A	V	A	%
50	10500 10000 9500	2.89	400	72.2	4.50

器身吊重：375kg　油重：143kg　总量：518kg
制造厂：　　年　月

1. 配电变压器的型号

变压器的型号是由汉语拼音字母和数字组成的，其表示方法如图 7 - 5 所示。

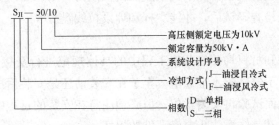

图 7 - 5　变压器的型号表示

（1）产品代号的字母排列顺序及其含义。

1）相别：D——单相；S——三相。

2）冷却方式：J——油浸自冷；F——油浸风冷；FP——强迫油循环风冷；SP——强迫油循环水冷。

3）调压方式：Z——有载调压；无调压不表示。

4）绕组数：S——三绕组；O——自耦；双绕组不表示。

5）绕组材料：L——铝绕组；铜绕组不表示。

（2）设计序号：以设计顺序数字表示。

（3）额定容量：用数字表示，单位为 kV·A。

（4）额定电压：用数字表示，指高压绕组的电压，单位为 kV。

2. 变配电变压器的额定容量

额定容量是指在额定工作条件下变压器输出的视在功率。三相变压器的额定容量为三相容量之和，按标准规定为若干等级。

3. 变配电变压器的额定电压

额定电压是指变压器运行时的工作电压，以伏（V）或千伏（kV）表示。一般常用变压器高压侧电压为 6300V、10 000V 等，而低压侧电压为 230V、400V 等。

4. 变配电变压器的额定电流

表示变压器各绕组在额定负载下的电流值，以安培（A）表示。在三相变压器中，一般指线电流。

第二节　架空线路及杆上电气设备安装

一、安装前的准备

1. 定位

架空线路的架设位置既要考虑到地面道路照明、线路与两侧建筑物和树木之间的安全距离，以及接户线接引等因素，又要顾及电杆杆坑和拉线坑下有无地下管线，且要留出必要的各种地下管线检修移位时因挖土防电杆倒伏的位置，只有这样才能既满足功能要求又安全可靠。因而在架空线路施工时，线路方向及杆位、拉线坑位的定位是关键工作，如不依据设计图纸位置埋桩确认，后续工作是无法展开的。因此，必须在线路方向和杆位及拉线坑位测量埋桩后，经检查确认后，才能挖掘杆坑和拉线坑。

2. 核图

杆坑、拉线坑的深度和坑型，关系到线路抗倒伏能力，所以必须按设计图纸或施工大样图的规定进行验收，经检查确认后，才能立杆和埋设拉线盘。

3. 交接试验

杆上高压电气设备和材料均要按分项工程中的具体规定进行交接试验合格，才能通电。即高压电气设备和材料不经试验不准通电。至于在安装前还是安装后试验，可视具体情况而定。通常的做法是在地面试验再安装就位，但必须注意在安装的过程中不应使电气设备和材料受到撞击和破损，尤其是注意防止电瓷部件的损坏。

4. 架空线路绝缘检查

主要是以目视检查，检查的目的是要查看线路上有无树枝、风筝和其他杂物悬挂在上面，经检查无误后，必须是采用单相冲击试验合格后，才能三相同时通电。这一操作要求是为了检查每相对地绝缘是否可靠，在单相合闸的涌流电压作用下是否会击穿绝缘，如首次贸然三相同时合闸通电，万一发生绝缘击穿，事故的危害后果要比单相合闸绝缘击穿大得多。

5. 相位检查

架空线路的相位检查确认后，才能与接户线连接。这样才能使接户线在接电时不致接错，不使单相 220V 入户的接线，错接成 380V 入户，也可对有相序要求的保证相序正确，同时对三相负荷的均匀分配也有好处。

二、电杆埋设

(1) 架空线路的杆型、拉线设计及埋设深度。在施工设计时是依据所在地的气象条件、土壤特性、地形情况等因素加以考虑决定的。埋设深度是否足够，涉及线路的抗风能力和稳固性。太深会材料浪费。

(2) 单回路的配电线路。单回路的配电线路，电杆埋深不应小于表 7-2 所列数值。一般电杆的埋深基本上（除 15m 杆以外）可为电杆高度的 1/10 加 0.7m；拉线坑的深度不宜小于 1.2m。

电杆坑、拉线坑的深度允许偏差，应不深于设计坑深 100mm、不浅于设计坑深 50mm。

表 7-2   **电杆埋设深度**   （单位：mm）

杆高	8	9	10	11	12	13	15
埋深	1.50	1.60	1.70	1.80	1.90	2.00	2.30

三、横担安装

1. 横担安装技术要求

(1) 横担的安装应根据架空线路导线的排列方式而定，具体要求如下：

1) 钢筋混凝土电杆使用 U 形抱箍安装水平排列导线横担。在杆顶向下量 200mm，安装 U 形抱箍，用 U 形抱箍从电杆背部抱过杆身，抱箍螺扣部分应置于受电侧，在抱箍上安装好 M 形抱铁，在 M 形抱铁上再安装横担，在抱箍两端各加一个垫圈用螺母固定，先不要拧紧螺母，留有调节的余地，待全部横担装上后再逐个拧紧螺母。

2) 电杆导线进行三角排列时，杆顶支持绝缘子应使用杆顶支座抱箍。由杆顶向下量取 150mm，使用 Ω 形支座抱箍时，应将角钢置于受电侧，将抱箍用 M16×70 方头螺栓，穿过抱箍安装孔，用螺母拧紧固定。安装好杆顶抱箍后，再安装横担。横担的位置由导线的排列方式来决定，导线采用正三角排列时，横担距离杆顶抱箍为 0.8m；导线采用扁三角排列时，横担距离杆顶抱箍为 0.5m。

(2) 横担安装应平整，安装偏差不应超过下列规定数值：

1) 横担端部上下歪斜：20mm。

2) 横担端部左右扭斜：20mm。

(3) 带叉梁的双杆组立后，杆身和叉梁均不应有鼓肚现象。叉梁铁板、抱箍与主杆的连接牢固、局部间隙不应大于 50mm。

（4）导线水平排列时，上层横担距杆顶距离不宜小于 200mm。

（5）10kV 线路与 35kV 线路同杆架设时，两条线路导线之间垂直距离不应小于 2m。

（6）高、低压同杆架设的线路，高压线路横担应在上层。架设同一电压等级的不同回路导线时，应把线路弧垂较大的横担放置在下层。

（7）同一电源的高、低压线路宜同杆架设。为了维修和减少停电，直线杆横担数不宜超过 4 层（包括路灯线路）。

2. 绝缘子的安装规定

（1）安装绝缘子时，应清除表面灰土、附着物及不应有的涂料，还应根据要求进行外观检查和测量绝缘电阻。

（2）安装绝缘子采用的闭口销或开口销不应有断、裂缝等现象。工程中使用闭口销比开口销具有更多的优点，当装入销口后，能自动弹开，不需将销尾弯成 45°，当拔出销孔时，也比较容易。它具有销住可靠、带电装卸灵活的特点。当采用开口销时应对称开口，开口角度应为 30°～60°。工程中严禁用线材或其他材料代替闭口销、开口销。

（3）绝缘子在直立安装时，顶端顺线路歪斜不应大于 10mm；在水平安装时，顶端宜向上翘起 5°～15°，顶端顺线路歪斜应不大于 20mm。

（4）转角杆安装瓷横担绝缘子，顶端竖直安装的瓷横担支架应安装在转角的内角侧（瓷横担绝缘子应装在支架的外角侧）。

（5）全瓷式瓷横担绝缘子的固定处应加软垫。

四、导线架设

1. 导线架设技术要求

导线架设时，线路的相序排列应统一，对设计、施工、安全运行都是有利的，高压线路面向负荷，从左侧起，导线排列相序为 L1、L2、L3 相；低压线路面向负荷，从左侧起，导线排列相序为 L1、N、L2、L3 相。电杆上的中性线（N）应靠近电杆，如线路沿建筑物架设时，应靠近建筑物。

（1）架空线路应沿道路平行敷设，并宜避免通过各种起重机频繁活动地区。应尽可能减少同其他设施的交叉和跨越建筑物。

（2）架空线路导线的最小截面如下：

6～10kV 线路：铝绞线，居民区 35mm²；非居民区 25mm²。钢芯铝绞线，居民区 25mm²；非居民区 16mm²。铜绞线，居民区 16mm²；非居民区 16mm²。1kV 以下线路：铝绞线 16mm²。钢芯铝绞线 16mm²。钢绞线 10mm²（绞线直径 3.2mm）。但 1kV 以下线路与铁路交叉跨越档处，铝绞线最小截面应为 35mm²。

（3）6～10kV 接户线的最小截面如下：

铝绞线 25mm²。铜绞线 16mm²。

（4）接户线对地距离，不应小于的数值如下：

6～10kV 接户线 4.5m。低压绝缘接户线 2.5m。

（5）跨越道路的低压接户线，至路中心的垂直距离，不应小于的数值如下：

通车道路 6m。通车困难道路、人行道 3.5m。

（6）架空线路的导线与建筑物之间的距离不应小于表 7-3 所列数值。

表 7-3 架空线路的导线与建筑物间的最小距离 （单位：mm）

线路经过地区	线路电压	
	6~10kV	<1kV
线路跨越建筑物垂直距离	3	2.5
线路边线与建筑物水平距离	1.5	1

注 架空线不应跨越屋顶为易燃材料的建筑物，对于耐火屋顶的建筑物也不宜跨越。

（7）架空线路的导线与道路行道树间的距离不应小于表7-4所列数值。

表 7-4 架空线路的导线与道路行道树间的最小距离 （单位：mm）

线路经过地区	线路电压	
	6~10kV	<1kV
线路跨越行道树在最大弧垂情况的最小垂直距离	1.5	1
线路边线在最大风偏情况与行道树的最小水平距离	2	1

（8）架空线路的导线与地面的距离，不应小于表7-5所列数值。

表 7-5 架空线路的导线与地面的最小距离 （单位：mm）

线路经过地区	线路电压	
	6~10kV	<1kV
居民区	6.5	6
非居民区	5.5	5
交通困难地区	4.5	4

注 1. 居民区指工业企业地区、港口、码头、市镇等人口密集地区；
2. 非居民区指居民区以外的地区，均属非居民区；有时虽有人，有车到达，但房屋稀少，亦属非居民区；
3. 交通困难地区——车辆不能到达的地区。

（9）架空线路的导线与山坡、峭壁、岩石之间的距离，在最大计算风偏情况下，不应小于表7-6所列数值。

表 7-6 架空线路的导线与山坡、岩石间的最小净空距离 （单位：mm）

线路经过地区	线路电压	
	6~10kV	<1kV
步行可以到达的山坡	4.5	3
步行可以到达的山坡、峭壁和岩石	1.5	1

（10）架空线路与甲类火灾危险的生产厂房，甲类物品库房及易燃、易爆材料堆场，以及可燃或易燃液（气）体贮罐的防火间距，不应小于电杆高度的1.5倍。

（11）在离海岸5km以内的沿海地区或工业区，视腐蚀性气体和尘埃产生腐蚀作用的严重程度，选用不同防腐性能的防腐型钢芯铝绞线。

2. 紧线

紧线前必须先做好耐张杆、转角杆和终端杆的本身拉线，然后再分段紧线。首先，将导线的一端套在绝缘子上固定好，再在导线的另一端开始紧线工作。在展放导线时，导线的展放长度应比档距长度略有增加，平地时一般可增加2％，山地可增加3％。还应尽量在一个耐张段内，导线紧好后再剪断导线，避免造成浪费。在紧线前，在一端的耐张杆上，先把导线的一端在绝缘子上做终端固定，然后在另一端用紧线器紧线。紧线前在紧线段耐张杆受力侧除有正式拉线外，应装设临时拉线。一般可用钢丝绳或具有足够强度的钢线，拴在横担的两端，以防紧线时横担发生偏扭。待紧完导线并固定好以后，才可拆除临时拉线。紧线时在耐张段操作端，直接或通过滑轮组来牵引导线，使导线收紧后，再用紧线器夹住导线。

根据每次同时紧线的架空导线根数，紧线方式有单线法、双线法、三线法等，施工时可根据具体条件采用。

紧线方法有两种：一种是导线逐根均匀收紧；另一种是三线同时收紧或两线同时收紧，后一种方法紧线速度快，但需要有较大的牵引力，如利用卷扬机或绞磨的牵引力等。紧线时，一般应做到每根电杆上有人，以便及时松动导线，使导线接头能顺利地越过滑轮和绝缘子。

一般中小型铝绞线和钢芯铝绞线可用紧线钳紧线，先将导线通过滑轮组，用人力初步拉紧，然后将紧线钳上钢丝绳松开，固定在横担上，另一端夹住导线（导线上包缠麻布）。紧线时，横担两侧的导线应同时收紧，以免横担受力不均而歪斜。

五、杆上电气设备安装

1. 安装要求

杆上电气设备安装应牢固可靠；电气连接应接触紧密；不同金属连接应有过渡措施；瓷件表面光洁，无裂缝、破损等现象。

2. 变压器及变压器台安装

其水平做倾斜不大于台架根开的1/100。一次、二次引线排列整齐、绑扎牢固。油枕、油位正常，外壳干净。接地可靠，接地电阻值符合规定。套管压线螺栓等部件齐全；呼吸孔道畅通。

3. 跌落式熔断器安装

要求各部分零件完整；转轴光滑灵活，铸件不应有裂纹、砂眼锈蚀。瓷件良好，熔丝管不应有吸潮膨胀或弯曲现象。熔断器安装牢固、排列整齐，熔管轴线与地面的垂线夹角为15°～30°。熔断器水平相间距离不小于500mm；操作时灵活可靠，接触紧密。合熔丝管时上触头应有一定的压缩行程；上、下引线压紧；与线路导线的连接紧密可靠。

4. 断路器和负荷开关安装

其水平倾斜不大于担架长度的1/100。引线连接紧密，当采用绑扎连接时，长度不小于150mm。外壳干净，不应有漏油现象，气压不低于规定值；操作灵活，分、合位置指示正确可靠；外壳接地可靠，接地电阻值符合规定。

5. 隔离开关

杆上隔离开关的瓷件良好，操作机构动作灵活，隔离刀刃合闸时接触紧密，分闸后应有不小于200mm的空气间隙；与引线的连接紧密可靠。

水平安装的隔离刀刃分闸时，宜使静触头带电。

三相运动隔离开关的三相隔离刀刃应分、合同期。

6. 避雷器的瓷套与固定抱箍之间加垫层

安装排列整齐、高低一致。相间距离为：1～10kV时，不小于350mm；1kV以下时，不小于 150mm。避雷器的引线短而直、连接紧密，采用绝缘线时，其截面要求如下：

（1）引上线：铜线不小于 16mm²，铝线不小于 25mm²。

（2）引下线：铜线不小于 25mm²，铝线不小于 35mm²，引下线接地可靠，接地电阻值符合规定。与电气部分连接，不应使避雷器产生外加应力。

7. 低压熔断器和开关安装

要求各部分接触应紧密，便于操作。低压熔丝（片）安装要求无弯折、压偏、伤痕等现象。

8. 变压器中性点

与接地装置引出干线直接连接。

由接地装置引出的干线，以最近距离直接与变压器中性点（N端子）可靠连接，以确保低压供电系统可靠、安全地运行。

第三节　变压器安装

一、变压器安装准备

1. 基础验收

（1）轨道水平误差不应超过 5mm。

（2）实际轨距不应小于设计轨距，误差不应超过 +5mm。

（3）轨面对设计标高的误差不应超过 ±5mm。

2. 开箱检查

（1）设备出厂合格证明及产品技术文件应齐全。

（2）设备应有铭牌，型号规格应和设计相符，附件、备件核对装箱单应齐全。

（3）变压器、电抗器外表无机械损伤，无锈蚀。

（4）油箱密封应良好，带油运输的变压器，储油柜油位应正常，油液应无渗漏。

（5）变压器轮距应与设计相符。

（6）油箱盖或钟罩法兰连接螺栓齐全。

（7）充氮运输的变压器及电抗器，器身内应保持正压，压力值不低于 0.01MPa。

3. 器身检查

（1）免除器身检查的条件。

当满足下列条件之一时，可不必进行器身检查：

1）制造厂规定可不作器身检查者；

2）容量为 1000kV·A 及以下、运输过程中无异常情况者；

3）就地生产仅作短途运输的变压器、电抗器，如果事先参加了制造厂的器身总装，质量符合要求，且在运输过程中进行了有效的监督，无紧急制动、剧烈震动、冲撞或严重颠簸等异常情况者。

（2）器身检查要求。

1）周围空气温度不宜低于 0℃，变压器器身温度不宜低于周围空气温度。当器身温度低于周围空气温度时，应加热器身，宜使其温度高于周围空气温度 10℃。

2）当空气相对湿度小于 75% 时，器身暴露在空气中的时间不得超过 16h。

3）调压切换装置吊出检查、调整时，暴露在空气中的时间应符合表7-7规定。

表7-7　　　　　　　　　　　　　　调压切换装置露空时间

环境温度/℃	＞0	＞0	＞0	＜0
空气相对湿度/%	＜65	65～75	75～85	不控制
持续时间/h	≤24	≤16	≤10	≤8

4）时间计算规定：带油运输的变压器、电抗器，由开始放油时算起；不带油运输的变压器、电抗器，由揭开顶盖或打开任一堵塞算起，到开始抽真空或注油为止。空气相对湿度或露空时间超过规定时，必须采取相应的可靠措施。

5）器身检查时，场地四周应清洁和有防尘措施；雨雪天或雾天，不应在室外进行。

（3）器身检查的主要项目。

1）运输支撑和器身各部位应无移动现象，运输用的临时防护装置及临时支撑应予拆除，并经过清点做好记录以备查。

2）所有螺栓应紧固，并有防松措施；绝缘螺栓应无损坏，防松绑扎完好。

3）铁芯应无变形，铁轮与夹件间的绝缘垫应良好；铁芯应无多点接地；铁芯外引线接地的变压器，拆开接地线后铁芯对地绝缘应良好；打开夹件与铁轮接地片后，铁轮螺杆与铁芯、铁轮与夹件、螺杆与夹件间的绝缘应良好；当铁轮采用钢带绑扎时，钢带对铁轮的绝缘应良好；打开铁芯屏蔽接地引线，检查屏蔽绝缘应良好；打开夹件与线圈压板的连线，检查压钉绝缘应良好；铁芯拉板及铁轮拉带应紧固，绝缘良好（无法打开检查铁芯的可不检查）。

4）绕组绝缘层应完整，无缺损、变位现象；各绕组应排列整齐，间隙均匀，油路无堵塞；绕组的压钉应紧固，防松螺母应锁紧。

5）绝缘围屏绑扎牢固，围屏上所有线圈引出处的封闭应良好。

6）引出线绝缘包扎紧固，无破损、折弯现象；引出线绝缘距离应合格，固定牢靠，其固定支架应紧固；引出线的裸露部分应无毛刺或尖角，且焊接应良好；引出线与套管的连接应牢靠，接线正确。

7）无励磁调压切换装置各分接点与线圈的连接应紧固正确；各分接头应清洁，且接触紧密，引力良好；所有接触到的部分，用规格为0.05mm×10mm塞尺检查，应塞不进去；转动接点应正确地停留在各个位置上，且与指示器所指位置一致；切换装置的拉杆、分接头凸轮、小轴、销子等应完整无损；转动盘应动作灵活，密封良好。

8）有载调压切换装置的选择开关、范围开关应接触良好，分接引线应连接正确、牢固，切换开关部分密封良好。必要时抽出切换开关芯子进行检查。

9）绝缘屏障应完好，且固定牢固，无松动现象。

10）检查强油循环管路与下轮绝缘接口部位的密封情况；检查各部位应无油泥、水滴和金属屑末等杂物。

注：变压器有围屏者，可不必解除围屏，由于围屏遮蔽而不能检查的项目，可不予检查。

4. 变压器干燥

（1）新装变压器是否干燥判定。

1）带油运输的变压器及电抗器：

①绝缘油电气强度及微量水试验合格；

②绝缘电阻及吸收比（或极化指数）符合现行国家标准《电气装置安装工程 电气设备交接试验标准》（GB 50150—2016）的相应规定；

③介质损耗角正切值 $\tan\delta$（％）符合规定（电压等级在 35kV 以下及容量在 4000kV·A 以下者，可不作要求）。

2）充气运输的变压器及电抗器：

①器身内压力在出厂至安装前均保持正压；

②残油中微量水不应大于 30×10^{-6}；

③变压器及电抗器注入合格绝缘油后：绝缘油电气强度微量水及绝缘电阻应符合现行国家标准《电气装置安装工程 电气设备交接试验标准》（GB 50150—2016）的相应规定。

当器身未能保持正压，而密封无明显破坏时，则应根据安装及试验记录全面分析作出综合判断，决定是否需要干燥。

（2）干燥时各部温度监控。

1）当为不带油干燥利用油箱加热时，箱壁温度不宜超过 110℃，箱底温度不得超过 100℃，绕组温度不得超过 95℃。

2）带油干燥时，上层油温不得超过 85℃。

3）热风干燥时，进风温度不得超过 100℃。

4）干式变压器进行干燥时，其绕组温度应根据其绝缘等级而定：

A 级绝缘时 80℃；B 级绝缘时 100℃；E 级绝缘时 95℃；

F 级绝缘时 120℃；H 级绝缘时 145℃。

5）干燥过程中，在保持温度不变的情况下，绕组的绝缘电阻下降后再回升，110kV 及以下的变压器、电抗器持续 6h 保持稳定，且无凝结水产生时，可认为干燥完毕。

6）变压器、电抗器干燥后应进行器身检查，所有螺栓压紧部分应无松动，绝缘表面应无过热等异常情况。如不能及时检查时，应先注以合格油，油温可预热至 50~60℃，绕组温度应高于油温。

5. 变压器、电抗器就位

变压器、电抗器搬运就位由起重工为主操作，电工配合。搬运最好采用起重机和汽车，如机具缺乏或距离很短而道路又有条件时，也可以用倒链吊装、卷扬机拖运、滚杠运输等。

变压器在吊装时，索具必须检查合格。钢丝绳必须系在油箱的吊钩上，变压器顶盖上盘的吊环只可作吊芯用，不得用此吊环吊装整台变压器。

变压器就位时，应注意其方法和施工图相符，变压器距墙尺寸按施工图规定，允许偏差 ±25mm。图纸无标注时，纵向按轨道定位，横向距墙不小于 800mm，距门不小于 1000mm。并适当照顾到屋顶吊环的铅垂线位于变压器中心，以便于吊芯。

二、变压器本体及附件安装

1. 冷却装置安装

（1）冷却装置在安装前应按制造厂规定的压力值用气压或油压进行密封试验，并应符合下列要求：

1）散热器可用 0.05MPa 表压力的压缩空气检查，应无漏气；或用 0.07MPa 表压力的变压器油进行检查，持续 30min，应无渗漏现象。

2) 强迫油循环风冷却器可用 0.25MPa 表压力的气压或油压，持续 30min 进行检查，应无渗漏现象。

3) 强迫油循环水冷却器用 0.25MPa 表压力的气压或油压进行检查，持续 1h 应无渗漏；水、油系统应分别检查渗漏。

(2) 冷却装置安装前应用合格的绝缘油经净油机循环冲洗干净，并将残油排尽。

(3) 冷却装置安装完毕后应即注满油，以免由于阀门渗漏造成本体油位降低，使绝缘部分露出油面。

(4) 风扇电动机及叶片应安装牢固，并应转动灵活，无卡阻现象；试转时应无震动、过热；叶片应无扭曲变形或与风筒擦碰等情况，转向应正确；电动机的电源配线应采用具有耐油性能的绝缘导线；靠近箱壁的绝缘导线应用金属软管保护；导线排列应整齐；接线盒密封良好。

(5) 管路中的阀门应操作灵活，开闭位置应正确；阀门及法兰连接处应密封良好。

(6) 外接油管在安装前，应进行彻底除锈并清洗干净；管道安装后，油管应涂黄漆，水管涂黑漆，并应有流向标志。

(7) 潜油泵转向应正确，转动时应无异常噪声、震动和过热现象；其密封应良好，无渗油或进气现象。

(8) 差压继电器、流速继电器应经校验合格，且密封良好，动作可靠。

(9) 水冷却装置停用时，应将存水放尽，以防天寒冻裂。

2. 储油柜（油枕）安装

(1) 储油柜安装前应清洗干净，除去污物，并用合格的变压器油冲洗。隔膜式（或胶囊式）储油柜中的胶囊或隔膜式储油柜中的隔膜应完整无破损，并应和储油柜的长轴保持平行、不扭偏。胶囊在缓慢充气胀开后应无漏气现象。胶囊口的密封应良好，呼吸应畅通。

(2) 储油柜安装前应先安装油位表，安装油位表时应注意保证放气和导油孔的畅通；玻璃管要完好。油位表动作应灵活，油位表或油标管的指示必须与储油柜的真实油位相符，不得出现假油位。油位表的信号接点位置正确，绝缘良好。

(3) 储油柜利用支架安装在油箱顶盖上。油枕和支架、支架和油箱均用螺栓紧固。

3. 套管安装

(1) 套管在安装前要按下列要求进行检查：

1) 瓷套管表面应无裂缝、伤痕；

2) 套管、法兰颈部及均压球内壁应清擦干净；

3) 套管应经试验合格；

4) 充油套管的油位指示正常，无渗油现象。

(2) 当充油管介质损失角正切值 tanδ（％）超过标准，且确认其内部绝缘受潮时，应予干燥处理。

(3) 高压套管穿缆的应力锥进入套管的均压罩内，其引出端头与套管顶部接线柱连接处应擦拭干净，接触紧密；高压套管与引出线接口的密封波纹盘结构的安装应严格按制造厂的规定进行。

(4) 套管顶部结构的密封垫应安装正确，密封应良好，连接引线时，不应使顶部结构松扣。

4. 升高座安装

(1) 升高座安装前，应先完成电流互感器的试验；电流互感器出线端子板应绝缘良好，其接线螺栓和固定件的垫块应紧固，端子板应密封良好，无渗油现象。

(2) 安装升高座时，应使电流互感器铭牌位置面向油箱外侧，放气塞位置应在升高座最高处。

(3) 电流互感器和升高座的中心应一致。

(4) 绝缘筒应安装牢固，其安装位置不应使变压器引出线与之相碰。

5. 气体继电器安装（又称外丝继电器）

(1) 气体继电器应作密封试验，轻瓦斯动作容积试验，重瓦斯动作流速试验，各项指标合格后，并有合格检验证书方可使用。

(2) 气体继电器应水平安装，观察窗应装在便于检查一侧，箭头方向应指向储油箱（油枕），其与连通管连接应密封良好，其内壁应擦拭干净，截油阀应位于储油箱和气体继电器之间。

(3) 打开放气嘴，放出空气，直到有油溢出时，将放气嘴关上，以免有空气进入使继电保护器误动作。

(4) 当操作电源为直流时，必须将电源正极接到水银侧的接点上，接线应正确，接触良好，以免断开时产生飞弧。

6. 干燥器（吸湿器、防潮呼吸器、空气过滤器）安装

(1) 检查硅胶是否失效（对浅蓝色硅胶，变为浅红色即已失效；对白色硅胶一律烘烤）。如已失效，应在 $115\sim120℃$ 温度下烘烤 8h，使其复原或换新。

(2) 安装时，必须将干燥器盖子处的橡皮垫取掉，使其畅通，并在盖子中装适量的变压器油，起滤尘作用。

(3) 干燥器与储气柜间管路的连接应密封良好，管道应通畅。

(4) 干燥器油封油位应在油面线上；但隔膜式储油柜变压器应按产品要求处理（或不到油封，或少放油，以便胶囊易于伸缩呼吸）。

7. 净油器安装

(1) 安装前先用合格的变压器油冲洗净油器，然后同安装散热器一样，将净油器与安装孔的法兰连接起来。其滤网安装方向应正确并在出口侧。

(2) 将净油器容器内装满干燥的硅胶粒后充油。油流方向应正确。

8. 温度计安装

(1) 套管温度计安装，应直接安装在变压器上盖的预留孔内，并在孔内适当加些变压器油，刻度方向应便于观察。

(2) 电接点温度计安装前应进行计量检定，合格后方能使用。油浸变压器一次元件应安装在变压器顶盖上的温度计套筒内，并加适当变压器油；二次仪表挂在压变压器一侧的预留板上。干式变压器一次元件应按厂家说明书位置安装，二次仪表装在便于观测的变压器护网栏上。软管不得有压扁或死弯，富余部分应盘圈并固定在温度计附近。

(3) 干式变压器的电阻温度计，一次元件应预埋在变压器内，二次仪表应安装在值班室或操作台上，温度补偿导线应符合仪表要求，并加以适当的附加温度补偿电阻校验调试后方

可使用。

9. 压力释放装置安装

（1）密封式结构的变压器、电抗器，其压力释放装置的安装方向应正确，使喷油口不要朝向邻近的设备，阀盖和升高座内部应清洁，密封良好。

（2）电接点应动作准确，绝缘应良好。

10. 电压切换装置安装

（1）变压器电压切换装置各分接点与线圈的连线应接正确，牢固可靠，其接触面接触紧密良好，切换电压时，转动触点停留位置正确，并与指示位置一致。

（2）电压切换装置的拉杆、分接头的凸轮、小轴销子等应完整无损，转动盘应动作灵活，密封良好。

（3）电压切换装置的传动机构（包括有载调压装置）的固定应牢靠，传动机构的摩擦部分应有足够的润滑油。

（4）有载调压切换装置的调换开关触头及铜辫子软线应完整无损，触头间应有足够的压力（一般为 8~10kg）。

（5）有载调压切换装置转动到极限位置时，应装有机械联锁与带有限开关的电气联锁。

（6）有载调压切换装置的控制箱，一般应安装在值班室或操作台上，连线应正确无误，并应调整好，手动、自动工作正常，挡位指示准确。

11. 整体密封检查

（1）变压器、电抗器安装完毕后，应在储油柜上用气压或油压进行整体密封试验，所加压力为油箱盖上能承受 0.03MPa 的压力，试验持续时间为 24h，应无渗漏。油箱内变压器油的温度不应低于 10℃。

（2）整体运输的变压器、电抗器可不进行整体密封试验。

12. 变压器的接地

变压器的接地既有高压部分的保护接地，又有低压部分的工作接地。低压供电系统在建筑电气工程中普遍采用 TN-S 或 TN-C-S 系统，即不同形式的保护接零系统，且两者共用同一个接地装置。在变配电室要求接地装置从地下引出的接地干线，以最近的路径直接引至变压器壳体和变压器的中性母线 N（变压器的中性点）及低压供电系统的 PE 干线或 PEN 干线，中间尽量减少螺栓搭接处，决不允许经其他电气装置接地后，串联连接过来，以确保运行中人身和电气设备的安全。油浸变压器箱体、干式变压器的铁芯和金属件，以及有保护外壳的干式变压器金属箱体，均是电气装置中重要的经常为人接触的非带电可接近裸露导体，为了人身及动物和设备安全，其保护接地要十分可靠。

接地装置引出的接地干线与变压器的低压侧中性点直接连接；变压器箱体、干式变压器的支架或外壳应接 PE 线。所有连接应可靠，紧固件及防松零件齐全。

三、变压器试验、检查与试运行

1. 变压器的交接试验

变压器安装好后，必须经交接试验合格，并出具报告后，才具备通电条件。交接试验的内容和要求，即合格的判定条件。

2. 变压器送电前的检查

（1）变压器试运行前应做全面检查，确认符合试运行条件时方可投入运行。

（2）变压器试运行前，必须由质量监督部门检查合格。

（3）变压器试运行前的检查内容。

1）各种交接试验单据齐全，数据符合要求。

2）变压器应清理、擦拭干净，顶盖上无遗留杂物，本体及附件无缺损，且不渗油。

3）变压器一次、二次引线相位正确，绝缘良好。

4）接地线良好。

5）通风设施安装完毕，工作正常；事故排油设施完好；消防设施齐备。

6）油浸变压器油系统油门应打开，油门指示正确，油位正常。

7）油浸变压器的电压切换装置及干式变压器的分接头位置放置正常电压挡位。

8）保护装置整定值符合设计规定要求；操作及联动试验正常。

9）干式变压器护栏安装完毕。各种标志牌挂好，门装锁。

3. 变压器送电试运行

（1）变压器第一次投入时，可全压冲击合闸，冲击合闸时一般可由高压侧投入。

（2）变压器第一次受电后，持续时间不应少于 10min，无异常情况。

（3）变压器应进行 3～5 次全压冲击合闸，并无异常情况，励磁涌流不应引起保护装置误动作。

（4）油浸变压器带电后，检查油系统不应有渗油现象。

（5）变压器试运行要注意冲击电流，空载电流，一次、二次电压和温度，并做好详细记录。

（6）变压器并列运行前，应核对好相位。

（7）变压器空载运行 24h，无异常情况，方可投入负荷运行。

第四节 动力照明配电箱（盘）安装

一、弹线定位

1. 安装位置

在照明配电箱（盘）安装的施工过程中，配电箱（盘）的设置位置是十分重要的，位置不正确不但会给安装和维修带来不便，安装配电箱还会影响建筑物的结构强度。

2. 弹线定位

根据设计要求找出配电箱（盘）位置，并按照箱（盘）外形尺寸进行弹线定位。配电箱安装底口距地面一般为 1.5m，明装电能表板底口距地面不小于 1.8m。在同一建筑物内，同类箱盘高度应一致，允许偏差 10mm。为了保证使用安全，配电箱与采暖管距离不应小于 300mm；与给排水管道不应小于 200mm；与煤气管、表不应小于 300mm。

二、配电箱（盘）安装

1. 一般规定

（1）箱（盘）不得采用可燃材料制作。

（2）箱体开孔与导管管径适配，边缘整齐，开孔位置正确，电源管应在左边，负荷管在右边。照明配电箱底边距地面为 1.5m，照明配电板底边距地面不小于 1.8m。

（3）箱（盘）内部件齐全，配线整齐，接线正确无绞接现象。回路编号齐全，标识正确。导线连接紧密，不伤芯线，不断股。垫圈下螺纹两侧压的导线的截面积相同，同一端子上导线连接不多于 2 根，防松垫圈等零件齐全。

箱（盘）内接线整齐，回路编号、标识正确是为方便使用和维修，防止误操作而发生人身触电事故。

（4）配电箱（盘）上电器，仪表应牢固、平正、整洁、间距均匀。铜端子无松动，启闭灵活，零部件齐全。其排列间距应符合表 7-8 的要求。

表 7-8 　　　　　　　　　　　　　　　**电器、仪表排列间距要求**

项目			最小间距/mm
仪表侧面之间或侧面与盘边间距			60
仪表顶面之间或出线孔与盘边			50
闸具侧面之间或侧面与盘边			30
插入式熔断器顶面或底盘与出线孔	插入式熔断器规格/A	10～15	20
		20～30	30
		60	50
仪表、胶盖闸顶间或地面与出线孔	导线截面/mm²	10	80
			80
		16～25	100

（5）箱（盘）内开关动作灵活可靠，带有漏电保护的回路，漏电保护装置的设置和选型由设计确定，保护装置动作电流不大于 30mA，动作时间不大于 0.1s。

（6）照明箱（盘）内，分别设置中性线（N）和保护线（PE）汇流排，N 线和 PE 线经汇流排配出。

因照明配电箱额定容量有大小，小容量的出线回路少，仅 2～3 个回路，可以用数个接线柱（如绝缘的多孔瓷或胶木接头）分别组合成 PE 线和 N 接线排，但决不允许两者混合连接。

（7）箱（盘）安装牢固，安装配电箱箱盖紧贴墙面，箱（盘）涂层完整，配电箱（盘）垂直度允许偏差为 0.15%。

2. 明装配电箱（盘）的固定

在混凝土墙上固定时，有暗配管及暗分线盒和明配管两种方式。如有分线盒，先将分线盒内杂物清理干净，然后将导线理顺，分清支路和相序，按支路绑扎成束。待箱（盘）找准位置后，将导线端头引至箱内或盘上，逐个剥削导线端头，再逐个压接在器具上。同时将保护地线压在明显的地方，并将箱（盘）调整平直后用钢架或金属膨胀螺栓固定。在电具、仪表较多的盘面板安装完毕后，应先用仪表核对有无差错，调整无误后试送电，并将卡片柜内的卡片填写好部位，编上号。如在木结构或轻钢龙骨护板墙上固定配电箱（盘）时，应采用加固措施。配管在护板墙内暗敷设并有暗接线盒时，要求盒口应与墙面平齐，在木制护板墙处应做防火处理，可涂防火漆进行防护。

3. 暗装配电箱（盘）的固定

在预留孔洞中将箱体找好标高及水平尺寸。稳住箱体后用水泥砂浆填实周边并抹平齐，待水泥砂浆凝固后再安装盘面和贴脸。如箱底与外墙平齐时，应在外墙固定金属网后再做墙面抹灰，不得在箱底板上直接抹灰。安装盘面要求平整，周边间隙均匀对称，贴脸（门）平正，不歪斜，螺栓垂直受力均匀。

三、配电箱（盘）检查与调试

1. 检查

（1）柜内工具、杂物等清理出柜，并将柜体内外清扫干净。

（2）电器元件各紧固螺栓牢固，刀开关、空气开关等操作机构应灵活，不应出现卡滞或操作力用力过大现象。

（3）开关电器的通断是否可靠，接触面接触良好，辅助接点通断准确可靠。

（4）电工指示仪表与互感器的变比，极性应连接正确可靠。

（5）母线连接应良好，其绝缘支撑件、安装件及附件应安装牢固可靠。

（6）熔断器的熔芯规格选用是否正确，继电器的整定值是否符合设计要求，动作是否准确可靠。

2. 调试

绝缘电阻遥测，测量母线线间和对地电阻，测量二次结线间和对地电阻，应符合相关现行国家施工验收规范的规定。在测量二次回路电阻时，不应损坏其他半导体元件，遥测绝缘电阻时应将其断开。绝缘电阻遥测时应做记录。

第五节　电　缆　敷　设

一、电缆敷设的施工准备

1. 作业条件

（1）与电缆线路安装有关的建筑物、构筑物的土建工程质量，应符合国家现行的建筑工程施工及验收规范中的有关规定。

（2）电缆线路安装前，土建工作应具备下列条件：

1）预埋件符合设计要求，并埋置牢固；

2）电缆沟、隧道，竖井及人井孔等处的地坪及抹面工作结束；

3）电缆层、电缆沟、隧道等处的施工临时设施、模板及建筑废料等清理干净，施工用道路畅通，盖板齐备；

4）电缆线路铺设后，不能再进行土建施工的工程项目应结束；

5）电缆沟排水畅通。

（3）电缆线路敷设完毕后投入运行前，应完成的土建工作如下：

1）由于预埋件补遗、开孔、扩孔等需要而完成的土建修饰工作；

2）电缆室的门窗；

3）防火隔墙。

2. 材料（设备）准备

（1）敷设前，应对电缆进行外观检查及绝缘电阻试验。6kV 以上电缆应作耐压和泄漏试验。1kV 以下电缆用高阻计（绝缘电阻表）测试，不低于 $10M\Omega$。

所有试验均要做好记录，以便竣工试验时作对比参考，并归档。

（2）电缆敷设前应准备好砖、砂，并运到沟边待用，并准备好方向套（铅皮、钢字）标桩。

（3）工具及施工用料的准备。施工前要准备好以下材料：

1）架电缆的轴辊、支架及敷设用电缆托架；

2）封铅用的喷灯、焊料、抹布、硬脂酸以及木、铁锯；

3）铁剪，8号、16号铅丝，编织的钢丝网套；

4）铁锹、榔头、电工工具；

5）汽油、沥青膏等。

（4）电缆型号、规格及长度均应与设计资料核对无误。电缆不得有扭绞、损伤及渗漏油现象。

（5）电缆线路两端连接的电气设备（或接线箱、盒）应安装完毕或已就位，敷设电缆的通道应无堵塞。

3. 电缆加温

（1）如冬期施工温度低于设计规定时，电缆应先加温，并准备好保温草帘，以便于搬运时电缆保温用。

电缆加热方法通常采用的有两种：一种是室内加热，即在室内或帐篷里，用热风机或电炉提高室内温度使电缆加温；室内温度为25℃时约需1～2昼夜；40℃时需18h。另一种方法是采用电流加热，将电缆线芯通入电流，使电缆本身发热。

用电流法加热时，将电缆一端的线芯短路，并予铅封，以防进入潮气，并经常监控电流值及电缆表面温度。电缆表面温度不应超过下列数值（使用水银温度计）：

3kV及以下的电缆表面温度不应超过40℃；6～10kV的电缆表面温度不应超过35℃；20～35kV的电缆表面温度不应超过25℃。

加热后，电缆应尽快敷设。

（2）电缆敷设前，还应进行下列项目的复查：

1）支架应齐全，油漆完整。

2）电缆型号、电压、规格应符合设计。

3）电缆绝缘良好；当对油浸纸绝缘电缆的密封有怀疑时，应进行潮湿判断；直埋电缆与水底电缆应经直流耐压试验合格；充油电缆的油样应试验合格。

4）充油电缆的油压不宜低于0.15MPa。

二、电缆敷设的规定及要求

1. 一般规定

（1）电缆敷设时，不应破坏电缆沟和隧道的防水层。

（2）在三相四线制系统中使用的电力电缆，不应采用三芯电缆另加一根单芯电缆或导线，以电缆金属护套等作中性线等方式。在三相系统中，不得将三芯电缆中的一芯接地运行。

（3）三相系统中使用的单芯电缆，应组成紧贴的正三角形排列（充油电缆及水底电缆可除外），并且每隔1m应用绑带扎牢。

（4）并联运行的电力电缆，其长度应相等。

（5）电缆敷设时，在电缆终端头与电缆接头附近可留有备用长度。直埋电缆尚应在全长上留出少量裕度，并作波浪形敷设。

（6）电缆各支持点间的距离应按设计规定。当设计无规定时，不应大于表7-9中所列数值。

表 7 - 9　　　　　　　　　　　　　电缆支持点间的距离　　　　　　　　　　　　（单位：mm）

电缆种类		敷设方式			
		支架上敷设[a]		钢索上悬吊敷设	
		水平	垂直	水平	垂直
电力电缆	无油电缆	1.5	2.0	—	—
	橡塑及其他油浸纸绝缘电缆	1.0	2.0	0.75	1.5
控制电缆		0.8	1.0	0.6	0.75

[a] 包括沿墙壁、构架、楼板等非支架固定。

（7）电缆最小允许弯曲半径与电缆外径的比值（倍数）见表 7 - 10 的规定。

表 7 - 10　　　　　　　电缆最小允许弯曲半径与电缆外径的比值（倍数）

电缆种类	电缆护层结构	单芯	多芯
油浸纸绝缘电力电缆	铠装或无铠装	20	15
橡皮绝缘电力电缆	橡皮或聚氯乙烯护套	—	10
	裸铅护套	—	15
	铅护套钢带铠装	—	20
塑料绝缘电力电缆	铠装或无铠装	—	10
控制电缆	铠装或无铠装	—	10

（8）油浸纸绝缘电力电缆最高与最低点之间的最大位差不应超过表 7 - 11 的规定。

表 7 - 11　　　　　　　　油浸纸绝缘电力电缆最大允许敷设位差

电压等级/kV		电缆护层结构	铅套/m	铝套/m
黏性油浸纸绝缘电力电缆	1～3	无铠装	20	25
		有铠装	25	25
	6～10	无铠装或有铠装	15	20
	20～36	无铠装或有铠装	5	—
充油电缆			按产品规定	

注　1. 不滴流油浸纸绝缘电力电缆无位差限制。
　　2. 水底电缆线路的最低点是指最低水位的水平面。

当不能满足要求时，应采用适应于高位差的电缆，或在电缆中间设置塞止式接头。

（9）电缆敷设时，电缆应从盘的上端引出，应避免电缆在支架上及地面摩擦拖拉。电缆上不得有未消除的机械损伤（如铠装压扁、电缆绞扭、护层折裂等）。

（10）用机械敷设电缆时的牵引强度不宜大于表 7 - 12 的数值。

表 7 - 12　　　　　　　　　　　电缆最大允许牵引强度

牵引方式	牵引头		钢丝网套	
受力部位	铜芯	铝芯	铅套	铝套
允许牵引强度/MPa	0.7	0.4	0.1	0.4

（11）敷设电缆时，如电缆存放地点在敷设前 24h 内的平均温度以及敷设现场的温度低于表 7 - 13 的数值时，应采取电缆加温措施，否则不宜敷设。

表 7 - 13　　　　　　　　　　　　　　电缆最低允许敷设温度

电缆类别	电缆结构	最低允许敷设温度/℃
油浸纸绝缘电力电缆	充油电缆	−10
	其他油浸纸绝缘电缆	0
橡皮绝缘电力电荷	橡皮或聚氯乙烯护套	−15
	裸铅套	−20
	铅护套钢带铠装	−7
塑料绝缘电力电缆	—	0
控制电缆	耐寒护套	−20
	橡皮绝缘聚氯乙烯护套	−15
	聚氯乙烯绝缘、聚氯乙烯护套	−10

（12）电缆敷设时，不宜交叉，电缆应排列整齐，加以固定，并及时装设标志牌。

（13）直埋电缆沿线及其接头处应有明显的方位标志或牢固的标桩。

（14）沿电气化铁路或有电气化铁路通过的桥梁上明敷电缆的金属护层（包括电缆金属管道），应沿其全长与金属支架或桥梁的金属构件绝缘。

（15）电缆进入电缆沟、隧道、竖井、建筑物、盘（柜）以及穿入管子时，出入口应封闭，管口应密封。

（16）对于有抗干扰要求的电缆线路，应按设计规定做好抗干扰措施。

（17）装有避雷针和避雷线的构架上的照明灯电源线，必须采用植埋于地下的带金属护层的电缆或穿入金属管的导线。电缆护层或金属管必须接地，埋地长度应在 10m 以上，方可与配电装置的接地网相连或与电源线、低压配电装置相连接。

2. 充油电缆切断后的要求

（1）在任何情况下，充油电缆的任一段都应设有压力油箱，以保持油压。

（2）连接油管路时，应排除管内空气，并采用喷油连接。

（3）充油电缆的切断处必须高于邻近两侧的电缆，避免电缆内进气。

（4）切断电缆时应防止金属屑及污物侵入电缆。

3. 电力电缆接线盒的布置要求

（1）并列敷设电缆，其接头盒的位置应相互错开。

（2）电缆明敷时的接头盒，须用托板（如石棉板等）托置，并用耐电弧隔板与其他电缆隔开，托板及隔板伸出接头两端的长度应不小于 0.6m。

（3）直埋电缆接头盒外面应有防止机械损伤的保护盒（环氧树脂接头盒除外）。位于冻土层内的保护盒，盒内宜注以沥青，以防水分进入盒内因冻胀而损坏电缆接头。

4. 标志牌的装设要求

（1）在下列部位时电缆上应装设标志牌：电缆终端头、电缆中间接头处；隧道及竖井的两端；入井内。

（2）标志牌上应注明线路编号（当设计无编号时，则应写明电缆型号、规格及起始和结束地点），并联使用的电缆应有顺序号，字迹应清晰，不易脱落。

（3）标志牌的规格宜统一；标志牌应能防腐，且挂装应牢固。

5. 电缆固定要求

（1）在下列地方应将电缆加以固定：

1）垂直敷设或超过 45°倾斜敷设的电缆，在每一个支架上；

2）水平敷设的电缆，在电缆首末两端及转弯、电缆接头两端处；

3）充油电缆的固定应符合设计要求。

（2）电缆夹具的形式宜统一。

（3）使用于交流的单芯电缆或分相 4 套电缆在分相后的固定，其夹具的所有铁件不应构成闭合磁路。

（4）裸铅（铝）套电缆的固定处，应加软垫保护。

三、电缆支架安装

1. 电缆沟内电缆支架安装

（1）电缆在沟内敷设，要用支架支撑或固定，因而支架的安装是关键，其相互间距离是否恰当，将影响通电后电缆的散热状况是否良好、对电缆的日常巡视和维护检修是否方便，以及在电缆弯曲处的弯曲半径是否合理。

（2）电缆支架自行加工时，钢材应平直，无显著扭曲。下料后长短差应在 5mm 范围内，切口无卷边、毛刺。钢支架采用焊接时，不要有显著的变形。支架上各横撑的垂直距离，其偏差不应大于 2mm。支架应安装牢固，横平竖直，同一层的横撑应在同一水平面上，其高低偏差不应大于 5mm。在有坡度的电缆沟内，其电缆支架也要保持同一坡度（此项也适用于有坡度的建筑物上的电缆支架）。

（3）当设计无要求时，电缆支架最上层至沟顶的距离不小于 150~200mm；电缆支架最下层至沟底的距离不小于 50~100mm。

（4）当设计无要求时，电缆支架层间最小允许距离符合表 7-14 的规定。

表 7-14　电缆支架层间最小允许距离　（单位：mm）

电缆种类	支架层间最小允许距离
控制电缆	120
10kV 及以下电力电缆	150~200

（5）支架与预埋件焊接固定时，焊缝应饱满；用膨胀螺栓固定时，选用螺栓要适配，连接紧固，防松零件齐全。

（6）当设计无要求时，电缆支持点间距不小于表 7-15 的规定。

表 7-15　电缆支持点间距　（单位：mm）

电缆种类		敷设方式	
		水平	垂直
电力电缆	全塑型	400	1000
	除全塑型外的电缆	800	1500
控制电缆		800	1000

2. 电气竖井支架安装

电缆在竖井内沿支架垂直敷设,可采用扁钢支架,如图 7-6 所示。支架的长度 W 应根据电缆直径和根数的多少而定。

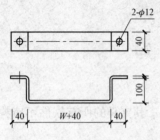

图 7-6　竖井内电缆扁钢支架
(单位:mm)

扁钢支架与建筑物的固定应采用 M10×80 的膨胀螺栓紧固。支架每隔 1.5m 设置一个,竖井内支架最上层距竖井顶部或楼板的距离不小于 150~200mm,底部与楼(地)面的距离宜不小于 300mm。

四、电缆在支架上敷设

1. 电缆在支架上敷设规则

(1)敷设在支架上的电缆,按电压等级排列,高压在上面,低压在下面,控制与通信电缆在最下面。如两侧装设电缆支架,则电力电缆与控制电缆、低压电缆应分别安装在沟的两边。电缆支架横撑间的垂直净距,无设计规定时,一般对电力电缆不小于 150mm;对控制电缆不小于 100mm。

(2)电缆之间、电缆与其他管道、道路、建筑物等之间平行和交叉时的最小距离,应符合表 7-16 的规定。严禁将电缆平行敷设于管道的上面或下面。

表 7-16　电缆之间、电缆与其他管道、道路、建筑物之间平行和交叉时的最小允许净距

序号	项目		最小允许净距/m		备注
			平行	交叉	
1	电力电缆间及其与控制电缆间				(1)控制电缆间平行敷设的间距不作规定;序号 1、3 项,当电缆穿管或用隔板隔开时,平行净距可降低为 0.1m。
	(1)10kV 及以下		0.10	0.50	
	(2)10kV 及以上		0.25	0.50	
2	控制电缆		—	0.50	(2)在交叉点前后 1m 范围内,如电缆穿入管中或用隔板隔开,交叉净距可降低为 0.25m
3	不同使用部门的电缆间		0.50	0.50	
4	热力管道(管沟)及热力设备		2.0	0.50	
5	油管道(管沟)		1.0	0.50	
6	可燃气体及易燃液体管道(管沟)		1.0	0.50	(1)虽净距能满足要求,但检修管路可能伤及电缆时,在交叉点前后 1m 范围内,尚应采取保护措施。
7	其他管道(管沟)		0.50	0.50	
8	铁路路轨		3.0	1.0	(2)当交叉净距不能满足要求时,应将电缆穿入管中,则其净距可减为 0.25m。
9	电气化铁路路轨	交流	3.0	1.0	(3)对序号第 4 项,应采取隔热措施,使电缆周围土壤的温升不超过 10℃。
		直流	10.0	1.0	
10	公路		1.50	1.0	(4)电缆与管径大于 800mm 的水管,平行间距应大于 1m,如不能满足要求,应采取适当防电化腐蚀措施,特殊情况下,平行净距可酌减
11	城市街道路面		1.0	0.7	
12	电杆基础(边线)		1.0	—	
13	建筑物基础(边线)		0.6	—	
14	排水沟		1.0	0.5	
15	独立避雷针集中接地装置与电缆间		5.0		—

2. 电缆沟内电缆敷设注意事项

（1）电缆敷设在沟底时，电力电缆间为 35mm，但不小于电缆外径尺寸；不同级电力电缆与控制电缆间为 100mm；控制电缆间距不作规定。

（2）电缆表面距地面的距离不应小于 0.7m，穿越农田时不应小于 1m；66kV 及以上的电缆不应小于 1m；只有在引入建筑物、与地下建筑交叉及绕过地下建筑物处，可埋设浅些，但应采取保护措施。

（3）电缆应埋设于冻土层以下。当无法深埋时，应采取措施，防止电缆受到损坏。

3. 竖井内电缆敷设注意事项

（1）敷设在竖井内的电缆，电缆的绝缘或护套应具有非延燃性。通常采用较多的为聚氯乙烯护套细钢丝铠装电力电缆，因为此类电缆能承受的拉力较大。

（2）在多、高层建筑中，一般低压电缆由低压配电室引出后，沿电缆隧道、电缆沟或电缆桥架进入电缆竖井，然后沿支架或桥架垂直上升。

（3）电缆在竖井内沿支架垂直布线所用支架，可在现场加工制作，其长度应根据电缆直径及根数的多少确定。

（4）扁钢支架与建筑物的固定应采用 M10×80 的膨胀螺栓紧固。支架设置距离为 1.5m，底部支架距楼（地）面的距离不应小于 300mm。支架上电缆的固定采用管卡子固定，各电缆之间的间距不应小于 50mm。

（5）电缆在穿过楼板或墙壁时，应设置保护管，并用防火隔板、防火堵料等做好密封隔离，保护管两端管口空隙应做密封隔离。

（6）电缆沿支架的垂直安装。小截面电缆在电气竖井内布线，也可沿墙敷设，此时可使用管卡子或单边管卡子用 ϕ6×30 塑料胀管固定。

（7）电缆布线过程中，垂直干线与分支干线的连接，通常采用"T"接方法。为了接线方便，树干式配电系统电缆应尽量采用单芯电缆。

（8）电缆敷设过程中，固定单芯电缆应使用单边管卡子，以减少单芯电缆在支架上的感应涡流。

（9）对于树干式电缆配电系统，为了"T"接方便，也应尽可能采用单芯电缆。

4. 电缆支架接地

（1）金属电缆支架、电缆导管必须与 PE 线或 PEN 线连接可靠。目的是保护人身安全和供电安全，如整个建筑物要求等电位联结，更毋庸置疑。

（2）接地线宜使用直径不小于 ϕ12mm 镀锌圆钢，并应该在电缆敷设前与全长支架逐一焊接。

第六节 电线导管、电缆导管敷设与配线

一、电线、电缆钢导管敷设

1. 钢导管加工

（1）钢管除锈与涂漆。钢管内如果有灰尘、油污或受潮生锈，不但穿线困难，而且会造成导线的绝缘层损伤，使绝缘性能降低。因此，在敷设电线管前，应对线管进行除锈涂漆处理。

钢管内、外均应刷防腐漆，埋入混凝土内的管外壁除外；埋入土层内的钢管，应刷两遍沥青或使用镀锌钢管；埋入有腐蚀性土层内的钢管，应按设计规定进行防腐处理。使用镀锌钢管时，在锌层剥落处，也应刷防腐漆。

（2）切断钢管。可用钢锯切断（最好选用钢锯条）或管子切割机割断。

钢管不应有折扁和裂缝，管内无铁屑及毛刺，切断口应锉平，管口应刮光。

（3）螺纹连接。螺纹连接时管端螺纹长度不应小于管接头长度的 1/2；在管接头两端应焊接跨接接地线。

薄壁钢管的连接必须用螺纹连接。薄壁钢管螺纹一般用圆板牙扳手和圆板牙铰制。

厚壁钢管，可用管子铰板和管螺纹板牙铰制。铰制完螺纹后，随即清修管口，将管口端面和内壁的毛刺锉光，使管口保持光滑，以免割破导线绝缘层。

（4）弯管。钢管明配需随建筑物结构形状进行立体布置，但要尽量减少弯头。钢管弯制常用弯管方法有以下几种。

弯管器弯管：在弯制管径为 50mm 及以下的钢管时，可用弯管器弯管。制作时，先将管子弯曲部位的前段放入弯管器内，管子焊缝放在弯曲方向的侧面，然后用脚踩住管子，手扳弯管器柄，适当加力，使管子略有弯曲，再逐点移动弯管器，使管子弯成所需的弯曲半径。

滑轮弯管器弯管：当钢管弯制的外观、形状要求较高时，特别是弯制大量相同曲率半径的钢管时，要使用滑轮弯管器，固定在工作台上进行弯制。

气焊加热弯制：厚壁管和管径较粗的钢管可用气焊加热进行弯制，但需注意掌握火候，钢管加热不足（未烧红）弯不动；加热过火（烧得太红）或加热不均匀，容易弯瘪。此外，对预埋钢管露出建筑物以外的部分不直或位置不正时，也可以用气焊加热整形。

对弯管的要求：

钢管弯曲处不应出现凹凸和裂缝，弯扁程度不应大于管外径的 10%；

被弯钢管的弯曲半径应符合表 7 - 17 的规定，弯曲角度一定要大于 90°；

表 7 - 17　　　　　　　　　　　　　钢管允许弯曲半径

条件	弯曲半径与钢管外径之比
明配时	6
明配只有一个弯时	4
暗配时	6
埋设于地下或混凝土楼板内时	10

钢管弯曲时，焊缝如放在弯曲方向的内侧或外侧，管子容易出现裂缝。当有两个以上弯时，更要注意管子的焊缝位置；

管壁薄、直径大的钢管弯曲时，管内要灌满砂且应灌实，否则钢管容易弯瘪。如果用加热弯曲，要灌用干燥砂。灌砂后，管的两端塞上木塞。

2. 钢导管连接

钢管之间的连接，一般采用套管连接。套管连接宜用于暗配管，套管长度为连接管外径的 1.5～3 倍；连接管的对口处应在套管的中心，焊口应焊接牢固、严密。

用螺纹连接时，管端螺纹长度不应小于管接头长度的 1/2；在管接头两端应焊接跨接接地线。薄壁钢管的连接必须用螺纹连接。

钢管与接线盒、开关盒的连接，可采用螺母连接或焊接。采用螺母连接时，先在管子上拧一个锁紧螺母（俗称根母），然后将盒上的敲落孔打掉，将管子穿入孔内，再用手旋上盒内螺母（俗称护口），最后用扳手把盒外锁紧螺母旋紧。

3. 钢导管的接地

（1）镀锌钢导管和壁厚 2mm 及以下的薄壁钢导管，不得熔焊跨接接地线。

（2）镀锌钢导管的管与管之间采用螺纹连接时，连接处的两端应该用专用的接地卡固定。

（3）以专用的接地卡跨接的管与管及管与盒（箱）间跨接线为黄绿相间色的铜芯软导线，截面积不小于 $4mm^2$。

（4）当非镀锌钢导管采用螺纹连接时，连接处的两端用专用接地卡固定跨接线，也可以焊接跨接接地线，焊接跨接接地线的做法，如图 7-7 所示。

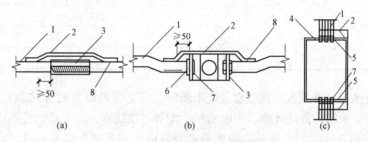

图 7-7　焊接跨接接地线做法

（a）管与管连接；（b）管与盒连接；（c）管与箱连接

1—非镀锌钢导管；2—圆钢跨接接地线；3—器具盒；4—配电箱；
5—全扣管接头；6—根母；7—护口；8—电气焊处

当非镀锌钢导管与配电箱箱体采用间接焊接连接时，可以利用导管与箱体之间的跨接接地线固定管、箱。

跨接接地线直径应根据钢导管的管径来选择，参见表 7-18。管接头两端跨接接地线焊接长度，不小于跨接接地线直径的 6 倍，跨接接地线在连接管焊接处距管接头两端不宜小于 50mm。

表 7-18　　　　　　　　　　　　　　跨接接地线选择表

公称直径/mm		跨接接地线/mm	
电线管	厚壁钢管	圆钢	扁钢
≤32	≤25	$\phi6$	—
38	≤32	$\phi8$	—
51	40～50	$\phi10$	—
64～76	≤65～80	$\phi10$ 及以上	25×4

连接管与盒（箱）的跨接接地线，应在盒（箱）的棱边上焊接，跨接接地线在箱棱边上焊接的长度不小于跨接接地线直径的 6 倍，在盒上焊接不应小于跨接接地线的截面积。

（5）套接压扣式薄壁钢导管及其金属附件组成的导管管路，当管与管及管与盒（箱）连接符合规定时，连接处可不设置跨接接地线，管路外壳应有可靠接地；导管管路不应作为电气设备接地线使用。

（6）套接紧定式钢导管及其金属附件组成的导管管路，当管与管及管与盒（箱）连接符合规定时，连接处可不设置跨接接地线。管路外壳应有可靠接地。套接紧定式钢导管管路，不应作为电气设备接地线。

4. 钢导管敷设方法

（1）钢导管明敷设。明管用吊装、支架敷设或沿墙安装时，固定点的距离应均匀，管卡与终端、转弯中点、电气器具或接线盒边缘的距离为150～500mm。中间固定点间的最大允许距离应符合表7-19的规定。

表7-19　　　　钢管固定点间最大间距

敷设方式	钢管名称	钢管直径/mm			
		15～20	25～30	40～50	65～100
		最大允许距离/m			
吊架、支架或沿墙敷设	厚壁钢管	1.5	2.0	2.5	3.5
	薄壁钢管	1.0	1.5	2.0	—

钢管进入灯头盒、开关盒、接线盒及配电箱时，露出锁紧螺母的螺纹为2～4个。当在室外或潮湿房屋内，采用防潮接线盒、配电箱时，配管与接线盒、配电箱的连接应加橡皮垫。

钢管配线与设备连接时，应将钢管敷设到设备内，如不能直接进入时，可按下列方法进行连接：

1）在干燥房间内，可在钢管出口处加保护软管引入设备；

2）在室外潮湿房间内，可采用防湿软管或在管口处装设防水弯头；

3）当由防水弯头引出的导线接至设备时，导线套绝缘软管保护，并应有防水弯头引入设备；

4）金属软管引入设备时，软管与钢管、软管与设备间的连接应用软管接头连接。软管在设备上应用管卡固定，其固定点间距应不大于1m，金属软管不能作为接地导体；

5）钢管露出地面的管口距地面高度应不小于200mm。

钢导管明敷设在建筑物变形缝处，应设补偿装置。

（2）钢导管暗敷设。暗管敷设步骤如下：

1）确定设备（灯头盒、接线盒和配管引上引下）的位置；

2）测量敷设线路长度；

3）配管加工（弯曲、锯割、套螺纹）；

4）将管与盒按已确定的安装位置连接起来；

5）管口塞上木塞或废纸，盒内填满废纸或木屑，防止进入水泥砂浆或杂物；

6）检查是否有管、盒遗漏或设位错误；

7）管、盒连成整体固定于模板上（最好在未绑扎钢筋前进行）；

8）管与管和管与箱、盒连接处，焊上跨接接地线，使金属外壳连成一体。

（3）暗管在现浇混凝土楼板内的敷设。在浇灌混凝土前，先将管子用垫块（石块）垫高15mm以上，使管子与混凝土模板间保持足够距离，再将管子用钢丝绑扎在钢筋上，或用钉子卡在模板上。

1）灯头盒可用铁钉固定或用钢丝缠绕在铁钉上。

2）接线盒可用钢丝或螺钉固定，待混凝土凝固后，必须将钢丝或螺钉切断除掉，以免影响接线。

3）钢管敷设在楼板内时，管外径与楼板厚度应配合；当楼板厚度为80mm时，管外径不应超过40mm；厚度为120mm时，管外径不应超过50mm。若管径超过上述尺寸，则钢管改为明敷或将管子埋在楼板的垫层内，此时，灯头盒位置需在浇灌混凝土前预埋木砖，待混凝土凝固后再取出木砖进行配管。

暗管通过建筑物伸缩缝的补偿装置：一般在伸缩缝（沉降缝）处设接线箱，钢管必须断开。

埋地钢管技术要求：管径应不小于20mm，埋入地下的电线管路不宜穿过设备基础；在穿过建筑物基础时，应再加保护管保护。必须穿过大片设备基础时，管径不小于25mm。

5. 放线与穿线要求

（1）放线。对整盘绝缘导线，必须从内圈抽出线头进行放线。

引线钢丝穿通后，引线一端应与所穿的导线结牢。如所穿导线根数较多且较粗时，可将导线分段结扎。外面再稀疏地包上包布，分段数可根据具体情况确定。

（2）穿线。穿线前，钢管口应先装上管螺母，以免穿线时损伤导线绝缘层。穿线时，需两人各在管口一端，一人慢慢抽拉引线钢丝，另一人将导线慢慢送入管内。如钢管较长，弯曲较多，穿线困难时，可用滑石粉润滑。不可使用油脂或石墨粉等作润滑物，因油脂会损坏导线的绝缘层（特别是橡皮绝缘），滑石粉是导电粉末，易于粘附在导线表面，一旦导线绝缘略有微小缝隙，便会渗入线芯，造成短路事故。

（3）剪断导线。导线穿好后，剪除多余的导线，但要留出适当余量，便于以后接线。预留长度为：接线盒内以绕盒内一周为宜；开关板内以绕板内半周为宜。

由于钢管内所穿导线的作用不同，为了在接线时能方便地分辨各种作用，可在导线的端头绝缘层上做记号。如管内穿有4根同规格同颜色导线，可把3根导线用电工刀分别削一道、两道、三道刀痕标出，另一根不标，以免接线错误。

（4）垂直钢管内导线的支持。在垂直钢管中，为减少管内导线本身重量所产生的下垂力，保证导线不因自重而折断，导线应在接线盒内固定。接线盒距离，按导线截面不同来规定，见表7-20。

表7-20　　　　　　　　　　　　钢管垂直敷设接线盒间距

导线截面/mm²	接线盒间距/m	导线截面/mm²	接线盒间距/m
50 及以下	30	120～240	18
70～95	20		

二、绝缘导管敷设

1. 导管的选择

在施工中一般都采用热塑性塑料（受热时软化，冷却时变硬，可重复受热塑制的称为热塑性塑料，如聚乙烯、聚氯乙烯等）制成的硬塑料管。硬塑料管有一定的机械强度。明敷设塑料管壁厚度不应小于2mm，暗敷设的不应小于3mm。

2. 导管的连接

（1）加热直接插接法。适用于 $\phi50mm$ 及以下的硬塑料管。操作步骤如下。

1）将管口倒角，外管倒内角，内管倒外角，如图 7-8 所示。

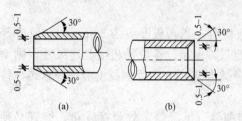

图 7-8　管口倒角（塑料管）（单位：mm）
(a) 内管；(b) 外管

2）将内管、外管插接段的尘埃等污垢擦净，如有油污时可用二氯乙烯、苯等溶剂擦净。

3）插接长度应为管径的 1.1～1.8 倍，用喷灯、电炉、炭化炉加热，也可浸入温度为 130℃左右的热甘油或石蜡中加热至软化状态。

4）将内管插入段涂上胶合剂（如聚乙烯胶合剂）后，迅速插入外管，待内外管线一致时，立即用湿布冷却。

（2）模具胀管插接法。适用于 $\phi65mm$ 及以上的硬塑料管。操作步骤如下：

1）将管口倒角。

2）清除插接段的污垢。

3）加热外管插接段。

（上述操作方法与直接插接法相同）

4）待塑料管软化后，将已被加热的金属模具插入，待冷却（可用水冷）至 50℃脱模，模具外径需比硬管外径大 2.5％左右。当无金属模具时，可用木模代替。

5）在内、外插接面涂上胶合剂后，将内管插入外管，插入深度为管内径的 1.1～1.8 倍，加热插接段，使其软化后急速冷却（可浇水），收缩变硬即连接牢固。

此道工序也可改用焊接连接，即将内管插入外管后，用聚氯乙烯焊条在接合处焊 2～3 圈。

（3）套管连接法。

1）从需套接的塑料管上截取长度为管内径的 1.5～3 倍（管径为 50mm 及以下者取上限值；50mm 以上者取下限值）。

2）将需套接的两根塑料管端头倒角，并涂上胶合剂。

3）加热套管温度取 130℃左右。

4）将被连接的两根塑料管插入套管，并使连接管的对口处于套管中心。

3. 导管的揻弯

（1）直接加热揻弯。管径 20mm 及以下可直接加热揻弯。加热时均匀转动管身，到适当温度时，立即将管放在平木板上揻弯。

（2）填砂揻弯。管径在 25mm 及以上，应在管内填砂揻弯。先将一端管口堵好，然后将干砂子灌入管内敦实，将另一端管口堵好后，用热砂子加热到适当温度，即可放在模型上弯制成型。

（3）揻弯技术要求。明管敷设弯曲半径不应小于管径的 6 倍；埋设在混凝土内时应不小于管径的 10 倍。塑料管加热不得将管烤伤、烤变色以及有显著的凹凸变形等现象。凹偏度不得大于管径的 1/10。

4. 塑料管的敷设

（1）固定间距：明配硬塑料管应排列整齐，固定点的距离应均匀；管卡与终端、转弯中点、电气器具或接线盒边缘的距离为 150～500mm；中间的管卡最大允许间距应符合表 7-21

的规定。

表 7 - 21　　　　　　　　　　　**硬塑料管中间管卡最大允许间距**

敷设方法	内径/mm		
	20 以下	25～40	50 以上
吊架、支架或沿墙敷设	1.0	1.5	2.0

（2）易受机械损伤的地方：明管在穿过楼板易受机械损伤的地方应用钢管保护，其保护高度距楼板面不应低于 500mm。

（3）与蒸汽管距离：硬塑料管与蒸汽管平行敷设时，管间净距不应小于 500mm。

（4）热膨胀系数：硬塑料管的热膨胀系数 [0.08mm/（m·℃）] 要比钢管大 5～7 倍。如 30m 长的塑料管，温度升高 40℃，则长度增加 96mm。因此，塑料管沿建筑物表面敷设时，直线部分每隔 30m 要装设补偿装置（在支架上架空敷设除外）。

（5）配线：塑料管配线，必须采用塑料制品的配件，禁止使用金属盒。塑料线入盒时，可不装锁紧螺母和管螺母，但暗配时须用水泥注牢。在轻质壁板上采用塑料管配线时，管入盒处应采用胀扎管头绑扎。

（6）使用保护管：硬塑料管埋地敷设（在受力较大处，宜采用重型管）引向设备时，露出地面 200mm 段，应用钢管或高强度塑料管保护。保护管埋地深度不少于 50mm。

5. 保护接零线

用塑料管布线时，如用电设备需接零装置时，在管内必须穿入接零保护线。

利用带接地线型塑料电线管时，管壁内的 1.5mm² 铜接地导线要可靠接通。

三、可挠金属电线保护管敷设

1. 管子的切断

可挠金属电线保护管，不需预先切断，在管子敷设过程中，需要切断时，应根据每段敷设长度，使用可挠金属电线保护管切割刀进行切断。

切管时用手握住管子或放在工作台上用手压住，将可挠金属电线保护管切割刀刀刃轴向垂直对准可挠金属电线保护管螺纹沟，尽量成直角切断。如放在工作台上切割时要用力，边压边切。

可挠金属电线保护管也可用钢锯进行切割。

可挠金属电线保护管切断后，应清除管口处毛刺，使切断面光滑。在切断面内侧用刀柄绞动一下。

2. 管子弯曲

可挠金属电线保护管在管子敷设时，可根据弯曲方向的要求，不需任何工具用手自由弯曲。

可挠金属电线保护管的弯曲角度不宜小于 90°。明配管管子的弯曲半径不应小于管外径的 3 倍。在不能拆卸、不能检查的场所使用时，管的弯曲半径不应小于管外径的 6 倍。

可挠金属电线保护管在敷设时应尽量避免弯曲。明配管直线段长度超过 30m 时，暗配管直线长度超过 15m 或直角弯超过 3 个时，均应装设中间拉线盒或放大管径。

若管路敷设中出现有 4 处弯曲，且弯曲角度总和不超过 270°时，可按 3 个弯曲处计算。

3. 可挠金属电线保护管的连接

（1）管的互接。可挠金属电线保护管敷设，中间需要连接时，应使用带有螺纹的 KS 型直接头连接器（直接头）进行互接。

（2）可挠金属电线保护管与钢导管连接。可挠金属电线保护管在吊顶内敷设中，有时需要与钢导管直接连接，可挠金属电线保护管的长度在电力工程中不大于 0.8m，在照明工程中不大于 1.2m。管的连接可使用连接器进行无螺纹和有螺纹连接。

可挠金属电线保护管与钢导管（管口无螺纹）进行连接时，应使用 VKC 型无螺纹连接器进行连接。VKC 型无螺纹连接器共有两种型号：VKC—J 型和 VKC—C 型，分别用于可挠金属电线保护管与厚壁钢导管和薄壁钢导管（电线管）的连接。

4. 可挠金属电线保护管的接地和保护

（1）可挠金属电线保护管必须与 PE 线或 PEN 线有可靠的电气连接，可挠金属电线保护管不能做 PE 线或 PEN 线的接续导体。

（2）可挠金属电线保护管，不得熔焊跨接接地线，以专用接地卡跨接的两卡间连线为铜芯软导线，截面积不小于 4mm²。

（3）当可挠金属电线保护管及其附件穿越金属网或金属板敷设时，应采用经阻燃处理的绝缘材料将其包扎，且应超出金属网（板）10mm 以上。

（4）可挠金属电线保护管，不宜穿过设备或建筑物、构筑物的基础，当必须穿过时，应采取保护措施。

四、电线、电缆穿管

1. 画线定位

用粉线袋按照导线敷设方向弹出水平或垂直线路基准线，同时标出所有线路装置和用电设备的安装位置，均匀地画出导线的支持点。导线沿门头线和线脚敷设时，可不必弹线，但线卡必须紧靠门头线和线脚边缘线上。支持点间的距离应根据导线截面大小而定，一般为150～200mm。在接近电气设备或接近墙角处间距有偏差时，应逐步调整均匀，以保持美观。

2. 固定线卡

在安装好的木砖上，将线卡用铁钉钉在弹线上，勿使钉帽凸出，以免划伤导线的外护套。在木结构上，可直接用钉子钉牢。

在混凝土梁或预制板上敷设时，可用胶黏剂粘贴在建筑物表面上。黏结时，一定要用钢丝刷将建筑物上黏结面上的粉刷层刷净，使线卡底座与水泥直接黏结。

3. 放线

放线是保证护套线敷设质量的重要一步。整盘护套线，不能搞乱，不可使线产生扭曲。所以放线时，需要操作者合作，一人把整盘线套入双手中，另一人握住线头向前拉。放出的线不可在地上拖拉，以免擦破或弄脏电线的护套层。线放完后先放在地上，量好长度，并留出一定余量后剪断。如果将电线弄乱或扭弯，要设法校直。其方法为：

（1）把线平放在地上（地面要平），一人踩住导线一端，另一人握住导线的另一端拉紧，用力在地上甩直；

（2）将导线两端拉紧，用木柄沿导线全长来回刮（赶）直；

（3）将导线两端拉紧，再用破布包住导线，用手沿电线全长捋直。

4. 直敷导线

为使线路整齐美观，必须将导线敷设得横平竖直。几条护套线成排平行敷设时，应上下左右排列紧密，不能有明显空隙。敷线时，应将线收紧。短距离的直线部分先把导线一端夹紧，然后再夹紧另一端，最后再把中间各点逐一固定。长距离的直线部分可在其两端的建筑构件的表面上临时各装一幅瓷夹板，把收紧的导线先夹入瓷夹中，然后逐一夹上线卡。在转角部分，戴上手套用手指顺弯按压，使导线挺直平顺后夹上线卡。中间接头和分支连接处应装置接线盒，接线盒固定应牢固。在多尘和潮湿的场所时应使用密闭式接线盒。

5. 弯敷导线

塑料护套线在同一墙面上转弯时，必须保持垂直。导线弯曲半径应不小于护套线宽度的3倍。弯曲时不应损伤护套和芯线外的绝缘层。铅皮护套线弯曲半径不得小于其外径的10倍。

第七节　园　灯　安　装

一、布置要求

（1）在公园入口、开阔的广场，应选择发光效果较高的直射光源，灯杆的高度应根据广场的大小而定，一般为5～10m。灯的间距为35～40m。

（2）在园路两旁的灯光要求照度均匀。由于树木的遮挡，灯不宜悬挂过高，一般为4～6m。灯杆的间距为30～60m，如为单杆顶灯，则悬挂高度为2.5～3m，灯距为20～25m。

（3）在道路交叉口或空间的转折处应设指示园灯。

（4）在某些环境，如踏步、草坪、小溪边，可设置地灯，特殊处还可采用壁灯。在雕塑等处，可使用探照灯光、聚光灯、霓虹灯等。

（5）景区、景点的主要出入口、广场、林荫道、水面等处，可结合花坛、雕塑、水池、步行道等设置庭院灯，庭院灯多为1.5～4.5m的灯柱，灯柱多采用钢筋混凝土或钢制成，基座常用砖或混凝土、铸铁等制成，灯型多样。适宜的形式不仅起照明作用，而且起着美化装饰作用，并且还有指示作用，便于夜间识别。

二、园灯安装的步骤

1. 灯架、灯具安装

（1）按设计要求测出灯具（灯架）安装高度，在电杆上面画出标记。

（2）将灯架、灯具吊上电杆（较重的灯架、灯具可使用滑轮、大绳吊上电杆），穿好抱箍或螺栓，按设计要求找好照射角度，调好平整度后，将灯架紧固好。

（3）成排安装的灯具，其仰角应保持一致，排列整齐。

2. 配接引下线

（1）将针式绝缘子固定在灯架上，将导线的一端在绝缘子上绑好回头，并分别与灯头线、熔断器进行连接。将接头用橡胶布和黑胶布半幅重叠各包扎一层。然后，将导线的另一端拉紧，并与路灯干线背扣后进行缠绕连接。

（2）每套灯具的相线应装有熔断器，且相线应接螺口灯头的中心端子。

（3）引下线与路灯干线连接点距杆中心应为400～600mm，且两侧对称一致。引下线凌空段不应有接头，长度不应超过4m，超过时应加装固定点或使用钢管引线。

（4）导线进出灯架处应套软塑料管，并做防水弯。

3. 试灯

全部安装工作完毕后，送电、试灯，并进一步调整灯具的照射角度。

三、各类灯具安装

1. 霓虹灯安装

（1）霓虹灯管安装。

霓虹灯管由玻璃管弯制作成。灯管两端各装一个电极，玻璃管内抽成真空后，再充入氖、氩等惰性气体作为发光的介质，在电极的两端加上高压，电极发射电子激发管内惰性气体，使电流导通灯管发出红、绿、蓝、黄、白等不同颜色的光束。由于霓虹灯管本身容易破碎，管端部还有高电压，因此应安装在人不易触及的地方，并不应和建筑物直接接触。霓虹灯管的安装应符合下列要求：

1）固定后的灯管与建筑物、构筑物表面的最小距离不宜小于 20mm。

2）安装霓虹灯灯管时，一般用角铁做成框架，框架既要美观、又要牢固，在室外安装时还要经得起风吹雨淋。

3）安装时，应在固定霓虹灯管的基面上（如立体文字、图案、广告牌和牌匾的面板等），确定霓虹灯每个单元（如一个文字）的位置。灯体组装时要根据字体和图案的每个组成件（每段霓虹灯管）所在位置安设灯管支持件（也称灯架），灯管支持件要采用绝缘材料制品（如玻璃、陶瓷、塑料等），其高度不应低于 4mm，支持件的灯管卡接口要和灯管的外径相匹配。支持件宜用一个螺钉固定，以便调节卡接口与灯管的衔接位置。灯管和支持件要用绑线绑扎牢靠，每段霓虹灯管其固定点不得少于 2 处，在灯管的较大弯曲处（不含端头的工艺弯折）应加设支持件。霓虹灯管在支持件上装设不应承受应力。

4）霓虹灯管要远离可燃性物质，其距离至少应在 30cm 以上；和其他管线应有 150cm 以上的间距，并应设绝缘物隔离。

5）霓虹灯管出线端与导线连接应紧密可靠以防打火或断路。

6）安装灯管时应用各种玻璃或瓷制、塑料制的绝缘支持件固定。有的支持件可以将灯管直接卡入，有的则可用 ϕ0.5mm 的裸细铜线扎紧，如图 7-9 所示。安装灯管时且不可用力过猛，再用螺钉将灯管支持件固定在木板或塑料板上。

7）室内或橱窗里的霓虹灯管安装时，在框架上拉紧已套上透明玻璃管的镀锌钢丝，组成 200～300mm 间距的网格，然后将霓虹灯管用 ϕ0.5mm 的裸铜丝或弦线等与玻璃管绞紧即可，如图 7-10 所示。

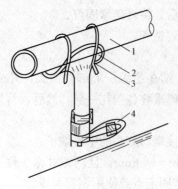

图 7-9　霓虹灯管支持件固定

1—霓虹灯管；2—绝缘支持件；

3—ϕ0.5 裸铜丝扎紧；4—螺钉固定

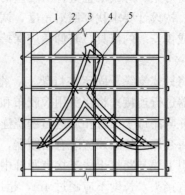

图 7-10　霓虹灯管绑扎固定

1—型钢框架；2—ϕ1.0 镀锌钢丝；3—玻璃套管；

4—霓虹灯管；5—ϕ0.5 铜丝扎紧

（2）变压器的安装。

1）变压器应安装在角钢支架上，其支架宜设在牌匾、广告牌的后面或旁侧的墙面上，支架如埋入固定，埋入深度不得少于120mm；如用胀管螺栓固定，螺栓规格不得小于M10。角钢规格宜在L 30mm×35mm×4mm以上。

2）变压器要用螺栓紧固在支架上，或用扁钢抱箍固定。变压器外皮及支架要做接零（地）保护。

3）变压器在室外明装，其高度应在3m以上，距离建筑物窗口或阳台也应以人不能触及为准，如上述安全距离不足或将变压器明装于屋面、女儿墙、雨篷等人易触及的地方，均应设置围栏并覆盖金属网进行隔离、防护，确保安全。

4）为防雨、雪和尘埃的侵蚀，可将变压器装于不燃或难燃材料制作的箱内加以保护，金属箱要做保护接零（地）处理。

5）霓虹灯变压器应紧靠灯管安装，一般隐蔽在霓虹灯板之后，可以减短高压接线，但要注意切不可安装在易燃品周围。安装在室外的变压器，离地高度不宜低于3m，离阳台、架空线路等距离不应小于1m。

（3）低压电路安装。

1）对于容量不超过4kW的霓虹灯，可采用单相供电，对超过4kW的大型霓虹灯，需要提供三相电源，霓虹灯变压器要均匀分配在各相上。

2）在霓虹灯控制箱内一般装设有电源开关、定时开关和控制接触器。控制箱一般装设在邻近霓虹灯的房间内。为防止在检修霓虹灯时触及高压，在霓虹灯与控制箱之间应加装电源控制开关和熔断器，在检修灯管时，先断开控制箱开关再断开现场的控制开关，以防止造成误合闸而使霓虹灯管带电的危险。

3）霓虹灯通电后，灯管内会产生高频噪声电波，它将辐射到霓虹灯的周围，会严重干扰电视机和收音机的正常使用。为了避免这种情况发生，只要在低压回路上接装一个电容器就可以了。

（4）高压线的连接。

霓虹灯专用变压器的二次导线和灯管间的连接线，应采用额定电压不低于15kV的高压尼龙绝缘线。霓虹灯专用变压器的二次导线与建筑物、构筑物表面之间的距离均不应大于20mm。

高压导线支持点间的距离，在水平敷设时为0.5m；垂直敷设时，支持点间的距离为0.75m。高压导线在穿越建筑物时，应穿双层玻璃管加强绝缘，玻璃管两端须露出建筑物两侧，长度各为50～80mm。

2. 彩灯安装

（1）安装彩灯时，应使用钢管敷设，严禁使用非金属管作敷设支架。

（2）管路安装时，首先按尺寸将镀锌钢管（厚壁）切割成段，端头为螺纹，缠上油麻，将电线管拧紧在彩灯灯具底座的丝孔上，勿使漏水，这样将彩灯一段一段连接起来。然后按画出的安装位置线就位，用镀锌金属管卡将其固定在距灯位边缘100mm处，每管设一卡就可以了。固定用的螺栓可采用塑料胀管或镀锌金属胀管螺栓。不得打入木楔用木螺钉固定，否则容易松动脱落。管路之间（即灯具两旁）应用不小于ϕ6mm的镀锌圆钢进行跨接连接。

（3）彩灯装置的配管本身也可以不进行固定，而固定彩灯灯具底座。在彩灯灯座的底部原有网孔部位的两侧，顺线路的方向开一长孔，以便安装时进行固定位置的调整和管路热胀冷缩时有自然调整的余地，如图 7 - 11 所示。

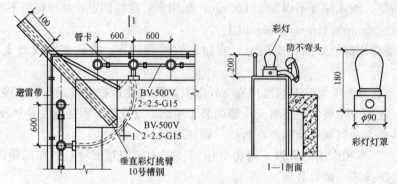

图 7 - 11　固定式彩灯装置做法（单位：mm）

（4）土建施工完成后，在彩灯安装部位，顺线路的敷设方向拉通线定位。根据灯具位置及间距要求，沿线打孔埋入塑料胀管。把组装好的灯底座及连接钢管一起放到安装位置（也可边固定边组装），用膨胀螺钉将灯座固定。

（5）彩灯穿管导线应使用橡胶铜导线敷设。

（6）彩灯装置的钢管应与避雷带（网）进行连接，并应在建筑物上部将彩灯线路线芯与接地管路之间接以避雷器或放电间隙，借以控制放电部位，减少线路损失。

（7）较高的主体建筑，垂直彩灯的安装一般采用悬挂方法较方便。对于不高的楼房、塔楼、水箱间等垂直墙面也可采用镀锌管沿墙垂直敷设的方法。

（8）彩灯悬挂敷设时要制作悬具，主要材料是钢丝绳、拉紧螺栓及其附件，导线和彩灯设在悬具上。彩灯是防水灯头和彩色白炽灯泡。

（9）悬挂式彩灯多用于建筑物的四角无法装设固定式的部位。采用防水吊线灯头连同线路一起悬挂于钢丝绳上，悬挂式彩灯导线应采用绝缘强度不低于 500V 的橡胶铜导线，截面不应小于 4mm²。灯头线与干线的连接应牢固，绝缘包扎紧密。导线所载灯具重量的拉力不应超过该导线的允许机械强度，灯的间距一般为 700mm，距地面 3m 以下的位置上不允许装设灯头。

3. 旗帜的照明灯具安装

由于旗帜会随风飘动，应该始终采用直接向上的照明，以避免眩光。旗帜照明灯具安装应符合如下要求：

（1）当旗帜插在一个斜的旗杆上时，在旗杆两边低于旗帜最低点的平面上分别安装两只投光灯具，这个最低点是在无风情况下确定来的。

（2）当只有一面旗帜装在旗杆上时，也可以在旗杆上装一圈 PAR 密封型光束灯具。为了减少眩光，这种灯组成的网环离地至少 2.5m 高，并为了避免烧坏旗帜布料，在无风时，圆环离垂挂的旗帜下面至少有 40cm。

（3）多面旗帜分别升在旗杆顶上时，可以用密封光束灯分别装在地面上进行照明。为了照亮所有的旗帜，不论旗帜飘向哪一方向，灯具的数量和安装位置都取决于所有旗帜覆盖的空间。

（4）对于装在大楼顶上的一面独立的旗帜，在屋顶上布置一圈投光灯具，圈的大小是旗帜能达到的极限位置。将灯具向上瞄准，并略微向旗帜倾斜。根据旗帜的大小及旗杆的高度，可以用 3～8 只宽光束投光灯照明。

4. 雕塑、雕像饰景照明灯具安装

安装雕塑、雕像的饰景照明灯具时，应根据被照明目标的位置及其周围环境确定灯具的位置。

处于地面上的照明目标，孤立地位于草地或空地中央。此时灯具的安装，尽可能与地面平齐，以保持周围的外观不受影响和减少眩光的危险。也可装在植物或围墙后的地面上。

坐落在基座上的照明目标，孤立地位于草地或空地中央。为了控制基座的亮度，灯具必须放在更远一些的地方。基座的边不能在被照明目标的底部产生阴影，这也是非常重要的。

坐落在基座上的照明目标，位于行人可接近的地方。通常不能围着基座安装灯具，因为从透视上说距离太近。只能将灯具固定在公共照明杆上或装在附近建筑的立面上，但必须注意避免眩光。

5. 喷水池和瀑布的照明

(1) 对喷射的照明。

在水流喷射的情况下，将投光灯具装在水池内的喷口后面或装在水流重新落到水池内的落下点下面，或者在这两个地方都装上投光灯具。水离开喷口处的水流密度最大，当水流通过空气时会产生扩散。由于水和空气有不同的折射率，使投光灯的光在进出水柱时产生二次折射。在"下落点"，水已变成细雨一般。投光灯具装在离下落点大约 10cm 的水下，使下落的水珠产生闪闪发光的效果。

(2) 瀑布的照明。

对于水流和瀑布，灯具应装在水流下落处的底部。输出光通量应取决于瀑布的落差和与流量成正比的下落水层的厚度，还取决于流出口的形状所造成水流的散开程度。

对于流速比较缓慢，落差比较小的阶梯式水流，每一阶梯底部必须装有照明。线状光源（荧光灯、线状的卤素白炽灯等）最适合于这类情形。

由于下落水的重力与冲击力可能会冲坏投光灯具的调节角度和排列，所以必须牢固地将灯具固定在水槽的墙壁上或加重灯具。

具有变色程序的动感照明，可以产生一种固定的水流效果，也可以产生变化的水流效果。瀑布与流水的投光照明灯具安装方法如图 7-12 所示。

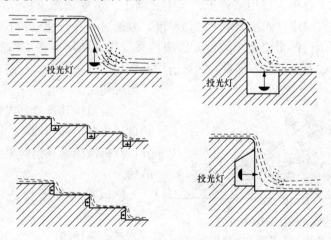

图 7-12　瀑布与流水的投光照明灯具安装方法

第八章 园林施工机械

第一节 土方施工机械

一、推土机

在造园施工中，无论是挖池或堆山或建筑或种植或铺路还是埋砌管道等，都包括数量既大又费力的土方工程。因此，采用机械施工，配备各种型号的土方机械，并配合运输和装载机械施工，可进行土方的挖、运、填、夯、压实、平整等工作，不但可以使工程达到设计要求，提高质量，缩短工期，降低成本，还可以减轻笨重的体力劳动，多、快、好、省地完成施工任务。

推土机外形及构造示意如图8-1所示。

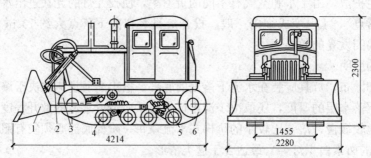

图8-1 推土机外形及构造示意

1—推土刀；2—液压油缸；3—引导轮；4—支重轮；5—托带轮；6—驱动轮

二、铲运机

铲运机在土方工程中主要用来铲土、运土、铺土、平整和卸土等。它本身能综合完成铲、装、运、卸四道工序，能控制填土铺撒厚度，并通过自身行驶对卸下的土壤起初步的压实作用。铲运机对运行的道路要求较低，适应性强，投入使用准备工作简单。具有操纵灵活、转移方便与行驶速度较快等优点，因此适用范围较广。如筑路、挖湖、堆山、平整场地等均可使用。

铲运机按其行走方式分，有拖式铲运机和自行式铲运机两种；按铲斗的操纵方式区分，有机械操纵（钢丝绳操纵）和液压操纵两种。

铲运机的外形构造示意图如图8-2所示。

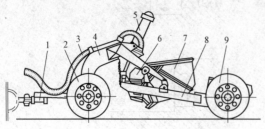

图8-2 铲运机的外形构造示意

1—拖把；2—前轮；3—油管；4—辕架；5—工作油缸；6—斗门；7—铲斗；8—机架；9—后轮

三、平地机

在土方工程施工中，平地机主要用来平

整路面和大型场地。还可以用来铲土、运土、挖沟渠、刮坡、拌和砂石和水泥材料等作业。装有松土器时，可用于疏松硬实土壤及清除石块。也可加装推土装置，用以代替推土机完成各种作业。

平地机有自行式和拖式之分。自行式平地机工作时依靠自身的动力设备，拖式平地机工作时要由履带式拖拉机牵引。

平地机的构造示意如图 8-3 所示。

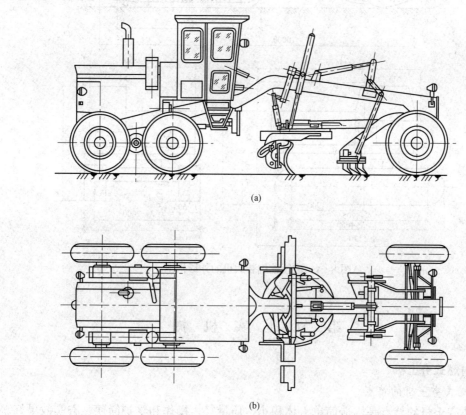

(a)

(b)

图 8-3 平地机的构造示意图
（a）平地机正面图；（b）平地机俯视图

四、液压挖掘装载机

D_{y4}-55 型液压挖掘装载机系在铁牛-55 型轮式拖拉机上配装各种不同性能的工作装置而成的施工机械。它的最大特点是一机多用，提高了机械的使用率。整机结构紧凑、机动灵活、操纵方便，各种工作装置易于更换。

这种机械带有反铲、装载、起重、推土、松土等多种工作装置，用以完成中小型土方开挖、散状材料的装卸、重物吊装、场地平整、小土方回填、松碎硬土等作业。尤其具有适应园林建设的特点。

液压挖掘装载机的外形构造如图 8-4 所示。

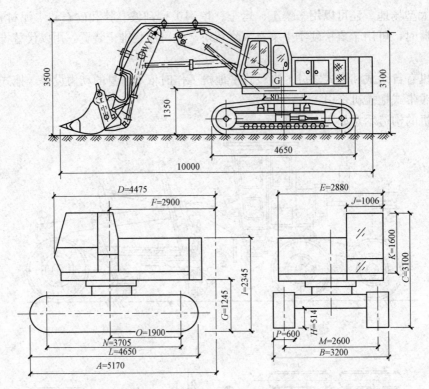

图 8-4　液压挖掘装载机的外形构造

第二节　压实机械

一、内燃式夯土机

1. 内燃式夯土机的特点

内燃式夯土机的特点是构造简单、体积小、质量轻、操作和维护简便、夯实效果好、生产效率高,所以可广泛使用于各项园林工程的土壤夯实工作中。特别是在工作场地狭小,无法使用大中型机构的场合,更能发挥其优越性。

内燃夯土机是根据两冲程内燃机的工作原理制成的一种夯实机械。除具有一般夯实机械的优点外,还能在无电源地区工作。在经常需要短距离变更施工地点的工作场所,更能发挥其独特的优点。

2. 内燃式夯土机的组成

内燃式夯土机主要由气缸头、气缸套、活塞、卡圈、锁片、边杆、夯足、法兰盘、内部弹簧、密封圈、夯锤、拉杆等部分组成,如图 8-5 所示。

3. 内燃式夯土机的使用要点

(1) 当夯机需要更换工作场地时,可将保险手柄旋上,装上专用两轮运输车运送。

(2) 夯机应按规定的汽油机燃油比例加油。加油后应擦净漏在机身上的燃油,以免碰到火种而发生火灾。

(3) 夯机启动时一定要使用启动手柄,不得使用代用品,以免损伤活塞。严禁一人启动

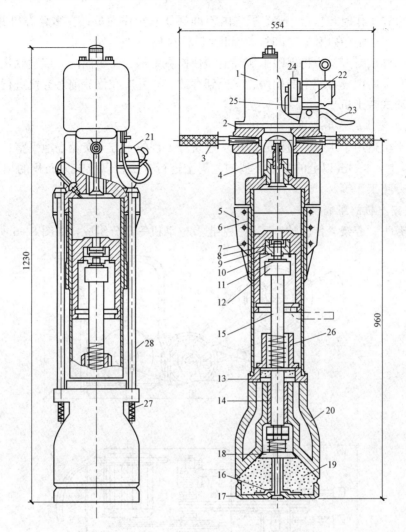

图 8-5　80 型内燃式夯土机外形尺寸和构造

1—油箱；2—气缸盖；3—手柄；4—气门导杆；5—散热片；6—气缸套；7—活塞；8—阀片；
9—上阀门；10—下阀门；11—锁片；12、13—卡圈；14—夯锤衬套；15—连杆；16—夯底座；
17—夯板；18—夯上座；19—夯足；20—夯锤；21—汽化器；22—磁电机；23—操纵手柄；
24—转盘；25—连杆；26—内部弹簧；27—拉杆弹簧；28—拉杆

另一人操作，以免动作不协调而发生事故。

　　（4）夯机在工作中需要移动时，只要将夯机往需要方向略为倾斜，夯机即可自行移动。切忌将头伸向夯机上部或将脚靠近夯机底部，以免碰伤头部或脚部。

　　（5）夯实时夯土层必须摊铺平整。不准打坚石、金属及硬的土层。

　　（6）在工作前及工作中要随时注意各连接螺钉有无松动现象，若发现松动应立即停机拧紧。特别应注意汽化器气门导杆上的开口锁是否松动，若已变形或松动应及时更换新的，否则在工作时锁片脱落会使气门导杆掉入气缸内造成重大事故。

　　（7）为避免发生偶然点火、夯机突然跳动造成事故，在夯机暂停工作时，必须旋上保险手柄。

（8）夯机在工作时，靠近 1m 范围之内不准站立非操作人员；在多台夯机并列工作时，其间距不得小于 1m；在串联工作时，其间距不得小于 3m。

（9）长期停放时夯机应将保险手柄旋上顶住操纵手柄，关闭油门，旋紧汽化器顶针，将夯机擦净，套上防雨套，装上专用两轮车推到存放处，并应在停放前对夯机进行全面保养。

二、电动式夯土机

1. 蛙式夯土机的适用范围

蛙式夯土机适用于水景、道路、假山、建筑等工程的土方夯实及场地平整；对施工中槽宽 500mm 以上，长 3m 以上的基础、基坑、灰土进行夯实；以及较大面积的填方及一般洒水回填土的夯实工作等。

2. 蛙式夯土机的组成

主要由夯头、夯架、传动轴、底盘、手把及电动机等部分组成，如图 8-6 所示。

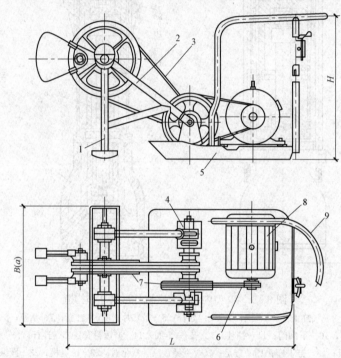

图 8-6　蛙式夯土机外形尺寸和构造示意图

1—夯头；2—夯架；3、6—三角胶带；4—传动轴；5—底盘；7—三角胶带轮；8—电动机；9—手把

3. 蛙式夯土机的使用要点

（1）安装后各传动部分应保持转动灵活，间隙适合，不宜过紧或过松。

（2）安装后要严格检查各紧固螺栓和螺母紧固情况，保证牢固可靠。

（3）在安装电器的同时必须安置接地线。

（4）开关电门处管的内壁应填以绝缘物。在电动机的接线穿入手把的入口处，应套绝缘管，以防电线磨损漏电。

（5）操作前应检查电路是否合乎要求，地线是否接好。各部件是否正常，尤其要注意偏心块和带轮是否牢靠。然后进行试运转，待运转正常后才能开始作业。

（6）操作和传递导线人员都要戴绝缘手套和穿绝缘胶鞋以防触电。

（7）夯机在作业中需穿线时，应停机将电缆线移至夯机后面，禁止在夯机行驶的前方，隔机扔电线。电线不得扭结。

（8）夯机作业时不得打冰土，坚石和混有砖石碎块的杂土以及一边硬的填土。同时应注意地下建筑物，以免触及夯板造成事故。在边坡作业时应注意坡度、防止翻倒。

（9）夯机前进方向不准站立非操作人员。两机并列工作的间距不得小于 5m，串列工作的间距不得小于 10m。

（10）作业时电缆线不得张拉过紧，应保证 3～4m 的松余量。递线人应依照夯实线路随时调整电缆线，以免发生缠绕与扯断的危险。

（11）工作完毕之后，应切断电源，卷好电缆线，如有破损处应用胶布包好。

（12）长期不用时，应进行一次全面检修保养，并应存放在通风干燥的室内，机下应垫好垫木，以防机件和电器潮湿损坏。

三、电动振动式夯土机

HZ-380A 型电动振动式夯土机是一种平板自行式振动夯实机械。适用于含水量小于 12％和非黏土的各种砂质土壤、砾石及碎石和建筑工程中的地基、水池的基础及道路工程中铺设小型路面，修补路面及路基等工程的压实工作。其外形尺寸和构造，如图 8-7 所示。

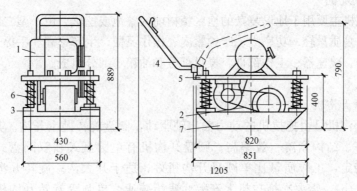

图 8-7　HZ-380A 型电动振动式夯土机外形尺寸和构造示意图
1—电动机；2—传动胶带；3—振动体；4—手把；5—支撑板；6—弹簧；7—夯板

它以电动机为动力，经二级 V 带减速、驱动振动体内的偏心转子高速旋转，产生惯性力使机器发生振动，以达到夯实土壤的目的。

振动式夯土机具有结构简单、操作方便，生产率和密实度高等特点，密实度能达到 0.85～0.90，可与 10t 静作用压路机密实度相比。使用要点可参照蛙式夯土机有关要求进行。在无电的施工区，还可用内燃机代替电动机作动力。这样使得振动式夯土机能在更大范围内得到应用。

第三节　栽植机械

一、挖坑机

1. 悬挂式挖坑机

悬挂式挖坑机是悬挂在拖拉机上，由拖拉机的动力输出轴通过传动系统驱动钻头进行挖坑作业，包括机架、传动装置、减速箱和钻头等几个主要部分，如图8-8所示。

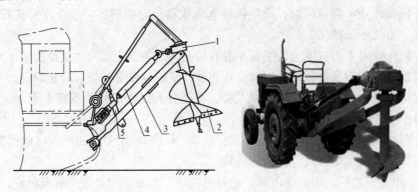

图8-8　WD80型悬挂式挖坑机
1—减速箱；2—钻头；3—机架；4—传动轴；5—升降油缸

挖坑机的工作部件是钻头。用于挖坑的钻头，为螺旋形。工作时螺旋片将土壤排至坑外，堆在坑穴的四周。用于穴状整地的钻头为螺旋齿式，也叫作松土型钻头。工作时钻头破碎草皮，切断根系，排出石块，疏松土壤。被疏松的土壤不排出坑外面，而留在坑穴内。

2.手提式挖坑机

手提式挖坑机主要用于地形复杂的地区植树前的整地或挖坑。由小型二冲程汽油发动机为动力，其特点是质量轻、功率大、结构紧凑、操作灵便、生产率高。手提式挖坑机通常由发动机、离合器、减速器、工作部件、操纵部分和油箱等部分组成。

二、开沟机

1.旋转圆盘开沟机

旋转圆盘开沟机是由拖拉机的动力输出轴驱动，圆盘旋转抛土开沟。其优点是牵引阻力小、沟形整齐、结构紧凑、效率高。圆盘开沟机有单圆盘式和双圆盘式两种。双圆盘开沟机组行走稳定，工作质量比单圆盘开沟机好，适于开大沟。旋转开沟机作业速度较慢（200～300m/h），需要在拖拉机上安装变速箱减速。单圆盘旋转开沟机结构示意如图8-9所示。

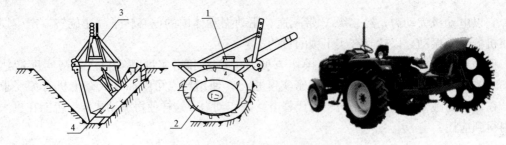

图8-9　单圆盘旋转开沟机结构
1—减速箱；2—开沟圆盘；3—悬挂机架；4—切土刀

2.铧式开沟机

铧式开沟机由大中型拖拉机牵引，犁铧入土后，土垡经翻土板、两翼板推向两侧，侧压板将沟壁压紧即形成沟道。其结构简图如图8-10所示。

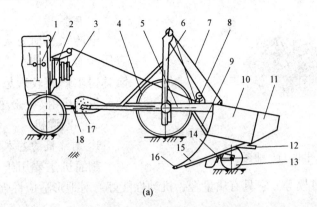

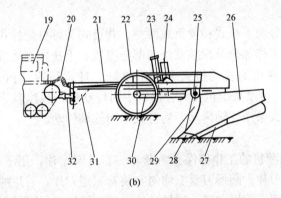

图 8 - 10　开沟机

(a) K - 90 开沟犁；(b) K - 40 液压开沟犁

1—操纵系统；2—绞盘箱；3—被动锥形轮；4—行走轮；5、6—机架；7—钢索；8—滑轮；9—分土刀；

10—主翼板；11—副翼板；12—压道板；13—尾轮；14—侧压轮；15—翻土板；16—犁尖；17—拉板；

18—牵引钩；19—拖拉机；20—橡胶软管；21—机架；22—行走轮；23—限深梁；24—油缸；25—连接板；

26—犁壁；27—侧压板；28—犁铧；29—分土刀；30—拐臂；31—牵引拉板；32—牵引环

三、液压移植机

　　液压移植机是用液压操作供大乔灌木移植用的。亦称为自动植树机。它起树和挖坑工作部件为四片液压操纵的弧形铲，所挖坑形呈圆锥状。机上备有给水桶，如土质坚硬时，可一边给水一边向土中插入弧形铲以提高工作效率。

　　液压移植机的型号很多。我国引进美国的液压移植机挖坑直径为 198cm、深 145cm。能移植胸径 25cm 以下的树木。

第四节　修　剪　机　械

一、油锯、电链锯

1. 油锯

　　油锯又称汽油动力锯，是现代机械化伐木的有效工具。在园林生产中不仅可以用来伐树、截木、去掉粗大枝杈，还可用于树木的整形、修剪。油锯的优点是：生产率高、生产成本低、通用性好、移动方便、操作安全。油锯如图 8-11 所示。

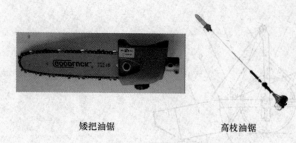

矮把油锯　　　　　　高枝油锯

图 8 - 11　油锯

2. 电链锯

电链锯是动力式电动机。电链锯具有质量轻、振动小、噪声弱等优点，是园林树木修剪较理想的机具，但需有电源或供电机组，一次投资成本高。

二、割灌机

1. 割灌机的基本内容

割灌机主要用于清除杂木、剪整草地、割竹、间伐、打权等。它具有质量轻、机动性能好、对地形适应性强等优点，尤其适用于山地、坡地。

2. 小型动力割灌机

小型动力割灌机可分为手扶式和背负式两类，背负式又可分侧挂式和后背式两种。一般由发动机、传动系统、工作部分及操纵系统四部分组成，手扶式割灌机还有行走系统。

目前，小型动力割灌机的发动机大多采用单缸二冲程风冷式汽油机，发动机功率在 0.735～2.2kW 范围内。传动系统包括离合器、中间传动轴、减速器等。中间传动轴有硬轴和软轴两种类型。侧挂式采用硬轴传动，后背式采用软轴传动。

3. DG - 2 型割灌机

常用的 DG - 2 型割灌机的工作部件有两套，一套是圆锯片，用于切割直径 3～18cm 的灌木和立木。另一套是刀片。圆形刀盘上均匀安装着三把刀片，刀片的中间有长槽，可以调节刀片的伸长度。主要用于割切杂草、嫩枝条等。切割嫩枝条时可伸出长些，切割老或硬的枯枝时可伸出短些。但必须保证三片刀伸出长度相同。刀片只用于切割直径为 3cm 以下的杂草及小灌木。

三、轧草机

1. 轧草机的应用

轧草机主要用于大面积草坪的整修。轧草机进行轧草的方式有两种：一种是滚刀式。一种是旋刀式。国外轧草机型号种类繁多。我国各地园林工人亦试制成功多种轧草机、对大面积草坪整修，基本实现了机械化，但还没有定型产品。

2. 机动轧草机的主要技术性能

机动轧草机的主要技术性能见表 8 - 1。

表 8 - 1　　　　　　　　　　　机动轧草机的主要技术性能

技术性能	数据	技术性能	数据
轧草高度	±8cm	发动机型号	F165 汽油机
轧草幅度	50cm/次	功率	2.2kW
旋刀转速	1178r/min	转速	1500r/min
行走速度	4km/h	外形尺寸：长×宽×高	280cm×70cm×180cm
生产率	±0.1ha/h	机重	120kg

四、高树修剪机

高树修枝是园林绿化工程中的一项经常性的工作，人工作业条件艰苦、费工时、劳动强度大，迫切需要采用机械作业。近年来，园林系统革新研制了各种修剪机，在不同程度上改善了工人的劳动条件。

高树修剪机（整枝机）如图 8 - 12 所示，它是以汽车为底盘，全液压传动，两节折臂，除修剪 10m 以下高树外，还能起吊土树球。具有车身轻便、操作灵活等优点。适于高树修剪、采种、采条、森林守望等作业，亦可用于修房、电力、消防等部门所需的高空作业。

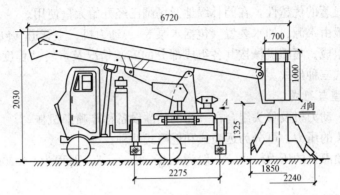

图 8 - 12　SJ - 12 型高树修剪机外形图

高树修剪机由大、小折臂，取力器，中心回转接头，转盘，减速机构，绞盘机，吊钩，支腿，液压系统等部分组成。大、小折臂可在 360° 全空间内运动，其动作可以在工作斗和转台上分别操纵。工作斗采用平行四连杆机构，大、小臂伸起到任何位置，工作斗都是垂直状态，确保了斗内人员的安全。为了防止作业时工人触电，四个支腿外设置绝缘橡胶板与地隔开。

高树修剪机的主要技术参数见表 8 - 2。

表 8 - 2　　　　　　　　　　高树修剪机主要技术参数

型号		SJ - 16	YZ - 12	SJ - 12
形式		折臂	折臂	折臂
传动方式		全液压	全液压	全液压
底盘		CA - 10B（"交通"驾驶室）	CA - 10B	BJ - 130
最高升距/m		16	12	12
起重量	工作斗/kg	300	200	200
	吊钩/t	2	2	4.3
主臂长度/m		6.5	5	4.3
支腿数/个		蛙式 4	蛙式 4	V 式 4
动力油泵类型		40 柱塞泵	40 柱塞泵	40 柱塞泵
回转角度（°）		360	360	360
整机自重/t		9.8	7.6	3.6

五、喷灌机

1. 浇灌作业

浇灌作业是一项花费劳动力很大的作业。在绿化养护和苗木、花卉生产中，几乎占全部作业量的 40%。由此可见浇灌作业机械化是十分好的降低成本提高生产率的措施。

2. 喷灌系统

喷灌是一种较先进的浇灌技术。它是利用一套专门设备把水喷到空中，然后像自然降雨一样落下，对植物进行灌溉，又称人工降雨。喷灌适用于水源缺乏、土壤保水性差及不宜于地面灌溉的丘陵、山地等，几乎所有园林绿地及场圃均可应用。

由于喷灌有显著的优越性，在园林绿地及场圃已经开始大量使用。

喷灌系统一般由水源、抽水装置（包括水泵等）、动力机、主管道（包括各种附件）、竖管、喷头等部分组成。喷灌机械按其各组成部分的安装情况及可转动程度，可分为固定式、移动式和半固定式三种形式。

3. 喷灌机类型与组成

由抽水装置、动力机及喷头组合在一起的喷灌设备称作喷灌机械。

喷灌机按喷头的压力，可分为远喷式和近喷式两种：

（1）近喷式喷灌机的压力较小，一般为 $0.5 \sim 3 kg/cm^2$，射程为 $5 \sim 20m$，喷水量为 $5 \sim 20m^3/h$。

（2）远喷式喷灌机的压力为 $3 \sim 5 kg/cm^2$，喷射距离为 $15 \sim 50m$，喷水量为 $18 \sim 70m^3/h$。高压远喷式灌机其工作压力为 $6 \sim 8 kg/cm^2$，喷射距离为 $50 \sim 80m$ 甚至 $100m$ 以上，喷水量为 $70 \sim 140m^3/h$。

喷灌机一般包括发动机（内燃机、电动机等）、水泵、喷头等部分，如图 8-13 所示。

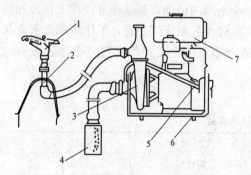

图 8-13 喷灌机示意图

1—喷头；2—出水部分；3—水泵；4—吸水部分；
5—自吸机构；6—抬架；7—发动机

六、绿篱修剪机

绿篱修剪机有旋刀式和往复式两种。旋刀式电动绿篱修剪机的转轴上装有两边刃口的转刀，一把放射形机架定刀（定刀片共 10 把），通过转刀高速旋转剪切树叶和树枝。该机剪切平整，结构牢固，操作轻便，使用安全，广泛用于各种绿篱、树球、花坛整形和杂草剪切等园艺施工。

往复式修剪机通过曲轴连杆带动齿形刀片做往复运动，进行绿篱修剪作业。该机型修剪平整，为绿篱修剪的主要机型。绿篱修剪机如图 8-14 所示。

图 8-14 绿篱修剪机

参 考 文 献

[1] 陈祺，陈佳. 园林工程建设现场施工技术［M］. 北京：化学工业出版社，2010.

[2] 郭爱云. 园林工程施工技术［M］. 武汉：华中科技大学出版社，2012.

[3] 蒋林君. 园林绿化工程施工员培训教材［M］. 北京：中国建筑工业出版社，2011.

[4] 邹原东. 园林绿化设计与施工图文精解［M］. 江苏：江苏人民出版社，2012.

[5] 编委会. 园林工程技术手册［M］. 合肥：安徽科学技术出版社，2014.

[6] 田建林. 园林假山与水体景观小品施工细节［M］. 北京：机械工业出版社，2009.

[7] 郭丽峰. 园林工程施工便携手册［M］. 北京：中国电力出版社，2006.

[8] 田建林，张柏. 园林景观地形·铺装·路桥设计施工手册［M］. 北京：中国林业大学出版社，2012.

[9] 田建林. 园林景观供电·照明设计施工手册［M］. 北京：中国林业大学出版社．2012.

[10] 苏德荣. 草坪灌溉与排水工程学［M］. 北京：中国林业出版社，2011.

[11] 编委会看图快速学习园林工程施工技术［M］. 北京：机械工业出版社．2014.

[12] 李坤新. 园林绿化与管理［M］. 北京：中国林业出版社，2007.

[13] 白金瑞. 园林绿化与管理［M］. 武汉：华中科技大学出版社，2012.

[14] 冷雪峰. 假山解析［M］. 北京：中国建筑工业出版社，2013.

[15] 王仙民. 立体绿化［M］. 北京：中国建筑工业出版社，2010.

[16] 刘祖文. 水景与水景工程［M］. 哈尔滨：哈尔滨工业大学出版社，2009.

[17] 贾辉. 土木工程测量［M］. 上海：同济大学出版社，2004.

[18] 郑金兴. 园林测量［M］. 北京：高等教育出版社，2002.

[19] 梁伊任. 园林建设工程［M］. 北京：中国城市出版社，2000.

[20] 陈志明. 草坪建植与养护［M］. 北京：中国林业出版社，2003.

[21] 尹公. 城市绿地建设工程［M］. 北京：中国林业出版社，2001.